Manfred Reitz
Auf der Fährte der Zeit

Erlebnis Wissenschaft bei WILEY-VCH

Manfred Reitz
Auf der Fährte der Zeit

Mit naturwissenschaftlichen Methoden
vergangene Rätsel entschlüsseln

WILEY-VCH GmbH & Co. KGaA

Dr. Manfred Reitz
Institut für Molekulare
Biotechnologie e.V.
Beutenbergstr. 11
07745 Jena

Das vorliegende Werk wurde sorgfältig erarbeitet.
Dennoch übernehmen Autor und Verlag für die
Richtigkeit von Angaben, Hinweisen und
Ratschlägen sowie für eventuelle Druckfehler keine
Haftung.

Bibliografische Information Der Deutschen
Bibliothek
Die Deutsche Bibliothek verzeichnet diese
Publikation in der Deutschen Nationalbibliografie;
detaillierte bibliografische Daten sind im Internet
über <http://dnb.ddb.de> abrufbar.

© 2003 WILEY-VCH Verlag GmbH & Co KGaA,
Weinheim

Gedruckt auf säurefreiem Papier.

Umschlaggestaltung: Himmelfarb Grafik und
Webdesign, Schwetzingen
Satz: TypoDesign Hecker GmbH, Leimen
Druck und Bindung: Ebner & Spiegel GmbH, Ulm

ISBN 3-527-30711-7

Inhalt

Vorwort

Die Naturwissenschaften können mit ihren zahlreichen Methoden den Fortschritt nicht nur in Richtung Zukunft bestimmen, sondern auch helfen, Unklarheiten aus der Vergangenheit zu beseitigen. Kunstwerke und archäologische Objekte bestehen aus einer Vielzahl von Materialien und sind somit allein aufgrund ihrer materiellen Grundlage bereits den unterschiedlichen naturwissenschaftlichen Analysen zugänglich. Diese Techniken helfen nicht nur die Geschichte eines gefundenen Objektes, sondern auch die Geschichte seines Fundortes zu klären. Mit modernen Methoden der Physik und Chemie aber auch der Biologie und Medizin können zum Beispiel recht sichere Altersbestimmungen durchgeführt werden. Gleichzeitig läßt sich noch prüfen, ob ein wichtiger Fund auch echt oder vielleicht gefälscht ist. Damit hilft die Materialanalyse nicht nur den Museen und Sammlern, sondern gibt zusätzlich auch den Historikern und allen Wissenschaften, die sich mit der Vergangenheit befassen, eine wichtige Hilfestellung. Die Materialanalyse erschließt über eine Interpretation ihrer Befunde sogar frühe Handelswege für unterschiedliche Güter und entlarvt manchmal noch uralte Kriminalfälle, die bereits vor Jahrtausenden stattgefunden haben können. Atomphysik und Vorgeschichte können sich in der Materialanalyse gemeinsam treffen und neues Wissen erschließen.

Bei der Analyse von wertvollen Objekten der Kunst oder von spektakulären archäologischen Funden ist es wichtig, das Untersuchungsmaterial so wenig wie möglich zu beeinträchtigen und damit Fehlinterpretationen zu provozieren. Nach Möglichkeit sollen dabei alle Untersuchungen ohne eine Spur von Materialbeschädigungen oder sogar Zerstörungen durchgeführt werden. Diesem hohen Anspruch genügen moderne Materialanalysen durch höchst raffinierte Techniken. Notwendig sind für solche Analysen praktisch nur Strahlen mit unterschiedlichen Eigenschaften und das Untersuchungsobjekt. Nach solchen Bestrahlungen reagiert das Untersuchungsobjekt und beginnt durch diese Reaktionen seine Identität und Geschichte zu verraten. Moderne Untersuchungstechniken können allein durch eine Objektbestrahlung viele wichtige Fragen beantworten. Wird schließlich doch Material für weiterführende Untersuchungen benötigt, sind alle modernen Analysen so sehr verfeinert, daß kleinste Mikromengen ausreichen und ein Objekt keine deutlichen oder sogar wertmindernden Beschädigungen erleidet.

Kombinationen von Methoden der Physik und Chemie haben in der Kunstanalyse in Deutschland eine lange Tradition. Schon im Jahre 1888 erhielten die königlichen Museen in Berlin als das erste Museum überhaupt ein chemisches Labor für Materialanalysen nach naturwissenschaftlichen Gesichtspunkten. Dieses Labor wurde später weltweit ein Vorbild für andere Museen und Sammlungen und eröffnete nicht nur für den Kunsthistoriker völlig neuartige Perspektiven.

Das vorliegende Buch macht Leserinnen und Leser zunächst mit den unterschiedlichen Methoden der Materialanalyse bei Kunstwerken und geschichtlich wertvollen Objekten vertraut. Dabei wird deutlich, welche vielfältigen Aussagen allein Bestrahlungen und die Reaktionen auf Bestrahlungen machen können. Anschließend werden einzelne Materialien und ihre Bedeutung für Geschichte und Kulturgeschichte bewertet. Bei diesen Exkursionen tauchen manche echte Überraschungen auf. Leserinnen und Leser können dabei Reisen in ferne Vergangenheiten und durch weite Kontinente antreten.

Naturwissenschaftliche Analysen von Kunstwerken und archäologischen Objekten halten manche neuartige Erkenntnis bereit. Eine Vorstellung dazu liefert zum Beispiel bereits die Kombination von Computern mit Werken der Kunstgeschichte. Moderne Computer verfügen über eine so große Speicherkapazität, dass auch komplette Kunstwerke wie etwa Gemälde oder Statuen mit allen ihren komplexen Einzelheiten digitalisiert und abgespeichert werden können. Neben einem Orginal im Museum gibt es bei einer solchen Speicherung dann noch ein Gegenstück im Computer. Über komplizierte Rechenoperationen kann ein Computer danach ein abgespeichertes Kunstwerk sogar verändern. Er kann etwa bei Gemälden Farben aufhellen oder verdunkeln, aber auch Proportionen verschieben oder abgebildete Gegenstände in ihrer Größe variieren. Details von Malflächen lassen sich nun für den geschulten Blick isolieren und

Punkt für Punkt kann sorgfältig verglichen werden. Da der Ablauf von Verwitterungsprozeßen heute weitgehend geklärt ist, kann ein leistungsstarker Computer sogar die Aufgabe einer virtuellen Verwitterung übernehmen. Ein Knopfdruck genügt und der Rechner läßt beispielsweise eine Statue in Sekunden um Jahrhunderte altern und Patina ansetzen. Effekte wie Oberflächenoxidation oder eine kontinuierliche Materialabschürfung durch Erosionen können heute von einem Computer nachvollzogen werden. Sollte sich ein Museum entschließen, ein wertvolles Objekt ungeschützt im Freien aufzustellen, kann gezeigt werden, wie ihm etwa der Regen in Zukunft zusetzen wird. Restauratoren können dadurch bereits im voraus erahnen, welche Probleme einmal auf sie und auf ihre Nachfolger zukommen werden.

Die amerikanische Computerkünstlerin Lilian Schwartz hat mit einem Computer Gesichter auf Gemälden verglichen und konnte bei der berühmten Mona Lisa von Leonardo da Vinci unerwartete Aussagen machen. Die Mona Lisa, auch »La Gioconda« genannt, stellt die Ehefrau des florentinischen Edelmannes Francesco del Giocondo dar. Das berühmte Gemälde ist heute in Paris ein Schmuckstück des Louvre und dort ständig von zahlreichen Kunstfreunden umlagert. Generationen von Kunsthistorikern haben sich bisher der Mona Lisa gewidmet, doch das rätselhafte Gemälde hat dabei seine besondere Aura nicht verloren. Es bewahrte nicht nur seine zahlreichen Geheimnisse, sondern konnte sie sogar noch erweitern. Für Leonardo mußte die Mona Lisa eine große Bedeutung gehabt haben, denn das Gemälde blieb stets in seinem Besitz und wurde erst nach seinem Tod von dem französischen König erworben.

Sicherlich wäre Leonardo da Vinci in unserer Zeit von den Möglichkeiten der Computer begeistert gewesen, denn ein Computer half, die Rätsel um seine Mona Lisa noch einmal zu vertiefen. Lilian Schwartz zerlegte mit Hilfe eines leistungsstarken Computers das Gesicht der Mona Lisa zunächst in zwei Hälften, entfernte danach eine Hälfte und ergänzte anschließend die fehlende Gesichtshälfte mit einer entsprechenden Gesichtshälfte aus einem nachgewiesenen Selbstbildnis von Leonardo. Die beiden Gesichtshälften wurden von dem Computer so berechnet, daß sie in ihrer Größe deckungsgleich waren. Die Kombination aus beiden Gesichtshälften zeigte zur allgemeinen Überraschung ein einheitliches Gesicht. Kopfform,

Haaransatz, Augenbrauen, Wangenknochen, Nase sowie Lippen stimmten überein und demonstrierten eine geschlossene Einheit. Der jeweilige Abstand zwischen den inneren Augenwinkeln stimmte als ein besonders individuelles Gesichtsmerkmal in den beiden Gesichtshälften bis auf zwei Prozent überein. Lilian Schwartz folgerte aus dem Vergleich, daß Leonardo, als er nach Frankreich ging, die Mona Lisa noch nicht abgeschlossen hatte und das Gemälde später ohne Modell nach seinem eigenen Selbstbildnis beendete. Seine Genialität und sein Können machten es ihm möglich, ein Frauengesicht perfekt mit einem Männergesicht zu überlagern und ein Bildnis der Mona Lisa voller Rätsel und Vielschichtigkeiten zu schaffen.

Ich bedanke mich bei den zahlreichen Mitarbeiterinnen und Mitarbeitern, die zum Gelingen des Buches beigetragen haben; mein besonderer Dank gilt Dr. Gudrun Walter, Dr. Anna Schleitzer und Erwin P. Mark, Wiley-VCH Verlag sowie den Museen und Sammlungen, die Abbildungsrechte zur Verfügung gestellt haben, hervorzuheben sind: Prof. Dr. Josef Riederer (Rathgen-Forschungslabor, Berlin), Dr. Bettina Stoll-Tucker (Landesamt für Archäologie Sachsen-Anhalt, Halle), Dr. Dorothea van Endert (Archäologische Staatssammlung, München), Dr. Andreas Grüger (Kulturhistorisches Museum der Hansestadt Stralsund) und Helga Schütze (Dänisches Nationalmuseum, Kopenhagen).

Dr. Manfred Reitz

Optische Methoden

Physikalisch gesehen ist Licht eine elektromagnetische Welle. Lichtwellen schwingen mit einer bestimmten Länge, und das menschliche Auge kann nur Licht in einem bestimmten Wellenlängenbereich registrieren. Dieser Bereich entspricht in seiner Breite dem
Farbenspektrum des Regenbogens und reicht von Rot bis Blauvio-
lett. Im weißen Sonnenlicht sind alle Farben des Regenbogens über-
lagert, sodass überhaupt keine einzelne Farbe erkannt werden kann
und für das Auge ausschließlich die Beleuchtung in Erscheinung
tritt. Bei farbigem Licht dagegen dominiert die Wellenlänge der jeweils sichtbaren Farbe, andere Wellenlängenbereiche im Spektrum
des Regenbogens fehlen. Die ganze Farbenpracht der Natur oder der
Kunst wird durch unterschiedliche Überlagerungen der Wellenlängen der Regenbogenfarben erreicht. Jenseits des Regenbogenspek-
trums gibt es noch Wellenlängenbereiche, die für das menschliche
Auge unsichtbar bleiben. An das rote Farbband des sichtbaren Lichtspektrums schließt sich das Infrarot an, an das blauviolette Farbband das Ultraviolett. Beide Wellenlängenbereiche nimmt der
Mensch nicht wahr, nur manche spezialisierten tierischen Augen
können sie registrieren. Mit Hilfe von technischen Geräten kann der
Mensch jedoch auch in diese Lichtbereiche vordringen und Beobachtungen vornehmen. Infrarotes und ultraviolettes Licht können
für die Kunstanalyse hilfreich sein und zum Beispiel Fälschungen
entlarven.

Das infrarote Licht unterscheidet sich vom sichtbaren Licht durch
größere Wellenlängen. Diese bewirken bestimmte physikalische Eigenschaften. Infrarotes Licht wird weniger stark gestreut als das
sichtbare Licht und kann deshalb auch trübe Oberflächen durchdringen. Dabei wird es möglich, unter eine für das menschliche Auge undurchsichtige Oberfläche zu schauen. Für Malereien ergeben
sich daraus wichtige analytische Möglichkeiten: Mit infrarotem

Licht können auf Gemälden Schichten unterhalb der Firnis- und Malschicht dargestellt werden. Der Untergrund von Gemälden wird sichtbar, und es lassen sich Vorzeichnungen des Künstlers sowie mögliche Übermalungen beurteilen.

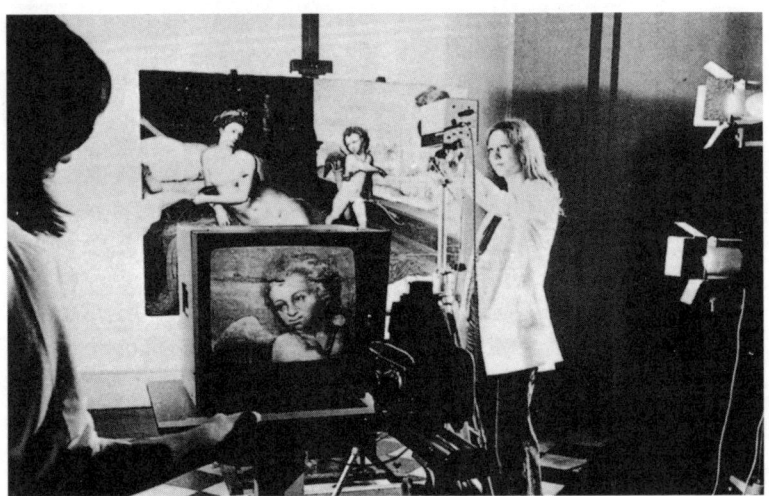

Anlage zur Infrarotuntersuchung (Infrarotreflektographie) von Gemälden. Abgebildet sind die Beleuchtungseinrichtung mit Videokamera, Monitor sowie Fotoanlage. Ein Gemälde steht zur Untersuchung bereit.
(J. Riederer, Rathgen-Forschungslabor der Staatlichen Museen zu Berlin – Preußischer Kulturbesitz)

Infrarotes Licht ist jedoch von einer starken Wärmeabstrahlung begleitet. Für Kunstwerke müssen deshalb bei der Untersuchung besondere Schutzmaßnahmen getroffen werden. Einerseits muss der nötige Schutzabstand zum Objekt garantiert sein, andererseits muss die Infrarotstrahlung aber über die notwendige Energie verfügen, um auch über größere Entfernungen hinweg ein Kunstwerk zu durchstrahlen und einzelne Schichten sichtbar zu machen. Die verbliebene Energie muss schließlich noch zur Reflexion zum Betrachter hin ausreichen. In der Praxis des Untersuchungslabors wird zum Beispiel ein Gemälde über eine gefahrlose Entfernung hinweg zunächst mit einer Infrarotstrahlenquelle angestrahlt und anschließend die Infrarotreflexion mit einer speziellen Kamera aufgenommen. Da das menschliche Auge infrarotes Licht nicht sehen kann,

Infrarotaufnahmen können den Untergrund und damit
auch Vorzeichnungen von Gemälden sichtbar machen.
Dargestellt ist ein Ausschnitt aus einem Gemälde von
Geerten tot Sint Jans aus dem Rijksmuseum in
Amsterdam. Links: Ausschnitt der Gemäldeoberfläche;
rechts: Infrarotaufnahme, es wird eine Vorzeichnung
sichtbar, die vom späteren Bild abweicht.
(J. Riederer, Rathgen-Forschungslabor der Staatlichen
Museen zu Berlin – Preußischer Kulturbesitz

verfügt die Kamera über einen besonderen Bildumwandler, der unsichtbares Infrarot sichtbar macht. Die Technik heißt Infrarotreflektographie und gehört seit den frühen 1970er-Jahren zur Routine bei Gemäldeuntersuchungen. Infrarotabbildungen können bei der Analyse fotografisch dokumentiert oder auch gefilmt werden. Mit Hilfe von speziellen Computerprogrammen lassen sich zuletzt auch einzelne Teilabbildungen zu einem einheitlichen Gesamtbild zusammensetzen, was die Bildinterpretation erleichtert.

In der Architektur kann die Wärmeentwicklung von infrarotem Licht bei den Vorbereitungen für Restaurierungsarbeiten dagegen nützlich sein. Wandflächen müssen nur bestrahlt werden, um anschließend zu messen, in welchem Umfang das Mauerwerk die Wärme aufnimmt. Fällt die Wärmeaufnahme gegenüber einer Kontrollfläche ab, ist das Mauerwerk feucht und muss deshalb einer besonderen Behandlung unterzogen werden. Wandoberflächen können Quadratzentimeter für Quadratzentimeter abgetastet und die Feuchteverteilung kann angezeigt werden.

Ultraviolettes Licht besitzt kürzere Wellenlängen als sichtbares Licht, es grenzt an das blauviolette Ende des sichtbaren Lichtspektrums eines Regenbogens an. Ultraviolette Strahlungen sind sehr energiereich und können auf angestrahlte Objekte so viel Energie übertragen, dass es an Oberflächen zu messbaren Reaktionen kommt. Verschiedene organische und anorganische Substanzen lassen sich unter einer ultravioletten Bestrahlung so stark mit Energie aufladen, dass ein bestimmter Anteil dieser Energie wieder als Licht abgestrahlt wird: Die angestrahlten Substanzen fluoreszieren. Die Fluoreszenz hängt von dem bestrahlten Material ab und charakterisiert das Untersuchungsobjekt wie ein Fingerabdruck. Allein durch die Fluoreszenz kann ein Fachmann oft beurteilen, aus welchem Material das untersuchte Objekt einst gefertigt worden ist. Marmor zum Beispiel zeichnet sich unter ultravioletter Bestrahlung durch eine andere Fluoreszenz aus als etwa Keramik. Antiker Marmor fluoresziert im ultravioletten Licht gelblich-blau, moderner Marmor dagegen rotviolett. Die Ursache ist die unterschiedliche Verwitterung der Marmoroberfläche. Bei einem modernen Marmorobjekt konnte die Oberfläche noch nicht so stark durch die Lagerumgebung oder die Atmosphäre angegriffen werden wie bei einem antiken Gegenstück. Künstliche Alterungsprozesse oder moderne verfälschende Inschriften können durch eine ultraviolette Fluoreszenz sichtbar gemacht werden. Insbesondere bei Schriftstücken kann ultraviolettes Licht bereits verblasste Schriftzüge wieder zum Leuchten bringen und dadurch lesbar machen. Handschriften, die auf den ersten Blick nahtlos und in einem Zug geschrieben erscheinen, können sich im ultravioletten Licht gestückelt darstellen, was auf nachträgliche Änderungen, Fälschungen oder Korrekturen hinweist. Auf diesem Weg wird es möglich, Fälschungen oder nachträgliche Manipulationen zu dokumentieren. Angeblich prähistorische oder antike Objekte, aber auch Gemälde und verschiedene Dokumente lassen sich allein durch eine einfache Fluoreszenz im ultravioletten Licht als gefälscht entlarven. Heute gehört die Fluoreszenzanalyse bei Echtheitsprüfungen zur Routine.

Weitere Kriterien zur Kunstbeurteilung liefern schließlich noch die Lupe und das Mikroskop. Beim Lichtmikroskop werden kleinste Strukturen über Linsensysteme vergrößert und für das Auge sichtbar gemacht. Die Grenzen der Vergrößerung eines Lichtmikroskopes werden allgemein durch die Wellenlänge des sichtbaren Lichts gezogen. Alle Strukturen, die größer diese Wellenlänge sind, lassen sich gut darstellen. Mit allerlei technischen Hilfsmittel gelingt es inzwischen allerdings auch, Strukturen unterhalb der Wellenlänge von Licht mit einem Lichtmikroskop abzubilden. Die Grenzen sind jedoch recht eng. Bei sehr kleinen Strukturen muss der Untersucher auf das Elektronenmikroskop oder vergleichbare Vergrößerungstechniken zurückgreifen.

Im Vergleich zum Lichtmikroskop ist beim Einsatz einer Lupe die Analyse wesentlich gröber. Dennoch können bei einer geeigneten Lichtquelle beachtliche Aussagen getroffen werden. Im gelben Licht einer Natriumdampflampe tritt beispielsweise die Technik der Farbauftragung bei einem Gemälde deutlich hervor, spätere Ergänzungen können sichtbar gemacht und dokumentiert werden. Bei Untersuchungen im Streiflicht befindet sich die Lichtquelle fast parallel zur Objektoberfläche, sodass sich klare Schattenstrukturen herausbilden können. Auf Gemälden lassen sich im Streiflicht feinste Unebenheiten beobachten, die individuelle Arbeitstechnik eines Künstlers wird dargestellt. Allein durch seine Maltechnik hinterlässt ein Künstler auf der Leinwand ein typisches Schattenrelief, das ein Fälscher ebenfalls kopieren müsste, um durch die Maschen einer Echtheitsprüfung zu schlüpfen.

Das Innere von Objekten kann mit medizinischen Untersuchungsgeräten begutachtet werden. Bei der Endoskopie wird ein Lichtleiter (ein Glasfaserkabel) durch eine kleine Öffnung in den zu untersuchenden Innenraum geführt, um ihn auszuleuchten. In hohlen Figuren können auf diese Weise mögliche Korrosionsschäden oder auch versteckte Gegenstände nachgewiesen werden.

Im Auflicht wird (wie bei einer infraroten oder ultravioletten Bestrahlung) das Kunstwerk nicht beeinträchtigt. Es wird ausschließlich seine Oberfläche intensiv bestrahlt und das reflektierte Licht mit Hilfsmitteln wie einem Mikroskop analysiert. Auf diese Weise lassen sich insbesondere Oberflächen von Metallobjekten gut untersuchen und vergrößern. Gegossene oder geschmiedete, aber auch durch Ausglühen gehärtete Gegenstände unterscheiden sich bei einer Vergrößerung im Auflicht in ihren Oberflächen. Lange gehütete Geheimnisse von frühen Waffenschmieden wie etwa das Damaszieren von Schwertklingen konnten unter einem Mikroskop gelüftet werden. Daneben können mikroskopische Vergrößerungen von Oberflächen Auskunft über die Materialzusammensetzung von

Untersuchungsobjekten geben. Die Analysen sind bei Legierungen interessant, denn Bronzen mit einem unterschiedlichen Anteil von Blei oder Zinn unterscheiden sich in der Feinstruktur ihrer Oberflächen. Zusätzlich erkennt man unter dem Mikroskop die natürlich gewachsenen Strukturen einer echten Patina und kann sie sicher von den künstlich aufgetragenen Materialien einer verfälschten Patina abgrenzen.

Schließlich sind Auflichtverfahren auch in der Malerei von Bedeutung. Sie helfen, die mikroskopische Struktur von Farbpigmenten zu beurteilen. Früher haben viele Künstler ihre Farben selbst hergestellt. Ein Mikroskop kann die einzelnen Inhaltsstoffe ihrer Mixturen darstellen. Bei schwarzen Farbpigmenten lässt sich zum Beispiel durch Vergrößerungen unterscheiden, ob sie auf der Basis von Ruß, verkohlten Knochen oder verkohlten Pflanzenteilen hergestellt worden sind.

Für eine Untersuchung im Durchlicht bleibt das Objekt nicht unangetastet, sondern es muss eine Materialprobe entnommen werden. Um den Wert eines Kunstwerkes nicht zu beeinträchtigen, muss diese Materialprobe winzig klein sein und darf nur von unwichtigen Stellen stammen (bei Gemälden etwa vom Rand der Malfläche, bei Plastiken von der sonst verdeckten Standfläche). Das entnommene Teilchen wird so lange geschliffen, bis es hauchdünn und für das Licht durchlässig geworden ist. Seine innere Struktur lässt sich dann mit einem Mikroskop vergrößern und begutachten. Die Methode ist vielseitig einsetzbar und erlaubt zahlreiche Aussagen. Die Materialzusammensetzung von Keramiken oder der Aufbau von Natursteinen lässt sich ebenso sicher analysieren wie etwa die Feinstruktur von Pigmenten. Strukturelle Feinmerkmale von Holz können im Durchlicht ohne Probleme charakterisiert werden, und die Baumart, von der das Holz stammt, lässt sich bestimmen. Wurden angeblich mittelalterliche Plastiken aus exotischen Hölzern geschnitzt, die im Mittelalter in Europa noch unbekannt waren, liegen zwangsläufig Fälschungen vor. Ein einziger Blick durch das Mikroskop kann dem Kunstfreund in diesem Fall die Kaufentscheidung erleichtern und viel Ärger ersparen.

Bei Textilien kann mit Hilfe eines einzigen Fadens im Durchlicht unterschieden werden, ob etwa mit Wolle, Baumwolle oder Flachs gearbeitet worden ist. Alle diese Fäden unterscheiden sich untereinander in bestimmten Feinstrukturen. Exakt feststellbar ist auch, ob anstelle von Naturfasern moderne Kunstfasern verarbeitet wurden und ein Objekt demnach nur aus einer Zeit stammen kann, in der die verwendete Kunstfaser bekannt war. Daneben lassen sich verschiedene Spinn- oder Webtechniken mit dem Mikroskop unterscheiden. Winzige Bruchstücke von Wollfäden zeigen im Durchlicht klar eine geschuppte Oberfläche, während im Vergleich dazu Flachsfasern durch eine glatte Oberfläche auffallen. Färbetechniken hinterlassen zusätzliche Merkmale, die eine genaue Charakterisierung ermöglichen. Zur Analyse stehen dann einerseits das Material selbst, andererseits charakteristische Merkmale der Farbpigmente bereit.

Physikalische Methoden

Jedes Kunstwerk besteht aus charakteristischen Materialien. Ein Maler zum Beispiel arbeitet in der Regel mit Leinwand und Farben, während ein Bildhauer seine Werke aus Stein, Holz oder Metall erschafft. Alle diese Materialien haben physikalische Eigenschaften, sodass die Kunst auch mit den Augen des Physikers gesehen werden kann. Mit physikalischen Methoden wird nicht die künstlerische Qualität eines Werkes bewertet, sondern die Untersuchungen dienen ausschließlich dazu, Objekte von Kunst und Kultur über ihre Materialeigenschaften zu analysieren. Physiker können heute den historisch wichtigen Analysen ein so breites Angebot von Untersuchungstechniken zur Verfügung stellen, dass bei aufwendigen Untersuchungen Fälschungen kaum noch eine Chance haben durch die engen Analysenetze zu schlüpfen.

Als ein erstes Beispiel der physikalischen Kunstanalyse sei die Massenspektrometrie erwähnt. Diese Methode benötigt einen beachtlichen apparativen Aufwand, bietet jedoch den Vorteil, vielfältig einsetzbar zu sein und sich mit geringen Materialproben zu begnügen. Bei einer Massenspektrometrie werden von einem Kunstwerk winzige Materialproben entnommen und anschließend verdampft, sodass sie in die einzelnen atomaren Bestandteile zerlegt werden können. Im nächsten Schritt wird die Zustandsform der aufgetrennten Atome geändert: Sie werden in Ionen überführt. Ionen sind elektrisch geladene Teilchen, die entstehen, wenn einem Atom Elektronen entzogen oder hinzugefügt werden. In einem starken Magnetfeld werden anschließend die einzelnen aus dem Probenmaterial gebildeten Ionen in Abhängigkeit von ihren Massen sowie ihren elektrischen Ladungen von ihren Bahnkurven abgelenkt. Dies bewirkt einen Sortiervorgang, der durch Messungen registriert werden kann. Die Kriterien der Auftrennung sind Masse und elektrische Ladung jedes einzelnen Ions. Im Ergebnis lässt sich ein Massenspektrum dokumentieren, das exakt sortiert die Anteile und die Häufigkeit der Ionen aus der verdampften Materialprobe anzeigt. Über die identifizierten Ionen sind Rückschlüsse auf die atomare Zusammensetzung der Probe möglich. Der Untersucher weiß jetzt genau, aus welchen Atomen seine Probe aufgebaut ist und wie häufig diese Atome vorkommen. Für die Auswertung des Ergebnisses Referenzproben sehr wichtig. Stimmen die Eigenschaften dieser Proben mit dem Untersuchungsmaterial überein, ist eine genaue Identifizierung möglich. Die Methode ist sowohl für organische als auch für anorganische Materialien geeignet und hilft, ein kompliziertes Gemisch von Substanzen in die einzelnen Anteile aufzuschlüsseln. Die genaue Materialzusammensetzung von vorher unbekannten Farben oder von anderen komplexen Gemischen konnte mit Hilfe dieser Technik geklärt werden.

Durch Wärme dehnen sich Materialien in einem jeweils charakteristischen Ausmaß aus. Die Volumendifferenz zwischen »warm« und »kalt« kann deshalb ebenfalls zu einer Materialanalyse herangezogen werden. Bei einer Wärmeanalyse wird das Untersuchungsobjekt schrittweise erwärmt und seine Volumenveränderung dabei dokumentiert. Die Analyse ist abgeschlossen, wenn keine weitere Ausdehnung mehr erfolgt. Keramiken dehnen sich zum Beispiel bei einer Erwärmung aus, bis die ursprüngliche Brenntemperatur erreicht worden ist. Bei einer weiteren Erwärmung gibt es keine Volumenveränderungen mehr. Mit der Wärmeanalyse können deshalb die Brenntemperaturen von unterschiedlichen Keramikarten nachgewiesen werden. Daneben lassen sich auch Aussagen zum Herstellungsprozess von Farbpigmenten treffen. Der Herstellungsprozess der in der Antike sehr beliebten mineralischen Farbe Ägyptisch Blau ließ sich zum Beispiel mit der Wärmeanalyse klären.

Insbesondere für den Restaurator ist das so genannte Wirbelstromverfahren von Bedeutung. Diese Methode hilft, beispielsweise unter einer Schmutzkruste oder dicken Farbauftragungen Metallschichten zu erkennen. Das Wirbelstromverfahren ist technisch recht einfach und beschädigt das Untersuchungsobjekt nicht. Beim Einsatz dieses Verfahrens wird an das Untersuchungsobjekt ein starkes Magnetfeld angelegt. Enthält das Objekt Metalle, dann entsteht durch das angelegte primäre und starke Magnetfeld ein sekundäres, schwächeres Magnetfeld, das gemessen werden kann. Das sekundäre Magnetfeld mindert die Stärke des primären Magnetfeldes und aus dem Schwächungsgrad können Aussagen zur Konzentration von Metallen gewonnen werden. Mit Hilfe des Wirbelstromverfahrens gelingt es zum Beispiel, bei Skulpturen Reste von ursprünglichen Vergoldungen zu lokalisieren, und der Restaurator weiß anschließend, wo sein Objekt noch vergoldet werden muss.

Allein durch Messungen von magnetischen Feldern können Archäologen beachtliche Erfolge erzielen. Heute sind physikalische Messmethoden so genau, dass ein magnetisches Feld von der Stärke des millionsten Teiles des natürlichen Magnetfeldes der Erde registriert werden kann. Holzhäuser und andere hölzerne Anlagen werden nach ihrem Zerfall meist weiter von Bakterien zersetzt, die nicht nur das Holz abbauen, sondern in ihren Zellkörpern auch winzige magnetische Eisenpartikel einlagern. Auch nachdem das Holz selbst schon lange verschwunden ist, bleiben Bakterien mit eingelagerten magnetischen Partikeln am Ort des Abbaus zurück. Diese Partikel erzeugen ein äußerst schwaches, aber messbares magnetisches Feld. Im Boden können deshalb schwache magnetische Linien einstige Siedlungen mit Holzhäusern anzeigen. In Süddeutschland belegten solche magnetischen Linien, dass es bereits in der Jungsteinzeit vor mehr als 7000 Jahren Siedlungen aus oft recht großen Holzhäusern gab. Manche Siedlungen erreichten sogar einen Durchmesser von über 500 Metern und können durchaus mit kleinen Städten verglichen werden. Zahlreiche mittelalterliche Städte späterer Jahrtausende waren nicht größer als diese Holzhaussiedlungen der Jungsteinzeit.

Technisch recht aufwendig arbeiten die Elektronenradiographie und die Elektronenautoradiographie. Bei einer Elektronenradiographie liegt das Untersuchungsobjekt auf einer Metallfolie, die mit Röntgenstrahlen beschossen wird. Die hohe Bestrahlungsenergie setzt in der Metallfolie Elektronen frei, die zunächst das Untersuchungsobjekt durchdringen und anschließend einen Film belichten, der direkt über dem Untersuchungsobjekt liegt. In Abhängigkeit von Dicke und Dichte des Untersuchungsobjektes werden während der Analyse die Elektronen abgebremst, sodass der aufgelegte Film nicht überall gleichmäßig belichtet wird und dadurch eine Abbildung zeigt. Die Elektronenradiographie ist für die Untersuchung von beschriebenem, bedrucktem oder bemaltem Papier geeignet. Bei sehr dicht beschriebenem Papier kann zum Beispiel ein Wasserzeichen verdeckt sein, wodurch es unmöglich ist, dem Papier eine bestimmte Herkunft zuzuordnen. Die Elektronenradiographie kann ein sonst unsichtbares Wasserzeichen nachweisen. An den Stellen des Wasserzeichens ist das Papier dünner als normal, sodass die Elektronen es leichter durchdringen können und den Film intensiver schwärzen als außerhalb des Wasserzeichens. Auf dem Film erscheint das Wasserzeichen klar abgebildet, während die Schrift verschwindet.

Durch die Elektronenradiographie lässt sich der Untergrund von bedruckten oder beschriebenen Blättern begutachten. Ein durch Schrift verdecktes Wasserzeichen kann mit Hilfe dieser Technik erkannt werden. Links: Blatt mit Schriftbild; rechts: Blatt nach Elektronenradiographie, Wasserzeichen erscheint.
(J. Riederer, Rathgen-Forschungslabor der Staatlichen Museen zu Berlin – Preußischer Kulturbesitz)

Bei einer Elektronenautoradiographie liegt das Untersuchungsobjekt nicht auf einer Metallfolie, sondern wird direkt mit Röntgenstrahlen bearbeitet. Die Bestrahlungsenergie setzt bei dieser Methode beispielsweise in anorganischen Farbpigmenten Elektronen frei, die ebenfalls in der Lage sind, über dem Untersuchungsobjekt einen Film zu belichten. Anhand unterschiedlicher Schwärzungen des Films kann dann zum Beispiel entschieden werden, ob bei Malereien organische oder anorganische Farbstoffe verwendet wurden.

Hinweise zur Pinselführung oder zur Technik des Auftragens von Blattgold können zusätzlich verdeutlicht werden. Fälschungen mit modernen Farben werden dadurch entlarvt, dass bei ihnen die für alte Farben typischen anorganischen Pigmente fehlen. Zahlreiche alte Farbpigmente werden heute nicht mehr produziert, und ein Fälscher müsste deshalb, um einem Nachweis zu entgehen, seine Farben nach alten Rezepten selbst herstellen. Unterlässt er dies und verwendet moderne Farben aus organischen Materialien, fliegt seine Fälschung bei der Analyse sofort auf. Alte Rohstoffe für die Farbherstellung in der Fälscherwerkstatt zu finden, ist allerdings mühsam. Altes niederländisches Bleiweiß kann beispielsweise heute nicht mehr produziert werden, weil Blei in unserer Zeit in viel zu großer Reinheit in den Handel kommt und die früher typischen spezifischen Verunreinigungen fehlen. Ein Fälscher müsste somit die originalen Verunreinigungen der Farben des Gemäldes, das er kopieren will, nicht nur in der Verteilung, sondern auch in den richtigen Konzentrationen kennen. Er müsste diese wichtigen Zutaten seiner eigenen Farbenproduktion beifügen, um nicht aufzufallen. Im Normalfall gelingt dies nicht. Gemäldefälschungen werden deshalb oft bereits durch eine Farbanalyse aufgedeckt.

Die Neutronenautoradiographie ist eine besonders aufwendige Technik. Sie überfordert in der Regel die Ausstattung eines Labors zur Materialanalyse an Kunstwerken, denn sie verlangt die Hilfestellung der Atomphysik. Bei dieser Methode wird beispielsweise ein Gemälde in einem Atomreaktor mit Neutronen beschossen, sodass sich das Material des Gemäldes, ohne selbst beschädigt zu werden, mit Energie auflädt. Durch die Neutronen werden die atomaren Bestandteile des Untersuchungsobjektes in kurzlebige radioaktive Isotope umgewandelt, die anschließend beginnen, selbst Energie abzustrahlen; dabei handelt es sich um Beta-, Gamma- und Röntgenstrahlen. Die Art und Verteilung dieser radioaktiven Strahlung kann gemessen werden, und es wird möglich, eine Aussage über die Atome zu treffen, die durch den Neutronenbeschuss zu radioaktiven Isotopen geworden sind. Die induzierten Isotope bleiben nicht stabil, sondern fallen stets wieder in ihren ursprünglichen, nicht radioaktiven Zustand zurück. Der Zerfall wird durch die Halbwertzeit charakterisiert, welche von Isotop zu Isotop verschieden ist. In genau definierten Zeiträumen werden deshalb über dem Untersuchungsobjekt Filme ausgebreitet und durch die Strahlungen der

Mit der Elektronenautoradiographie können Ursprünge
und Qualitäten von Farbstoffen untersucht werden.
Am Beispiel einer mittelalterlichen Buchmalerei zeigt
das abgebildete Original einer Kreuzigungsszene helle
Körperpartien (links), die bei einer Elektronenemission
dunkel erscheinen (rechts). Der Grund liegt in den
verwendeten bleihaltigen Farbpigmenten, also anorganischen Farbstoffen. Pflanzenfarben dagegen, mit denen
die Gewänder ausgemalt wurden, bleiben bei einer
Elektronenemission hell, die Farben sind organischen
Ursprungs.
(J. Riederer, Rathgen-Forschungslabor der Staatlichen
Museen zu Berlin – Preußischer Kulturbesitz)

radioaktiven Isotope belichtet. Da die Halbwertzeiten der radioaktiven Isotope bekannt sind, kann ermittelt werden, welche Arten von
radioaktiven Isotopen gerade strahlen und zu welchen nicht radioaktiven Atomen sie sich umwandeln werden. Mit der Methode kann
leicht geklärt werden, aus welchen chemischen Elementen sich
Farbpigmente zusammensetzen und wie die Künstler ihre Farbpigmente auf die Leinwand auftrugen.

Die Neutronenautoradiographie brachte wiederholt Kunsthistoriker in Verlegenheit. Bei dem berühmten, Rembrandt zugeschriebe-
nen Gemälde »Mann mit Goldhelm« belegte die Neutronenautoradiographie, dass das Werk vermutlich nicht von Rembrandt stammt.
Die verwendeten Farbpigmente unterscheiden sich nämlich deut-

lich von Farbpigmenten bei gesicherten Werken von Rembrandt; auch konnten im Vergleich zu anderen Originalen von Rembrandt Unterschiede in der Maltechnik dokumentiert werden. Sollte das Gemälde »Mann mit Goldhelm« von Rembrandt stammen, dann hätte der Künstler entgegen seiner Gewohnheiten völlig neuartige Farben verwenden müssen. Es ist deshalb wahrscheinlich, dass das Werk von einem Künstler aus dem Umfeld von Rembrandt oder einem seiner Schüler gemalt worden ist.

Eine weitere Untersuchungsmethode von Kunstwerken oder wichtigen historischen Objekten dringt noch tiefer in die Atomphysik vor. Insbesondere bei eisenhaltigen Substanzen kann die Mößbauer-Spektroskopie wertvolle Dienste leisten. Bei dieser Methode wird das Untersuchungsobjekt radioaktiv bestrahlt, wobei Untersuchungsobjekt und Strahlungsquelle gleichzeitig bewegt werden. Der komplizierte Untersuchungsablauf führt zu einem so genannten Doppler-Effekt. Der Doppler-Effekt lässt sich bildlich durch den Vergleich mit dem Hörerlebnis bei einem Autorennen erklären. Ein Rennwagen sendet durch seinen Motor Schallwellen aus, die in einer bestimmten Wellenlänge und Geschwindigkeit das Ohr eines Zuschauers erreichen. Neben den Schallwellen bewegt sich jedoch auch der Rennwagen, also die Quelle des Schalls, wodurch sich in den Schallwellen Veränderungen ergeben. Der Zuschauer hört dann, wie sich die Tonhöhe der Motorengeräusche beim Näherkommen und Vorüberfahren des Rennwagens verändert, denn die Schallwellen werden gestreckt oder gestaucht.

Der Doppler-Effekt gilt auch auf atomarer Ebene, wenn radioaktive Strahlungsquellen bewegt werden. Ähnlich wie bei den Verschiebungen in der Tonhöhe von Motorengeräuschen kommt es auch bei einer Bewegung von Bestrahlungsquelle und Bestrahlungsobjekt zu Verschiebungen im Bestrahlungsspektrum. Diese Verschiebungen reichen aus, um zum Beispiel zu beurteilen, ob ein Objekt zweiwertiges oder dreiwertiges Eisen enthält. Über dieses chemische Merkmal von Eisen lassen sich dann wieder Oxidationsprodukte durch Reaktionen mit der Luft und damit die Korrosion eines wertvollen archäologischen Objektes erfassen. Das Schicksal von Eisenfunden kann somit über Jahrhunderte oder gar Jahrtausende beurteilt werden. Funde aus der längst vergangenen Eisenzeit und Produkte der frühen Schmiede verraten im Blickfeld der Mößbauer-Spektroskopie ihre Geheimnisse.

Röntgenstrahlen und Kulturobjekte

Röntgenstrahlen wurden durch die Medizin populär und werden auch hauptsächlich für medizinische Untersuchungen eingesetzt. Von einer Strahlungsquelle aus dringen sie mit hoher Energie in den Körper ein und werden von den einzelnen Organen und Geweben in einem unterschiedlichen Ausmaß absorbiert. Nach dem Verlassen des Körpers liegen Energiedifferenzen vor, die auf einem Film oder einem Bildschirm sichtbar gemacht werden können. Aufgrund der Energiedifferenzen wird die Innenstruktur des Körpers dargestellt, und der Arzt kann ohne operativen Eingriff in den Organismus hineinschauen, was zur Diagnose von zahlreichen Erkrankungen oder Verletzungen zwingend notwendig ist.

Das Durchdringungsvermögen der Röntgenstrahlen hängt von ihrer Wellenlänge ab. Je kürzer die Wellen sind, um so besser kann ein Körper durchdrungen werden. Dadurch sind Röntgenstrahlen nicht nur für die Medizin interessant, wo sich ihr Einsatz wegen möglicher Nebenwirkungen auf den Patienten in engen Grenzen bewegt, sondern sie gewinnen auch in der Archäologie und Kunstanalyse an Bedeutung. Photonen der »weichen« Röntgenstrahlung besitzen Energien zwischen 10 und 50 keV. Sie haben ein geringes Durchdringungsvermögen und finden bei der Untersuchung von Gemälden und Mumien Verwendung. Bei der »harten« Röntgenstrahlung haben die Photonen Energien zwischen 100 und 500 keV; ihr Durchdringungsvermögen ist dann sehr groß, und es können sogar Steine oder Metallobjekte durchleuchtet werden. Ein Untersucher kann zum Beispiel in Hohlräume von Metallplastiken hineinschauen.

Bei Gemälden wird von Röntgenstrahlen die Firnis und die Malschicht durchleuchtet. Abgebildet wird danach der Bildträger, also eine Leinwand oder auch eine Holzplatte. Ein Restaurator kann dabei für seine Arbeit wichtige Erkenntnisse gewinnen und ein Kunsthistoriker manche Überraschungen erleben. Übermalungen können bei einer Röntgenanalyse gut erkannt werden, ebenso lassen sich Vorzeichnungen der Künstler studieren. Manche Kunstfälschung wurde mit Röntgenstrahlen entlarvt, weil Untermalungen aus unzutreffenden Zeitabschnitten oder falsche Bildträger nachgewiesen wurden. Die Farben der alten Meister zeigen bei einer Röntgenanalyse stets ganz charakteristische Eigenschaften, denn sie wurden in Handarbeit hergestellt und enthalten wechselnde Metallanteile. Bei modernen und industriellen Farben fehlen solche spezifischen Eigenschaften.

Die Röntgenanalyse gehört zum Standardprogramm bei Gemäldeuntersuchungen. Alle wichtigen Gemälde sind inzwischen mit Röntgenbestrahlung analysiert und katalogisiert worden. Röntgenstrahlen legen genau den Gemäldeuntergrund frei und können Fälschungen entlarven. Die abgebildete Darstellung eines Heiligen Petrus (a) könnte stilistisch dem Maler El Greco zugeordnet werden. Doch die Röntgenanalyse zeigt, es wurde ein anderes und stilistisch jüngeres Gemälde übermalt (b). Das Bild kann deshalb nicht von El Greco stammen und ist eine Fälschung.
(J. Riederer, Rathgen-Forschungslabor der Staatlichen Museen zu Berlin – Preußischer Kulturbesitz)

Bei Metallobjekten können Röntgenstrahlen aufgrund ihres unterschiedlichen Durchdringungsvermögens Fragen zum Herstellungsprozess klären. Es sind Aussagen über unterschiedliche verwendete Metallverbindungen und über die Wandstärke der Metalle möglich. Den Archäologen eröffnen sich Hinweise auf frühe Gießtechniken, und es lässt sich prüfen, ob etwa eine Plastik innen hohl ist oder zusätzlich einen Kern aus einem anderen Material enthält. Die Gussformen der Bildhauerarbeiten aus der Antike wurden einst meisterhaft aus einzelnen Schichten aufgebaut. Außen wurden die Modelle der zu gießenden Statuen von einer etwa drei Millimeter dünnen Lehmschicht umgeben. Danach folgte eine feine Schicht aus Haaren, die beim Guss des flüssigen Metalls feine Kanäle hinterließen, sodass Gase abgeleitet werden konnten und das Material nach dem Erkalten nicht porös wurde. Bei den Zulaufkanälen wurde ein bestimmter Abstand exakt eingehalten, denn sonst wäre das flüssige Metall mit einer zu großen Hitze in die Gussform hineingeschossen und hätte Schäden anrichten können.

Werden Mumien durchleuchtet, ist der geschulte Blick eines Röntgenarztes notwendig. Ohne eine Mumie zu beschädigen, können nicht nur die Knochenstrukturen, sondern auch das Alter und das Geschlecht des einbalsamierten Menschen bestimmt werden. Häufig lassen sich sogar noch Erkrankungen der Verstorbenen oder auch die Todesursache nachweisen.

Röntgenstrahlen sind sehr energiereich. Die durchstrahlten Objekte absorbieren einen gewissen Anteil dieser Energie und können ihn anschließend als sekundären Röntgenstrahl wieder abgeben. Dieses Phänomen nennt man Röntgenfluoreszenz. Diese Fluoreszenz bildet eine Art Fingerabdruck des durchstrahlten Objektes und erlaubt zahlreiche charakteristische Schlussfolgerungen. Jedes chemische Element besitzt eine charakteristische Röntgenfluoreszenz. Ein Untersucher kann sich aus der Fülle von unterschiedlichen Röntgenfluoreszenzen ein Bild über die Zusammensetzung seines Objektes machen. Aus allen unterschiedlichen Fluoreszenzen ergibt sich das Röntgenspektrum. Die Anzahl der Spektrallinien steht in direkter Beziehung zur Anzahl der vorhandenen chemischen Elemente. Zusätzlich erlaubt die Intensität jeder einzelnen Linie eine Aussage, wie hoch die Konzentration des zugehörigen chemischen Elementes im Untersuchungsobjekt ist. Röntgenfluoreszenzen können gezielt an winzigen Farbflächen oder kleinen Einlagerungen ausgelöst werden, ohne das untersuchte Objekt zu beschädigen. Für eine Analyse sind in diesem Fall keine aufwendigen chemischen Präparationsverfahren notwendig, und ein kostbares Objekt nimmt keinen Schaden.

Röntgenstrahlen sind elektromagnetische Wellen und werden daher an Hindernissen gebeugt. Da die Wellenlänge sehr klein ist, macht sich die Beugung auch an winzigen Strukturen wie den Atomen eines Kristalls bemerkbar. Bei Röntgenstrahlen mit einer bekannten Wellenlänge kann aus dem Beugungsmuster auf die Art des Kristalls geschlossen werden, an dem die Beugung erfolgte. Die Röntgenbeugung findet hauptsächlich bei der Analyse von Farbpigmenten, der Patina von Bronzen und bei Keramiken Verwendung. Einige Kristalle können sich beispielsweise nur bei bestimmten Temperaturen bilden. Treten solche Kristalle in Keramiken auf, liegen sofort Aussagen zur einstigen Brenntemperatur vor. Manches alte Brennverfahren konnte auf diese Weise aufgeklärt werden. Eine Lagerung im Boden löst in Metallen oft charakteristische, von der Bodenqualität abhängige chemische Veränderungen aus, die eine Kristallbildung zur Folge haben. Diese spezifischen Kristalle können die chemische Zusammensetzung des Bodens und die Lagerdauer dokumentieren. Für den Archäologen sind durch Röntgenanalysen oft umfangreichere Aussagen möglich als durch die rein stilistisch-künstlerische Objektanalyse.

Die Röntgenstrahlung wurden 1895 von dem deutschen Physiker Wilhelm Conrad Röntgen entdeckt. Sie entsteht, wenn sich sehr schnell bewegende Elektronen plötzlich auf einen festen Körper (etwa aus Metall) treffen. Die Bewegungsenergie der Elektronen wird dann in Strahlungsenergie umgewandelt und Röntgenstrahlen werden ausgesendet. Für einen lebenden Organismus sind Röntgenstrahlen schädlich, und ein Patient darf ihnen stets nur kurzzeitig und kontrolliert ausgesetzt werden. Bei der Arbeit mit Röntgenstrahlen sind Schutzeinrichtungen wie Bleiabschirmungen notwendig. Der Einsatz von Röntgenstrahlen in der Kunstanalyse erfolgte bereits kurz nach ihrer Entdeckung. Schon im Jahre 1897 wurde durch Röntgenstrahlen auf einem Gemälde mit einer umstrittenen Herkunft deutlich die Signatur von Dürer und die Jahreszahl 1521 nachgewiesen, womit die Echtheit bestätigt war. 1916 erhielt der Arzt Dr. Alexander Faber ein Patent zur Röntgenanalyse von Gemälden. Er konnte mit seinem Verfahren Übermalungen sichtbar machen. Heute besitzen große Museen in ihren Archiven Tausende von Röntgenaufnahmen ihres Besitzes, um etwa wertvolle Gemälde bis in alle Einzelheiten zu dokumentieren. Nach manchem Kunstdiebstahl konnte die Beute durch den Vergleich mit Röntgenbildern aus den Archiven identifiziert werden.

Fortschritte der Forschungsarbeiten mit Röntgenstrahlen stammen hauptsächlich aus den Labors der Medizin und werden später von anderen Fachrichtungen übernommen und abgewandelt. Bei einer Computertomographie wird zum Beispiel der Patient in eine Art Röhre geschoben, um die Röntgenstrahlungsquellen kreisen. Es erfolgen dabei Schichtaufnahmen des Patienten, die anschließend von einem Computer in ein räumliches Bild umgerechnet werden. Mit der Computertomographie können im Körper winzige krankhafte Veränderungen räumlich nachgewiesen werden und es wird möglich, etwa Krebserkrankungen noch in ihrer Frühphase zu entdecken. In der Archäologie konnte mit Hilfe der Computertomographie belegt werden, dass manche Mumien zusammen mit kleinen Metallplättchen und Amuletten gewickelt wurden. Es ist auch möglich, mit der Computertomographie Verstorbene zu untersuchen, ohne den hermetisch verschlossenen Sarg zu öffnen. Der schädliche Einfluss von Sauerstoff aus der Luft, der bei einer Sargöffnung zwangsläufig eingedrungen wäre, lässt sich mit dieser Untersuchungstechnik verhindern. In einer Serie von alten Buddhastatuen zeigte die Computertomographie, dass einige von ihnen Schriftrollen enthielten. Diese Statuen wurden geöffnet, und der Forschung wurden nun wichtige Texte zugänglich. Die Skulptur »Löwe von Anagni« war einst für die Geschichtsforschung bedeutsam, weil sie nach einer Inschrift auf ein Treffen zwischen Kaiser Friedrich II. und Papst Gregor IX. verwies und aus dem Jahr 1230 stammte. Nach einer reinen stilkritischen Analyse hatte das Objekt eindeutig eine mittelalterliche Herkunft und war damit echt. Die Röntgenuntersuchung belegte dagegen eine Fälschung. Im Inneren der Plastik fanden sich Hinweise, die auf Gießtechniken des 19. Jahrhunderts deuteten, welche im Mittelalter noch unbekannt waren. Später wurde es durch weitere Analysen sogar möglich, eine Gießerei zu identifizieren, von der die Skulptur einst als eine Auftragsarbeit angefertigt worden war.

Teje war die Große Königliche Gemahlin des ägyptischen Pharaos Amenophis III. (1402–1364 v. Chr.), der während der 18. Dynastie das Reich am Nil beherrschte und der Nachwelt zahlreiche prächtige Bauten hinterließ. Das ägyptische Museum von Berlin besitzt einen bedeutenden und sorgfältig gearbeiteten Porträtkopf von Teje aus feinem Ebenholz mit Gold, Silber und Edelsteineinlagen. Auf den Kopf wurde bereits in altägyptischer Zeit eine Schicht von Leinentüchern geklebt, sodass die ursprüngliche Kopfbedeckung der Königin heute nicht mehr identifiziert werden kann. Durch computertomographische Analysen gelang es, die Leinenhaube von Teje ohne eine Beschädigung zu durchdringen und zu belegen, dass die Königin ursprünglich eine Haartracht aus Silber getragen hatte. Zu ihrer Haartracht gehörten auch Machtinsignien wie etwa die Uräus-Schlangen, die einer Großen Königlichen Gemahlin zur Repräsentation zustanden. Teje lebte nach dem Tod ihres Gemahls noch etwa 10 Jahre, verlor jedoch ihren Titel, da ihr Sohn Amenophis IV. (Echnaton) nach dem Tod des Vaters Pharao geworden war und damit Nofretete zur Grossen Königlichen Gemahlin gemacht hatte. Wahrscheinlich änderte ihr Sohn die Position von Teje bei Hof. Der Porträtkopf erhielt, um die Insignien einer Gemahlin zu verdecken, eine Leinenhaube, auf der noch heute Reste eines Holzzapfens zu sehen sind. An diesem Holzzapfen war früher eine Götterkrone befestigt. Amenophis IV. hatte seine Mutter vergöttlicht. Als Pharao war er der Sohn des höchsten Gottes und damit selbst göttlicher Herkunft. Teje war somit die Mutter eines Gottes und genoss durch den Sohn alle Ehrungen einer Göttin. Von Teje ist noch heute eine Haarlocke erhalten. Sie gab sie vor Jahrtausenden ihrem früh verstorbenen Enkelsohn Tut-anch-Amun mit ins Grab.

Porträtkopf aus Holz von Teje, der Großen Königlichen
Gemahlin von Pharao Amenophis III. Der Kopf ist durch
eine dichte Leinenschicht abgedeckt. Mit Hilfe der
Computertomographie gelang es, die Frisur der Königin
unterhalb der Leinenschicht sichtbar zu machen.
An dem abgebrochenen Zapfen auf dem Kopf wurde
früher zu Kultzwecken eine Göttinnenkrone befestigt.
(Staatliche Museen zu Berlin – Preußischer Kulturbesitz,
Ägyptisches Museum)

Radioaktivität und Kulturobjekte

Radioaktive chemische Elemente zerfallen spontan in nicht radioaktive chemische Elemente. Der Zerfall läuft ohne einen äußeren Einfluss ab und kann weder beschleunigt noch verlangsamt werden. Er gehorcht eigenen Gesetzmäßigkeiten und gleicht einer Art Uhr. Pro Zeiteinheit zerfällt stets eine charakteristische Anzahl von Atomen, weshalb der radioaktive Zerfall für Zeitmessungen und Altersbestimmungen von Kunstwerken und archäologischen Objekten herangezogen werden kann. Stimmt die messbare Radioaktivität eines Objektes nicht mit der seinem angeblichen Alter zugeordneten Radioaktivität überein, liegt mit Sicherheit eine Fälschung vor.

Das Alter von kohlenstoffhaltigen Materialien kann mit der Radiocarbonmethode relativ sicher ermittelt werden. Die Methode erfasst das Alter von Proben in einer Zeitspanne zwischen 100 und etwa 100 000 Jahren. Insbesondere Materialien organischen Ursprungs wie Holz, Holzkohle, Textilien, Leder oder Knochen lassen sich mit der Radiocarbonmethode gut untersuchen, aber auch Eisen, das bei seiner Verhüttung Kohlenstoff aufgenommen hat.

Durch energiereiche Strahlungen aus dem Weltraum entsteht in der äußeren Erdatmosphäre regelmäßig eine bestimmte Menge radioaktiver Kohlenstoffatome. Es handelt sich dabei um das Isotop Kohlenstoff-14. Sein Entstehungsprozess verläuft wegen der gleichbleibenden Weltraumstrahlung absolut gleichmäßig, sodass für die gesamte Erdatmosphäre ein konstanter Anteil von radioaktivem Kohlenstoff-14 definiert werden kann. Dieser radioaktive Kohlenstoff gerät zusammen mit dem normalen, nicht radioaktiven Isotop Kohlenstoff-12 in die Stoffwechselbahnen der Lebewesen und wird zu körpereigenen Produkten verarbeitet. Pflanzen, Tiere und auch der Mensch enthalten deshalb in ihrem Körper einen Anteil von radioaktivem Kohlenstoff, der genau dem entsprechenden Anteil in der Erdatmosphäre entspricht. Wird Eisen verhüttet, dann stimmt der Anteil des aufgenommenen radioaktiven Kohlenstoffs ebenfalls mit dem entsprechenden Anteil in der Erdatmosphäre überein, wenn als Brennmaterial Holz verwendet worden ist. Vor dem Siegeszug der fossilen Kohle und des Erdöls als Energielieferanten traf dies bei der Verhüttung von Eisen stets zu.

Mit dem Tod eines Lebewesens enden alle seine Stoffwechselprozesse und damit auch die Zufuhr von radioaktivem Kohlenstoff-14. Das Gleichgewicht zwischen dem radioaktiven Kohlenstoff im Körper und in der Erdatmosphäre kann deshalb nicht mehr konstant gehalten werden. In einem toten Körper kann der eingebaute radioaktive Kohlenstoff nur noch zerfallen. Gleiches gilt für Materialien, die aus Teilen von Lebewesen hergestellt werden, etwa aus Knochen, Leder und Holz, sowie für mit Holz(kohle) verhüttetes Eisen. Radioaktiver Kohlenstoff-14 besitzt eine Halbwertzeit von 5730 Jahren: Nach 5730 Jahren ist die Strahlungsaktivität in kohlenstoffhaltigen organischen Materialien im Vergleich zur Erdatmosphäre um die Hälfte abgesunken. Eine 5730 Jahre alte Holzprobe strahlt somit nur noch halb so intensiv wie ein lebender Baum. Eine genaue Altersbestimmung wird deshalb aus der Relation der Strahlungsintensität von gegenwärtigen und von historischen Materialien möglich. Die Radiocarbonmethode ist im Rahmen einer Toleranzbreite relativ sicher und ein Fälscher könnte sie nur überlisten, wenn er etwa aus antikem Holz eine stilechte antike Statue schnitzen würde.

Die Blei-210-Methode eignet sich weniger für eine Altersbestimmung als zur Entlarvung von Fälschungen. Blei-210 ist das radioaktive Zerfallsprodukt des ebenfalls radioaktiven Radiums, das aus dem Erdinneren stammt. Bei der Verhüttung von Bleierzen wird Radium in der Schlacke gebunden, während radioaktives Blei-210 in das Metall übergeht. Die Halbwertzeit von Blei-210 beträgt nur 22,3 Jahre, sodass bleihaltige Objekte schnell ihre Strahlungsintensität verlieren. Bleihaltige Objekte aus der Antike sind deshalb nicht mehr radioaktiv. Sammelobjekte, die aufgrund ihrer stilistischen Eigenarten als antik eingestuft werden können, aber dennoch radioaktiv strahlen, sind Fälschungen.

Andere Untersuchungsmethoden bedienen sich nicht der radioaktiven Elemente selbst, sondern der Spuren, die diese bei ihrem Zerfall in Objekten hinterlassen. Glas und Keramiken enthalten häufig einen bestimmten Anteil von uranhaltigen Mineralien. Uran ist ein Bestandteil der Erdkruste und ein natürliches radioaktives

Element, das unter der Aussendung einer Teilchenstrahlung zerfällt. Spuren, die zerfallene Uranatome in ihrer unmittelbaren Umgebung hinterlassen, können mit besonderen Techniken sichtbar gemacht werden. Aus der Intensität und Häufigkeit dieser Spuren kann auf das Objektalter geschlossen werden. Die Spurenhäufigkeit nimmt im Zeitverlauf linear zu und erlaubt Altersaussagen zwischen 100 Jahren und mehr als 1 Milliarde Jahren. Ein entscheidender Nachteil der Spaltspuren-Methode ist allerdings der Materialverbrauch. Es müssen zum Beispiel beträchtliche Mengen an Glas oder Keramik verarbeitet werden, um alle Spaltspuren sicher erfassen zu können. Für wertvolle Einzelstücke ist diese Methode zur Altersbestimmung nicht geeignet. Sinnvoll erscheint sie dagegen bei der Altersbestimmung von zeitgleichem Material aus der Fundumgebung.

Schließlich können Objekte auch durch die Radioaktivität aus ihrer Umgebung geprägt werden. Die radioaktive Strahlung erzwingt Veränderungen der Elektronenstruktur der Atome von Keramikmaterial, die einer Art Energiespeicher gleichen: Der Energiegehalt einer Keramik wird auf diese Weise kontinuierlich angehoben. Wird ein Keramikfund erhitzt, beginnt er in einem bestimmten Temperaturbereich die gespeicherte Energie als Licht abzustrahlen. Dieses Licht lässt sich messen, und das gesamte Verfahren heißt Thermolumineszenz. Aus der messbaren abgestrahlten Lichtenergie kann auf das Alter des Objektes geschlossen werden. Moderne Keramiken strahlen nicht, da sie nach dem Brennen noch nicht genügend Energie aufnehmen konnten. Das Verfahren erkennt auf diese Weise Keramikfälschungen und kann nicht überlistet werden. Die Altersbestimmung durch Thermolumineszenzanalyse ist heute sehr verfeinert, die Ergebnisse stimmen bis auf eine Abweichung von etwa 5 Prozent mit dem tatsächlichen Alter des Untersuchungsobjektes überein.

Werden Quarzkristalle (Sand) einer dauerhaften intensiven Sonnenbestrahlung entzogen und etwa in Höhlen gebracht, dann treten in der Dunkelheit innerhalb der Kristallstrukturen Veränderungen auf, die sich im Laufe der Zeit anreichern und eine Zeitmessung erlauben. In den Kimberley-Höhlen (Westaustralien) konnte mit diesem Verfahren das Alter von Höhlenmalereien der Ureinwohner auf etwa 17 500 Jahre bestimmt werden. Dies gelang, weil Sand- und Grabwespen mit Sandkörnern von einem Fluss- und Seeufer in den

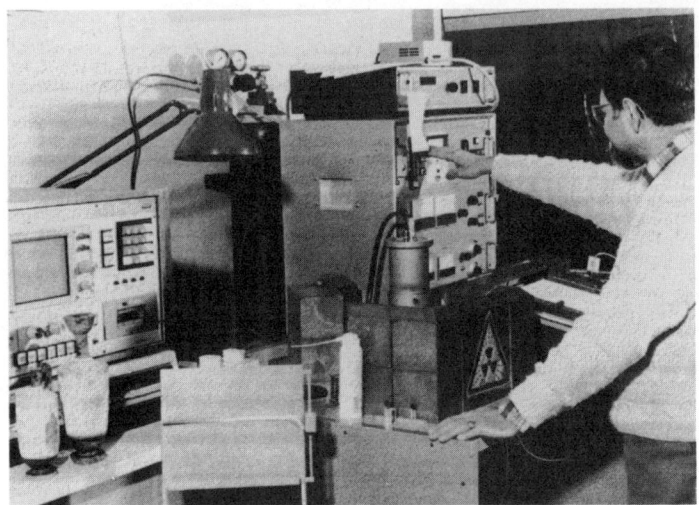
Thermolumineszenz-Einrichtung

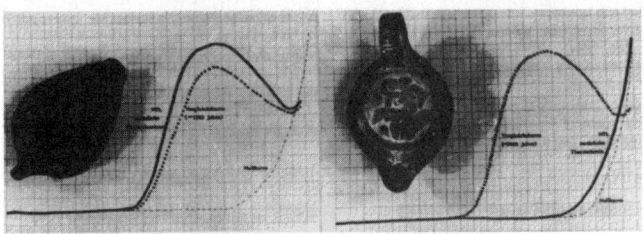
Thermolumineszenz-Aufnahme einer antiken und einer gefälschten Öllamp

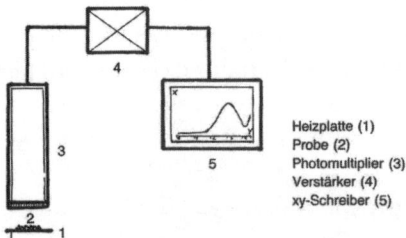

Heizplatte (1)
Probe (2)
Photomultiplier (3)
Verstärker (4)
xy-Schreiber (5)

Aufbau der Messgeräte zur Thermoluminiszenz-Analyse.
Bei Keramikfälschungen fehlt im Gegensatz zu echten
antiken Keramikobjekten die Zeit, Energie der natürlichen
Radioaktivität abzuspeichern. Fälschungen strahlen
deshalb bei einer Analyse keine messbare Fluoreszenz
ab (mittlere Bildreihe).
(Rathgen-Forschungslabor, Staatliche Museen
Preußischer Kulturbesitz, Berlin)
(J. Riederer, Rathgen-Forschungslabor der Staatlichen
Museen zu Berlin – Preußischer Kulturbesitz)

Höhlen Nester gebaut hatten, die später versteinerten. Zur Zeit des Nestbaus hatten Ureinwohner in den Höhlen Malereien angelegt und dabei die Sandnester überstrichen. Nester und Malereien sind somit ungefähr gleich alt und die Analyse von Strukturveränderungen in den Kristallen der Sandkörner reichte zur Altersbestimmung aus.

Bei der Datierung von Knochen oder Objekten aus Elfenbein kann zusätzlich zur Radiocarbonmethode noch die Fluor-Stickstoff-Methode weiterhelfen. Im Boden wird in Knochen fortlaufend Stickstoff abgebaut und durch Fluor und Uran ersetzt. Aus dem Verhältnis zwischen Fluor und Uran auf der einen Seite sowie Stickstoff auf der anderen Seite sind dann Altersbestimmungen möglich. Die Methode erlaubt hauptsächlich bei prähistorischen Knochen gute Aussagen und konnte manchen spektakulären Fund, etwa den Schädel des »Piltdown-Menschen«, als Fälschung entlarven. Mit Hilfe der Kombination solcher Methoden der Altersbestimmung konnte belegt werden, dass der moderne Mensch und der Neandertaler über lange Zeit gleichzeitig in einigen Gebieten am Mittelmeer und im Vorderen Orient lebten und es folglich in Europa zwei Arten von Menschen gab.

Hauptsächlich für Knochen bietet sich die Uran-Thorium-Datierung an. Bei Kalkablagerungen wird mit der Zeit Uran in die Kristallgitter eingebaut, sodass sich die radioaktive Strahlungsintensität verändert und diese Veränderung gemessen werden kann. In Höhlen mit Kalkablagerungen können häufig Knochenfunde dokumentiert werden, die fest mit den Kalkablagerungen verbunden sind. Es kann somit angenommen werden, dass die Knochen am Beginn der Kalkablagerung bereits vorhanden waren und mit der Zeit fest in den Kalk eingepackt und mit ihm verbunden wurden. Beim Fund eines Neandertaler-Schädels in Griechenland war durch die Uran-Thorium-Datierung der Kalkablagerung eine Altersbestimmung zwischen 160 000 und 200 000 Jahren möglich. Parallele Untersuchungen bestätigten später diese Datierung und stellten klar, dass auch das Umfeld eines Fundes für eine genaue Analyse sehr wichtig ist. Bei Radioaktivitätsmessungen zur Altersbestimmung muss meist die gesamte Fundsituation eines Objektes bewertet werden.

Chemische Analysen

Bei wichtigen Objekten der Kulturgeschichte und bei Kunstwerken werden die klassischen Analyseverfahren der Chemie nach Möglichkeit nicht eingesetzt, denn sie benötigen und verbrauchen Untersuchungsmaterial, was zwangsläufig zu Beschädigungen des Objekts führt. Die große Mehrheit der naturwissenschaftlichen Analysen in der Kunst und Archäologie arbeitet deshalb mit zerstörungsfreien Methoden. Durch raffinierte Techniken wird, wie in den vorhergehenden Kapiteln angeführt, das Untersuchungsmaterial mit unterschiedlichen physikalischen Verfahren bearbeitet, sodass seine atomaren Bestandteile ohne Beschädigung zu messbaren Reaktionen gezwungen werden und wie bei einem Fingerabdruck ihre charakterisierbaren Eigenarten mitteilen. Der Chemie stehen heute allerdings zahlreiche Mikromethoden mit einem nur minimalen Materialverbrauch zur Verfügung, sodass klassische Analyseverfahren neuerdings auch in der Kunstbeurteilung eingesetzt werden können. Entscheidend ist nur, dass an »unwichtigen« Stellen des Untersuchungsobjektes geringe Materialproben entnommen werden können.

Material aus dem Umfeld eines Fundes steht dagegen meist uneingeschränkt für klassische chemische Analyseverfahren zur Verfügung. Chemische Analysen beschäftigen sich deshalb häufig nicht mit einem wertvollen Objekt selbst, sondern mit dem Boden, in dem dieses gefunden wurde. Das Umfeld eines Fundes liefert manchmal so wichtige Aussagen wie der Fund selbst. Allerdings muss bei solchen Untersuchungen streng beachtet werden, dass bei Bergungsarbeiten das Umfeld eines uralten Fundes nicht durch »moderne« Materialien verunreinigt wird. Die chemische Analyse kann Bestandteile und Eigenschaften von Materialien feststellen, aber nur selten deren genaue Herkunft unterscheiden. Fette an Skelettresten können vom Verstorbenen stammen und damit »echt« sein, sie können aber auch von der Hand jener Person übertragen worden sein, die etwa die Knochen aufgehoben und eingepackt hat. Die chemische Analyse würde in beiden Fällen ausschließlich Fettanteile feststellen. Bei der Bergung von wichtigen Funden werden deshalb generell dichte Handschuhe getragen. Durch Untersuchungen von Fettsäurekomponenten gelang es beispielsweise in einer Höhle die Reste eines Pferdes zu identifizieren, dessen Fleisch vor etwa 300 000 – 500 000 Jahren von den Bewohnern der Höhle gebraten und verzehrt worden war. Nachdem kleinste Reste von der Glasinnenwand römischer Parfumflakons abgekratzt werden konnten, gelang es sogar, die Zusammensetzung antiker Kosmetika zu bestimmen.

Bei den klassischen chemischen Untersuchungstechniken muss zwischen einer qualitativen Analyse und einer quantitativen Analyse unterschieden werden. Die qualitative Analyse bietet dabei zunächst einen ersten Überblick. In einem Gemenge von zunächst unbekannten Substanzen liefert sie Hinweise zu der Art der Substanzen, aus denen sich das Objekt zusammensetzt. Sind die Bestandteile bekannt, kann die quantitative Analyse folgen. Sie gestattet eine Aussage zum Anteil der einzelnen Materialien am Untersuchungsobjekt. Wird zum Beispiel uraltes Eisen gefunden, erlaubt die qualitative Analyse zu sagen, das Objekt ist verrostet, während die quantitative Analyse den Grad der Verrostung mitteilt.

Der qualitativen Analyse gehen meist Vorproben voraus. Werden zum Beispiel geringe Mengen von unbekannten Substanzmischungen in einem geschlossenen Röhrchen trocken erhitzt, kommt es zu verschiedenen Ausscheidungen, die rein optisch oder durch den Geruch erste Beurteilungen ermöglichen. Materialien können auch mit vorgegebenen Stoffen verschmolzen werden und gestatten dann bei einer tatsächlich abgelaufenen Reaktion sichere Aussagen. Beim Verbrennen können schließlich bestimmte Materialien aus unbekannten Substanzmischungen die Farbe der Flamme verändern und damit die chemische Zusammensetzung der Probe verraten. Die Chemie kennt eine große Fülle von qualitativen Analysetechniken, die dem Chemiker erste Informationen liefern und ihm die Richtung weisen, nach welchen chemischen Elementen und Verbindungen er in einer Probe überhaupt erfolgreich suchen kann.

Die quantitative Analyse der Bestandteile unbekannter Substanzgemische ist wesentlich aufwendiger und erfordert insbesondere

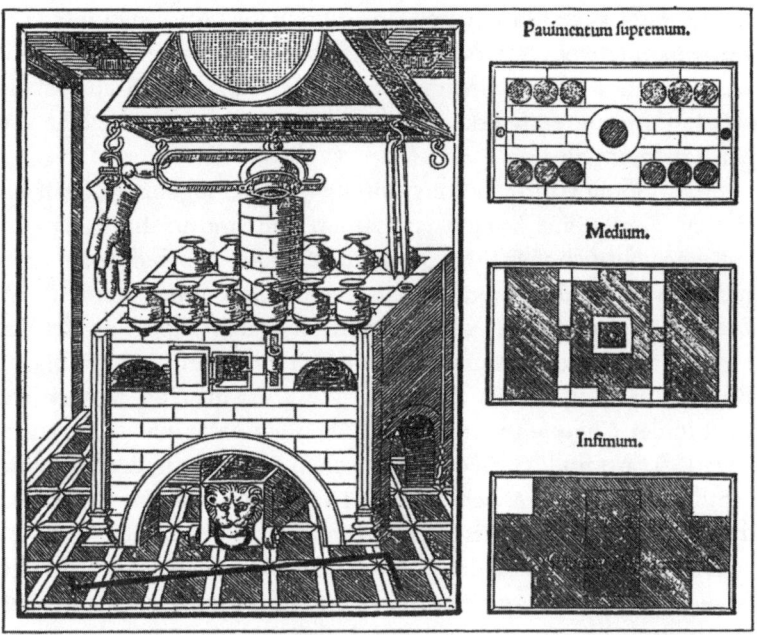

Pauimentum fupremum.

Medium.

Infimum.

Alte Konstruktionszeichnung eines Herdes für
Experimente und Analysen der frühen Chemiker; sie
gehört zur ältesten ihrer Art. Es sind eine Serie von
Tiegeln über einem Feuer dargestellt, und Schutzhand-
schuhe hängen bereit, um die Tiegel anzufassen. Über
eine besondere Vorrichtung kann der Herd automatisch
befeuert werden. Aus: Ioannes Augustinus Pantheus,
»Voarchadumia contra Alchimiam...«, Venedig 1530.
(Deutsches Museum, München)

beim Einsatz von materialsparenden Mikromethoden technische Erfahrung. Durch die qualitative Analyse ist meist bereits bekannt, aus
welchen Stoffen die Probe besteht, und es können gezielt spezifische
Untersuchungsverfahren ausgewählt werden. Nach den Methoden
der klassischen Chemie wird zunächst die zu untersuchende Substanz aus dem Gemisch der Probe isoliert und anschließend men-
genmäßig erfasst. Die Isolierung kann dabei durch eine Fällung
oder Ausscheidung erfolgen. Dem Substanzgemisch werden dabei
spezifische Reaktionspartner zugegeben, die die zu untersuchende
Substanz aus dem Gemisch herausdrängen und ausfällen. Eine
Untersuchungssubstanz kann auch auf elektrischem Weg aus einem Gemisch abgetrennt und identifiziert werden. Über die Ge-

wichts- oder auch Maßanalyse sind quantitative Aussagen möglich. Zur quantitativen Analyse gibt es neben den klassischen chemischen Verfahren noch elektrochemische Verfahren, optische Analysen sowie weitere Methoden wie etwa die Spektralanalyse oder die Chromatographie.

Einen Sonderfall bilden organische Verbindungen. Sie besitzen alle ein Gerüst aus Kohlenstoffatomen und sind in ihrer Struktur außergewöhnlich vielfältig. Die Baustoffe aller Lebensformen können überwiegend der organischen Chemie zugeordnet werden. Außer den Kalkstrukturen seiner Knochen besteht zum Beispiel der Mensch ausschließlich aus Wasser und organischen Verbindungen. Zur Beurteilung der Zusammensetzung organischer Materialien wird in der Chemie unter anderem die Elementaranalyse herangezogen, die Art und Anteil der chemischen Elemente in der Substanz ermittelt. Nach dem Abschluss dieser Verfahren ist es dann möglich, die Struktur einer organischen Verbindung zu beschreiben.

Eine wichtige Untersuchungsmethode der organischen Chemie ist die Gaschromatographie. Dem Verfahren genügen winzige Probenmengen, die in gasförmigem Zustand einem Trägergas zugesetzt werden, um sie anschließend in einer Säule durch Wechselwirkungen mit deren stationären Komponenten nach verschiedenen Kriterien in die einzelnen Bestandteile aufzutrennen. Messgeräte registrieren das Chromatogramm, welches die einzelnen Bestandteile der Mischung angibt. Dabei wird in einem Gemisch aus organischen Verbindungen jede Verbindung in der Reihenfolge der Trennung als Ausschlag des Messgerätes aufgezeichnet, die Höhe des Ausschlages entspricht der Konzentration. Zur Dokumentation der Messung genügt ein Papierstreifen mit einer kammartigen Folge von unterschiedlichen Zacken: Jeder einzelne Zacken stellt eine identifizierte Verbindung dar und die Höhe des Zackens die Konzentration der Verbindung im Substanzgemisch der Probe. Wichtig sind bei diesem Verfahren bekannte Eichsubstanzen, die dem Untersucher helfen herauszufinden, welche Substanz er gemessen hat. Winzige Farbmengen von der Größe einer Stecknadelspitze aus steinzeitlichen Höhlenmalereien konnten gaschromatographisch in ihre einzelnen Bestandteile zerlegt werden, was bei der Entschlüsselung von frühen Rezepten und Techniken der Farbproduktion half. An Scherben eines Kruges aus der Zeit um 5500 v. Chr. fanden sich Reste von Säuren aus Trauben sowie Weinstein, sie lieferten ein Indiz für die vermutlich älteste bisher bekannte Weinherstellung. Durch die Chromatographie gelang es auch zu zeigen, dass einige altägyptische Mumien Cocain, Haschisch oder Nicotin enthielten und die untersuchten Personen deshalb zu Lebzeiten bereits diese Drogen kannten. Es konnten sogar Inhaltsstoffe von Pflanzen nachgewiesen werden, die zu Lebzeiten der Verstorbenen noch gar nicht am Nil verbreitet gewesen sein konnten. Durch die Chemie wurde deshalb indirekt ein Fernhandel belegt.

Chemischen Analysen lassen manchmal offene Fragen zurück, die sie selbst erst aufgeworfen haben. Gab es möglicherweise sehr frühe, unbekannte Handelsbeziehungen mit Weltgegenden, die nach der heute gültigen allgemeinen geschichtlichen Vorstellung zu dieser Zeit vom Orient und von Europa aus noch gar nicht entdeckt worden waren? Den Griechen und Römern war zum Beispiel die Bohne als Nahrungsmittel bekannt. Vergleichbare Bohnenarten gab es bereits lange vor Kolumbus in Amerika. In einem unversehrten Grab aus der Vorinkazeit in Peru wurden Bohnen als Totennahrung gefunden, sie konnten deshalb nicht im Zeitalter der Entdeckungen nach Amerika gebracht worden, sondern mussten schon lange vorher dort gewesen sein. Wer sie dorthin brachte, ist völlig unbekannt. Aus der harten Fruchtschale einer bestimmten Kürbisart wurden im antiken Ägypten und Mesopotamien, aber auch Jahrhunderte vor Kolumbus von Indianervölkern in Südamerika Gefäße hergestellt.

Bei uralten Überresten von Menschen helfen schließlich auch gerichtsmedizinische Untersuchungsverfahren weiter. Blutreste oder andere Inhaltsstoffe des Körpers können sich über lange Zeiträume erhalten und dann analysiert werden. Methoden, die der Kriminalpolizei zum Erfolg verhelfen, nützen auch dem Archäologen. Dabei kann eine breite Fülle von hoch empfindlichen biochemischen und molekularbiologischen Techniken eingesetzt werden. Beim Radioimmunoassay wird zum Beispiel auf die hohe Spezifität von Antikörpern zurückgegriffen. Jeder Antikörper passt nur zu einer speziellen Zielsubstanz, sein Antigen. Mit Antikörpern gegen Inhaltsstoffe des menschlichen Körpers können deshalb auch uralte menschliche Überreste nachgewiesen werden. Bei alten Waffen mit Krusten aus organischen Resten kann dadurch manchmal sogar gezeigt werden, dass mit ihnen einst nicht nur Tiere, sondern auch Menschen getötet wurden.

Wie alt ist Holz?

Holz hat für den Menschen vielfältige Verwendungsmöglichkeiten, die vom Bau- und Heizmaterial bis hin zum Material für Kunstwerke reichen. Neben dem Stein gehört Holz sicherlich zu den ersten Werkstoffen des Menschen. Für den Künstler erwiesen sich die leichte Bearbeitbarkeit des Werkstoffes Holz und dessen feine Maserungen als besonders reizvoll. Zahlreiche Meisterwerke der Malerei wurden auf Holztafeln angefertigt, und die sorgfältigen Schnitzarbeiten der alten Meister ziehen noch heute den Kunstfreund in ihren Bann. Als ein organisches Material zerfällt Holz relativ rasch, sodass im feuchten Mitteleuropa kaum noch Spuren von frühen Holzbauten identifiziert werden können. In trockenen Weltgegenden und unter Abschluss von Luft ist die Situation allerdings anders; Holz kann sich dort über Jahrtausende erhalten. Noch heute sind fein gearbeitete Holzstatuen der altägyptischen Hochkultur in Sammlungen zu bewundern.

Für den Archäologen und Kunsthistoriker stellt sich immer wieder die Frage nach dem Alter von Holz. Altersbestimmungen helfen Fälschungen zu erkennen und sonstige Unklarheiten in zeitlichen Zuordnungen zu beseitigen. Holz gehört jedoch zu jenen Werkstoffen, bei denen chemische Analysen für die Datierungen kaum einen Fortschritt erbringen können. An den einzelnen Bestandteilen von Holz nagt der Zahn der Zeit nur sehr unspezifisch, sodass über die Chemie kaum Rückschlüsse möglich sind. Für Holz mussten deshalb besondere Methoden der Materialanalyse entwickelt werden.

Eine elegante Analysemethode bedient sich der Maserung von Holz, die auf die Bildung von Jahresringen zurückgeht. Ein Baum wächst immer nur in einer feinen Zone zwischen seiner Rinde und dem Inneren des Stammes. Dabei wird in Gegenden mit ausgeprägten Schwankungen der Jahreszeiten im Breitenwachstum jedes Jahr ein Ring angelegt. In diesem Jahresring spiegeln sich in den gemäßigten geographischen Breiten die Jahreszeiten wider. Im Frühjahr zeichnet sich das frisch gebildete Holz wegen der weiten und wasserführenden Gefäßsysteme durch eine lockere Struktur aus. Das Sommerholz dagegen enthält wegen der reduzierten Wasserzufuhr enge Gefäßsysteme und erscheint sehr kompakt. Im Querschnitt eines Baumstamms erkennt man deshalb ein System von Ringen, an denen das Alter abgezählt werden kann. Ein breiter und ein schmaler Teilring entsprechen jeweils der Wachstumszone eines Jahres.

Rasterelektronenmikroskopische Aufnahme eines Blockes Ulmenholz, von drei Seiten aus dargestellt. Die Abbildung der Jahresringe ist auf der Oberseite des Blockes deutlich zu erkennen.
(aus: P.H. Raven et al., Biologie der Pflanzen, Walter de Gruyter, Berlin 2000)

Aus der mikroskopischen Feinstruktur der Jahresringe wurde die Methode der Dendrochronologie entwickelt. Sie erlaubt vielfältige Aussagen. Zunächst kann der Ursprung des Holzes ermittelt werden, denn jede Baumart zeichnet sich durch charakteristische Strukturen ihrer Jahresringe aus. Die wichtigsten Holzarten der deutschen Künstler waren nach diesen Analysen die Harthölzer Nussbaum, Buche und Esche sowie die Weichhölzer Tanne, Linde und

Kiefer. In Italien wurden unter den Harthölzern Zypresse und Edel-
kastanie und unter den Weichhölzern Pappel und Tanne verarbeitet.
In den Niederlanden und in Frankreich fand daneben das Hartholz
Eiche verbreitet Anwendung. Bereits durch die verwendeten Holzarten können manchmal Fälschungen aufgedeckt werden. In den
1930-er Jahren wurden Fälschungen von Spitzweg bekannt: Der Fälscher hatte auf Platten aus Tropenholz gemalt, das nachweislich erst
nach dem Tod von Spitzweg erstmals in Deutschland eingeführt
wurde.

Zusätzlich bilden Jahresringe eine Art Klimakalender. Während
eines verregneten Sommers entwickeln die Jahresringe eine andere
Feinstruktur als in einem trockenen Sommer. Da sich die Jahreszeiten in ihrer Ausprägung im Verlauf der Jahre niemals ideal gleichen, entwickeln die Jahresringe eine jahresspezifische und individuelle Feinstruktur. Mit Hilfe von Holzfunden aus verschiedenen
historischen Zeiträumen konnte für einige Holzarten die Jahres-
ringfeinstruktur bis in die Antike ermittelt werden. Dabei wurden
Balken von alten Fachwerkhäusern, uralte Möbel, Reste von gesunkenen Schiffen oder Fundamente von römischen Brücken ausgewertet. Manchmal tauchen auch geologisch eingelagerte Hölzer aus
Mooren und Fluss-Schottern auf, die in eine besonders ferne Vergangenheit führen. Im Braunkohle-Tagebau werden gelegentlich
erstaunlich gut erhaltene Baumstämme gefunden, die ebenfalls eine Jahresringchronologie ermöglichen. Für Eichen und einzelne
Nadelhölzer existiert in Mitteleuropa eine lückenlose Chronologie
bis in die Zeit vor der Geburt Christi; eine der ältesten kontinuierlichen dendrochronologischen Analysen geht bis in die Zeit um
8 000 v. Chr. zurück. Bei Kiefern gelang vereinzelt sogar eine Chronologie bis um 10 000 v. Chr. Altersbestimmungen sind somit in
historischen Zeiten oft bis auf das Jahr genau möglich. Die Jahres-
ringfeinstruktur ist in Atlanten niedergelegt, und Jahresringe von
Holzproben müssen zur Altersbestimmung lediglich mit einer iden-
tischen Referenzstruktur verglichen werden. Die mögliche Altersbestimmung auf das Jahr genau macht die Dendrochronologie zur
Zeit zum genauesten Verfahren unter den Datierungstechniken.
Alle gewonnenen Aussagen können oft zusätzlich noch, falls Refe-
renzen vorhanden sind, um die geographische Herkunft der Probe
erweitert werden. Aufgrund von lokalen klimatischen Unterschieden zeigen die Feinstrukturen der Jahresringe an, ob ein Baum zum

Beispiel in Nord-, Mittel- oder Südeuropa gewachsen ist. Bei zahlreichen Holzarten aus dem Vorderen Orient zeigt die Dendrochronologie noch Lücken. Holzfiguren aus altägyptischen Grabbeigaben stammen häufig von bislang nicht vollständig erfassten Baumarten. Zu ihnen gehört auch die für die Antike so wichtige Libanonzeder.

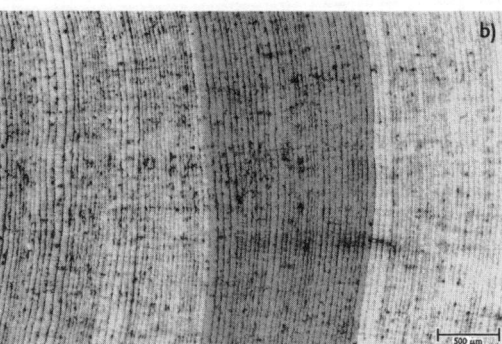

Pinus longaeva, eine Kieferart aus den White Mountains in Ost-Kalifornien, USA (a). Der abgebildete Baum ist etwa 4900 Jahre alt. Die graue Zone im Querschnitt der Jahresringe (b) entspricht einem Zeitraum von 30 Jahren und dokumentiert das Holzwachstum von 4240 bis 4210 v. Chr. Jeder Jahresring ist individuell ausgeprägt und erlaubt deshalb eine genaue zeitliche Zuordnung. Die Qualität der Jahresringe hängt von der Klimasituation der betreffenden Jahre ab.
(aus: P.H. Raven et al., Biologie der Pflanzen, Berlin 2000)

Zur Materialanalyse nach der Methode der Dendrochronologie genügt meist ein winziger Holzwürfel mit einem Volumen von etwa einem Kubikmillimeter. Die Probe muss jedoch so geschnitten sein, dass alle anatomischen Merkmale des Holzes sichtbar werden. Der Schnitt muss also das Holz in drei jeweils senkrecht zueinander stehenden Richtungen durchdringen. An manchen Objekten treffen diese Voraussetzungen nicht zu, sodass eine Analyse erschwert wird. Um störende Wölbungen zu verhindern, wurden Bretter für eine Tafelmalerei oft radial aus einem Baumstamm herausgeschnitten, sodass die Jahresringe senkrecht zur Tafelfläche verliefen. Dadurch konnten später die anatomischen Merkmale des Holzes nicht gleichmäßig gut bewertet werden und eine exakte Altersbestimmung war nur eingeschränkt möglich. Trotz des teilweise mangelhaften Zustandes des Holzes konnte die Dendrochronologie bei altdeutschen und niederländischen Malereien dem Kunsthistoriker bisher zahlreiche Hilfestellungen geben. Es zeigte sich, dass das Holz nach dem Fällen der Bäume bis zur Herstellung der Tafeln meist nur etwa vier Jahre lang gelagert worden war. Eichenholz für altniederländische, flämische und holländische Gemäldetafeln stammte vom 15. bis 17. Jahrhundert häufig nicht aus der Umgebung der Künstler, sondern wurde über die Hanse aus dem Baltikum importiert. Bei der Analyse von 15 ausgewählten Bildtafeln von Lucas Cranach konnte nachgewiesen werden, dass die insgesamt 22 Bretter zum Aufbau der Tafeln aus dem Holz von nicht mehr als zehn verschiedenen Buchen hergestellt worden waren. In Sammlungen in Berlin, München und Paris stammte das Holz der Tafeln zu Bildern von Lucas Cranach sogar nur von einem einzigen Baum. An Kopien aus der Werkstatt von Cranach belegte die Dendrochronologie, dass neben der Signatur auch die Jahreszahl des Originals kopiert wurde. Nur die Materialanalyse der Holztafeln kann deshalb in diesen Fällen letzte Unklarheiten in der Datierung beseitigen. Um ein Gemälde auch ohne eine Beschädigung der Holztafel der Dendrochronologie zugänglich zu machen, wird inzwischen die sonst meist nur in der Medizin gebräuchliche Computertomographie eingesetzt. Die Holztafeln werden durchleuchtet, um die Innenstruktur räumlich sichtbar zu machen. Jahresringe erscheinen dann dreidimensional und können beurteilt werden, eine Probenentnahme ist nicht mehr notwendig. Bei Holztafeln aus Lindenoder Pappelholz hat die Dendrochronologie bei ihren Zuordnungen noch Schwierigkeiten. Die Tafeln aus diesen Holzarten wurden oft aus den Baumstämmen tangential geschnitten, sodass nur wenige Jahresringe direkt an der Oberfläche erscheinen und ausgewertet werden können. Daneben wächst insbesondere die Pappel recht schnell, sodass auf der Schnittfläche meist nur wenige Jahresringe angelegt sind. Bei sieben Gemälden von Raffael konnten deshalb die Holztafeln mit den Methoden der Dendrochronologie noch nicht eindeutig zeitlich zugeordnet werden.

Von großer Bedeutung ist die Dendrochronologie auch bei der Datierung von Musikinstrumenten. Im Vergleich zu den Holztafeln als Malgrundlage fallen Musikinstrumenten aus Holz dadurch auf, dass der Rohstoff bis zur Verarbeitung manchmal 10 bis 30 Jahre gelagert wurde. Manche vermeintlich echte Geige von Stradivari wurde inzwischen durch die mikroskopische Holzanalyse als Kopie entlarvt. Die Kopie wurde erkannt, weil das verarbeitete Holz nicht aus der Heimat von Meister Stradivari stammte, sondern etwa aus dem Bayerischen Wald oder dem Erzgebirge kam, Gegenden, aus denen der Meister sein Material nicht bezog.

Jahresringe sind nicht nur Informationsträger für den Archäologen und Kunsthistoriker, sondern können auch für den Forstwissenschaftler und Klimaforscher von Bedeutung sein. Aus der Wuchsform von Hölzern und der Jahresringentwicklung lassen sich zum Beispiel Waldtypen längst vergangener Zeiten rekonstruieren, wobei man auch zwischen einem lockeren Baumbestand und einem dichten Wildwuchs unterscheiden kann. Eine ausgeprägte Waldweide führte zur Auslichtung des Waldes, und Bäume erhielten durch den verbesserten Lichteinfall plötzlich gute Wachstumsbedingungen. Stammhölzer mit intensiven Astansätzen belegen, dass die betroffenen Bäume zwar isoliert wachsen konnten, die ausgetriebenen Äste aber immer wieder abgeschnitten wurden. Manche Verletzungen an Baumstämmen zeigen an, dass Waldgebiete oft überflutet wurden und dann durch treibende Eisschollen an den Rinden Wunden entstanden. Bei sehr großer Kälte können die Wachstumszonen der Bäume sogar einfrieren und dann mit einem lauten Knall platzen, was in alten Chroniken oft mit Kanonendonner verglichen wurde. In der Hansestadt Stralsund wurden bis ins 16. Jahrhundert die Häuser überwiegend mit importiertem Kiefernholz aus Schweden gebaut. Erst später gab es in der Nachbarschaft genügend eigene Kieferwälder für den Hausbau.

Auch bei der Rekonstruktion der Klimageschichte kann die Dendrochronologie wichtige Hilfsdienste leisten. Dabei liefern allerdings Baumart sowie die Zellstruktur des Holzes bessere Aussagen als der Feinbau der Jahresringe. Extrembedingungen wie große Hitze oder Kälte, aber auch eine ausgeprägte Feuchtigkeit oder Trockenheit schlagen sich stets in der Holzbeschaffenheit von langlebigen Baumarten nieder. Am Ende der Eiszeit wuchsen in den Flusstälern von Deutschland überwiegend Kiefern. Mit den ansteigenden Temperaturen wurden diese dann von Eichen verdrängt. Nachdem der Mensch jedoch große Eichenbestände gefällt hatte, kamen Weiden, Ulmen und Pappeln hinzu. Im Mittelmeergebiet konnten über Holzanalysen sogar Vulkanausbrüche rekonstruiert werden, weil sich durch ausgestoßene Asche und Gase die Umweltbedingungen verschlechtert hatten und das Wachstum der Pflanzen gestört war. Mit dem Ausbruch des Santorin in der Ägäis kam es für die minoische Kultur auf Kreta zu einer existenziellen Katastrophe. Jahresringanalysen konnten dieses Ereignis auf das Jahr 1628 v. Chr. datieren. Bei solchen Altersbestimmungen lassen sich Befunde der Dendrochronologie gut mit den Daten aus der Radiocarbonanalyse vergleichen. Insbesondere an amerikanischen Grannenkiefern konnten beide Messverfahren sogar wechselseitig geeicht werden. Während zur Messung des radioaktiven Kohlenstoffisotops Materialmengen von etwa 2 bis 20 Gramm Holz erforderlich sind, benötigt die Dendrochronologie nur sehr geringe Materialproben und ist dadurch zum Einsatz in der Kunstanalyse besser geeignet.

Noch nicht vollständig ausgereift ist die Methode der Infrarot-Analyse von Holz. Einige Bestandteile von Holz verändern mit der Zeit ihre Struktur und werden dabei unterschiedlich schnell abgebaut. Aus der Analyse dieser durch Infrarotbestrahlung identifizierbaren Differenzen kann dann versucht werden, das Alter einer Probe zu bestimmen. Erste Untersuchungen wurden in dieser Richtung bei der Eiche durchgeführt. Allerdings zeigten sich bisher immer wieder methodische Schwächen, denn die Aussagen der Messungen hängen stark von den Lagerbedingungen des Holzes ab, sodass nur schwer eine Standardisierung der Methode zu erreichen sein wird.

Allgemeine Altersbestimmungen

Für Archäologen und Kunsthistoriker können exakte Altersbestimmungen von wertvollen Objekten meist letzte Unklarheiten beseitigen und es wird möglich, etwa Kunstwerke sicher und unabhängig von einer stilistischen Analyse oder fragwürdigen Begleitdokumenten bestimmten Epochen zuzuordnen. Für Auktionshäuser, Kunstsammler oder Einkäufer von Museen haben Altersbestimmungen nicht zuletzt wirtschaftliche und finanzielle Konsequenzen, denn sie zerstreuen letzte Zweifel an der Echtheit von Kunstwerken und rechtfertigen hohe Preisforderungen. Neben den typischen stilkritischen Beurteilungen werden heute zahlreiche naturwissenschaftliche Methoden zur Ermittlung des Alters von Kunstwerken oder kulturhistorisch wertvollen Objekten herangezogen. Diese Methoden lassen sich in insgesamt vier verschiedene Gruppen unterteilen. Zu jeder Gruppe gehören spezielle Messverfahren und Techniken, die jeweils auf bestimmte Materialien zugeschnitten sind. Bei Metallen oder Farben führen deshalb andere Verfahren als etwa bei Steinobjekten oder Keramiken zum Erfolg.

In der ersten Gruppe der Verfahren zur Altersbestimmung werden Methoden zum Nachweis des radioaktiven Zerfalls von instabilen chemischen Stoffen zusammengefasst. Radioaktive Isotope sind natürliche Bestandteile unserer Umwelt und zerfallen in exakt festgelegten Zeiträumen. Das für jedes radioaktive Isotop charakteristische Maß des Zerfalls ist die Halbwertzeit. Dieser Wert definiert den Zeitraum, der verstreicht, bis die Hälfte der Atome eines radioaktiven Isotopes in ein stabiles chemisches Element zerfallen ist. Die radioaktive Strahlung eines Objektes, das dieses Isotop enthält, ist nach diesem Zeitraum nur noch halb so intensiv wie zu Beginn. Die Halbwertzeit entspricht somit jeweils Halbierungsschritten eines Messergebnisses, wobei der gemessene Wert gegen null strebt; misst man den Wert null, so hat die Menge der noch vorhandenen radioaktiven Atome die Nachweisgrenze unterschritten, und es ist im Wesentlichen nur das stabile Produkt verblieben. Halbwertzeiten können Bruchteile einer Sekunde umfassen, aber auch sehr lang sein. Das radioaktive Kalium-40 hat zum Beispiel eine Halbwertzeit von 1,3 Milliarden Jahren, weshalb Proben, in denen man die Strahlung dieses Isotops messen will, wirklich uralt sein müssen. Als Zerfallsprodukt von Kalium-40 sammelt sich in der Probe Argon (ein Edelgas) an, dessen Konzentration Auskunft über das Alter gibt.

Ein sehr häufig eingesetztes, relativ genaues Verfahren zur Bestimmung des Alters von organischen (und anderen kohlenstoffhaltigen) Materialien bedient sich der Konzentration des radioaktiven Isotops Kohlenstoff-14. Diese so genannte Radiocarbonmethode wurde im Kapitel »Radioaktivität und Kulturobjekte« ausführlich beschrieben. Andere Methoden beruhen auf dem Zerfall von Uran, dessen zeitlicher Verlauf bekannt ist, und der Analyse von dessen Zerfallsprodukten (zum Uran-Thorium-Verfahren siehe Kapitel »Radioaktivität und Kulturobjekte«). Sehr langlebige radioaktive Isotope sind hilfreich, um etwa das Alter von bestimmten Sanden in Sedimenten zu bestimmen. Schließlich lässt sich ein gewisses Alter auch nachweisen, wenn ein Objekt nicht mehr radioaktiv strahlt, obwohl es bei seiner Herstellung radioaktives Material enthalten haben muss. Jüngere Bleiobjekte enthalten radioaktives Blei-210, das sich durch eine relativ kurze Halbwertzeit auszeichnet. Antike Bleiobjekte sind deshalb nicht mehr radioaktiv. Sollten »antike« bleihaltige Objekte dennoch strahlen, liegen Fälschungen vor.

Mit den Methoden der zweiten Gruppe von Verfahren zur Altersbestimmung werden Spuren des radioaktiven Zerfalls in einem Objekt untersucht. Dabei muss die radioaktive Strahlung nicht vom Objekt selbst stammen, sondern sie kann auch von außen eingedrungen sein. Keramiken können zum Beispiel im Erdboden die Energie der natürlichen Radioaktivität »sammeln«. Die so gespeicherte Energie kann unter bestimmten Voraussetzungen wieder abgegeben und sogar gemessen werden. Das Thermoluminiszenz genannte Verfahren lässt sich bei vielen Mineralien anwenden und wurde bereits im Kapitel »Radioaktivität und Kulturobjekte« näher erläutert.

Daneben können in Fundobjekten auch einzelne Atome durch eine intensive radioaktive Strahlungsquelle verändert worden sein. Uran hinterlässt beispielsweise in Glas oder Mineralien messbare

Spuren, deren Intensität abhängig von der Bestrahlungsdauer zunimmt. Die Umgebung eines Fundortes kann somit in Verbindung mit der natürlichen Radioaktivität wichtige Aussagen zur Altersbestimmung machen. Die natürliche Radioaktivität kann in zahlreichen Fundobjekten Spuren hinterlassen, die messbar sind und sich aufgrund von Summationseffekten für eine Altersbestimmung eignen.

Die dritte Gruppe der Altersbestimmungsverfahren erfasst die Zeichen der Verwitterung in einem untersuchten Objekt. Bei diesen Techniken muss allerdings auch der Fundort des untersuchten Objektes zur Beurteilung herangezogen werden. Manche Böden konservieren gut, andere schlecht, sodass der Erhaltungszustand stets vom Fundort abhängt. Bodenbeschaffenheit und Bodentemperatur können die chemischen Reaktionen bei einer Verwitterung sowohl beschleunigen als auch hemmen. Genaue Altersbestimmungen sind deshalb nur bei einer Einheit von Objekt und Fundort möglich.

Auf Glas sammeln sich im Laufe der Lagerung im Boden oder im Wasser Verwitterungsschichten an. Im mikroskopischen Querschnitt können diese Schichten (ähnlich wie Jahresringe von Holz) gezählt werden und eine Bestimmung der Lagerdauer wird möglich. Dabei muss jedoch vorausgesetzt werden, dass beim Fund und der Bergung der Objekte keine Schicht beschädigt wurde. Archäologen sichern deshalb ihre Funde stets mit der größten Sorgfalt. An frühmittelalterlichem Glas konnten bei Analysen an einzelnen Objekten bis zu 1600 Schichten dokumentiert werden, was recht sichere Rückschlüsse auf die Anzahl der vergangenen Jahre und das tatsächliche Alter zulässt.

Eine andere Art von Verwitterungsmerkmalen beschränkt sich nicht auf die Oberfläche von Fundgegenständen, sondern betrifft das Material des gesamten Fundes. Im Boden verlieren zum Beispiel Knochen fortlaufend Stickstoff, an dessen Stelle Fluorverbindungen aus dem benachbarten Erdreich eingebaut werden. Bei Knochenfunden ist deshalb aus dem Verhältnis von Fluor und Stickstoff eine Altersbestimmung möglich, falls der Fluorgehalt des umgebenden Bodens bekannt ist. Knochen und Zähne werden im Körper von lebenden Zellen aufgebaut, die zwar mit dem Tod des Individuums untergehen, aber dennoch spezifische Reste hinterlassen. Zu den Zellresten gehören zahlreiche Eiweiße, die in einem Knochen noch lange nachgewiesen werden können. Eiweiße bestehen aus Ketten von Aminosäuren, die aufgrund ihrer Wirkung auf die Polarisationsebene linear polarisierten Lichts als rechtsdrehend oder linksdrehend bezeichnet werden. Eine lebende Zelle kann nur linksdrehende Aminosäuren verarbeiten, weshalb alle Eiweiße in Zellen aus linksdrehenden Aminosäuren bestehen. Nach dem Tod des Organismus wandeln sich die linksdrehenden Aminosäuren allerdings teilweise in rechtsdrehende um, bis sich ein Gleichgewicht eingestellt hat. Dieser Prozess heißt Racemisierung. Im Elfenbein und bei anderen Knochenobjekten kann das Alter mit dieser Technik im Bereich zwischen 1000 und 500 000 Jahren bestimmt werden. Interessant in diesem Zusammenhang war der Fund eines etwa 12 000 Jahre alten Milchzahnes aus dem Gebiss eines vermutlich 6 Jahre alten Kindes im italienischen Alpenraum. Der Zahn war in der Mitte durchbohrt und wurde vermutlich als Erinnerungsstück an einer Kette getragen.

Die vierte Gruppe der Altersbestimmungsverfahren beschäftigt sich schließlich mit Merkmalen, die das Untersuchungsobjekt zum Zeitpunkt seiner Herstellung auszeichneten. Aus der Untersuchung der Jahresringe von Bäumen, der Dendrochronologie, kann das Alter einer Holzprobe auf das Jahr ermittelt werden. (Nähere Erläuterungen hierzu finden Sie im Kapitel »Wie alt ist Holz?«.)

Ein weiteres charakteristisches Merkmal aus der Herstellungszeit von Kunstwerken oder archäologischen Objekten kommt durch die ständige Veränderung des Magnetfeldes der Erde zustande. Vom magnetischen Nordpol, der nicht mit dem geografischen Nordpol identisch ist, laufen Feldlinien zum magnetischen Südpol, der ebenfalls nicht mit dem geografischen Südpol übereinstimmt. Diese Feldlinien verleihen jedem Punkt der Erdoberfläche eine spezifische magnetische Situation. Die magnetischen Pole sind allerdings keine ortsfesten Punkte, sondern sie »pendeln« in einem bestimmten Bereich in der Nachbarschaft der geografischen Pole. Durch die Lageschwankung der magnetischen Pole verändert sich die magnetische Situation an jedem Ort der Erde. In Keramiken ordnen sich magnetisierbare Kristallstrukturen während der Abkühlphase nach dem Brennen in Abhängigkeit vom Verlauf des Erdmagnetfeldes an. Werden Keramiken oder auch Keramikscherben noch an ihrem ursprünglichen Brennort gefunden, dann lässt sich aus dem Vergleich zwischen der heutigen magnetischen Umweltsituation und der magnetischen Situation des Keramikfundes das Alter der Probe ableiten. Graben Archäologen stillgelegte Brennöfen aus, dann zeigt die magnetische Situation des umgebenden Keramikabfalls, wann diese Brennöfen in Betrieb waren. Der Abfall der vergangenen Jahrtausende ermöglicht häufig ebenso gute Aussagen wie spektakuläre Einzelstücke. Über die konservierte magnetische Situation von Keramikfunden auch einen bisher unbekannten Brennort zu identifizieren, ist leider nicht mit letzter Sicherheit möglich. Dafür müsste die wechselnde magnetische Situation der gesamten Erdoberfläche jeweils zeitabhängig dokumentiert sein.

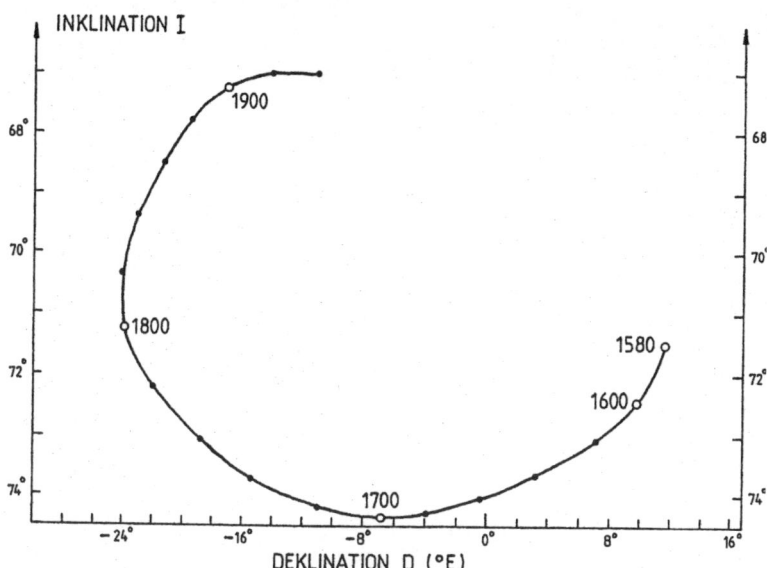

Verschiebungen der örtlichen magnetischen Situation
von London zwischen den Jahren 1580 und 1940.
Die Änderungen ergeben sich durch die kontinuierliche
Wanderung der magnetischen Pole der Erde, die sich
auf den Magnetismus an jedem Punkt der Erdoberfläche
auswirkt. Bleibt beispielsweise ein Keramikobjekt am
Ort seiner Herstellung zurück, ist eine zeitliche
Zuordnung möglich. Inklination und Deklination sind
Definitionskriterien des Erdmagnetismus.
(Schema nach: Helvetia Archaeologica, 18/1987–69)

In Mexiko wurde in einem nachweislich unversehrten Grab aus der Aztekenzeit, also lange vor Kolumbus, ein kleiner Keramikkopf gefunden, der einen bärtigen Mann zeigt, stilistisch klar der römischen Kunst zugeordnet werden konnte und entsprechend für Aufregung sorgte. Analysen an einem physikalischen Institut wiesen dem Kopf ein Alter von etwa 1000 bis 2800 Jahren zu. Indianer kennen so gut wie keinen Bartwuchs und bildeten auch keine bärtigen Männer ab. Da dem Kopf außerdem die typischen Merkmale der Aztekenkunst vollkommen fehlen, wird angenommen, dass er vielleicht aus dem Gebiet des Römischen Reiches stammte und auf rätselhaften Wegen in das Aztekenreich gelangte. Nach der heutigen Geschichtsschreibung gab es während der Antike keine Verbindung vom Mittelmeerraum nach Amerika. Der bärtige Keramikkopf eines Römers in einem unversehrten, lange vor Kolumbus angelegten Aztekengrab ist deshalb ein bis heute ungelöstes Rätsel.

Technische Leistungen der Antike

Der Bau der Pyramiden

Nach den Vorstellungen der Ägypter bedeutete der Tod nicht das Ende eines Menschen, sondern jeder Mensch verkörperte eine Art Doppelwesen, das aus dem realen Körper sowie dem geistigen Körper, dem Ka, bestand. Das Ka war unsterblich und wohnte nur im realen Körper. Da das Ka immer wieder in den realen Körper zurückzukehren wünschte, wurden Menschen mumifiziert und ein gewaltiger Totenkult mit gigantischen Grabmälern betrieben.

Ihren Höhepunkt erreichte die ägyptische Grabarchitektur mit dem Bau der Pyramiden im Alten Reich. Die älteste Monumentalarchitektur der Menschheit ist die Stufenpyramide von Sakkara für Pharao Djoser aus der 3. Dynastie. Architekt war der geniale Imhotep, der praktisch alles selbst erfinden musste, denn für den Bau gab es vermutlich kein Vorbild. Imhotep, der gleichzeitig noch ein bedeutender Arzt und Schriftsteller war, führte den behauenen Stein in die Architektur ein; vorher gab es nur Lehmziegel.

In der 4. Dynastie wurden die Pharaonen schließlich von einer Bauwut gepackt und ließen in nur 100 Jahren mehr als 25 Millionen Tonnen Gestein zu Pyramiden auftürmen.

Die Pyramide des Pharao Cheops ist die größte aller Pyramiden und misst heute in der Höhe 137 Meter, ursprünglich 146,6 Meter. Die Kanten der quadratischen Basis sind 230 Meter lang und auf einer Grundfläche von 53 000 Quadratmetern exakt nach Norden, Süden, Osten und Westen ausgerichtet. Die Seitenflächen messen von der Basis bis zur Spitze 173 Meter, und der Neigungswinkel ist über die gesamte Strecke exakt auf 51 Grad und 52 Bogenminuten ausgerichtet. Es wurden insgesamt 2,3 Millionen sorgfältig geglättete Steinblöcke verarbeitet, und in die Fugen zwischen zwei Blöcken passt noch heute keine Zeitung. Das Fundament der Pyramide ist nahezu horizontal und weicht nur um 16 Millimeter von der Ideallinie ab. Dieses Meisterstück gelang den Ägyptern durch einen genialen Trick. Sie fluteten vor Baubeginn das Baugelände mit Wasser und eichten die Horizontallinie am absolut waagrechten Wasserspiegel. Nach neueren Forschungen haben über einen Zeitraum von mehr als 20 Jahren etwa 36 000 Arbeiter die Cheops-Pyramide aus 2,59 Millionen Kubikmetern Gestein erbaut, noch einmal etwa 10 000 Arbeiter lieferten die dazu notwendigen Steinblöcke an. Flaschenzüge und Kräne waren noch nicht bekannt, nur Hebel, Rollen, Schlitten, Taue und viel Muskelkraft mit noch mehr Köpfchen konnten eingesetzt werden. Infrastruktur und organisatorische Leistungen waren enorm, es gab Transportkanäle, Rampen und Straßensysteme. Vermutlich wurden die Steinblöcke im Takt von rund einer Minute angeliefert und mit einem speziellen Mörtel verankert. Um die gewaltige Baustelle drehte sich zur Materialversorgung wahrscheinlich eine spiralförmige Rampe, die mit dem Bau nach oben wuchs. Ursprünglich sollte die Grabkammer tief unter der Erde liegen. Doch es war nicht möglich, die Arbeiter dort ausreichend mit Frischluft zu versorgen. Deshalb wurde mitten im Bauprojekt umdisponiert und die Grabkammer in 70 Meter Höhe in das Pyramideninnere verlegt. Um die Stabilität der Grabkammer gegenüber der gewaltigen Last der Steine zu garantieren, wurden Deckenriegel von jeweils 40 Tonnen Gewicht auf 70 Meter Höhe emporgewuchtet. Außen war die Pyramide einst mit weißen Steinen verkleidet und völlig glatt, der Abschlussstein an der Spitze war vergoldet und glänzte wie eine zweite Sonne.

Verkehrswege im Alten Ägypten

Als die Bewohner Europas noch mitten in der Steinzeit waren und isoliert in kleinen Gruppen lebten, verfügte die Hochkultur am Nil bereits über ein weites Straßennetz. In Oberägypten gab es zur Pharaonenzeit über eine Strecke von 350 Kilometern eine ausgebaute und befestigte Straße, die quer durch die Wüste bis zum Roten Meer reichte. Eine andere Straße sicherte die Handelsverbindungen vom Nil bis zum Tschad-See. Ein komplettes Straßennetz war an den - Horus-Weg angeschlossen, der von den großen Städten am Nil bis zu den kleinasiatischen Gebieten des Reiches führte. Parallel zum Nil verliefen Seitenkanäle, um den Handel und die Versorgung der Bevölkerung zu verbessern. Zwischen dem Nildelta und dem Roten Meer hatten die Pharaonen sogar einen befestigten Vorläufer des Suez-Kanals graben lassen, der für lange Zeit eine direkte Schiffsverbindung zwischen dem Mittelmeer, Nil und dem Roten Meer sicherte. Der erste künstliche Staudamm der Menschheitsgeschichte wurde um 2800 v. Chr. am Nil aufgeschüttet, zu seiner Planung und Durchführung kam es zur Gründung eines »Bewässerungsamtes«.

Wasser für Rom

Zur Blütezeit des Römischen Reiches besaß Rom mehr als eine Million Einwohner, die aus hygienischen Gründen reichlich mit gutem Wasser versorgt werden mussten. Mächtige Aquädukte, die zusammen mehr als 400 Kilometer lang waren, lieferten täglich etwa 1,1 Millionen Kubikmeter frisches Wasser aus Quellen, Seen und Flüssen. Allein die Aqua Marcia des Augustus brachte täglich 290 000 Kubikmeter Wasser heran. Transportiert wurde durch große gebrannte Tonröhren sowie hauptsächlich durch Bleirohre, obwohl der Baumeister Vitruvius Pollio bereits zu Zeiten des Augustus vermerkt hatte, dass Blei ungesund sei. Verteilt wurde das Wasser über zahllose geschmückte Brunnen an Straßen und Plätzen, aber auch über Privatanschlüsse in den Häusern. In den Verteilerkästen wurde zwischen Privatanschlüssen, öffentlichen Brunnen und öffentlichen Trinkwasserversorgungsanlagen unterschieden.

Im 2. Jahrhundert n. Chr. besaß Rom 1352 öffentliche Brunnen, 11 große Thermen und 856 öffentliche Bäder. Durch die Straßen liefen auch Wasserträger, die die Menschen in engen Mietshäusern versorgten. Ein curator aquarum leitete das Amt für Wasserversorgung und beschäftigte zum Erhalt des Verteilernetzes zahlreiche Mitarbeiter sowie etwa 700 Sklaven für Reinigungsarbeiten. In der Stadt verliefen 358 Kilometer Leitungsnetz unterirdisch und 53 Kilometer oberirdisch. Schon während der Republik wurden Verunreinigungen oder Beschädigungen der Wasserleitungen schwer bestraft. Zur Entsorgung gab es ein ausgedehntes Kanalisationsnetz. Eine zentrale Verteilerstelle der Entsorgung war die cloaka maxima, die so mächtig ausgebaut war, dass während der Reinigung Fuhrwerke darin fahren konnten.

Gold und Silber

Gold und Silber haben den Menschen schon immer magisch angezogen. Häufig waren die Metalle Anlass für Kriege und Verbrechen. Um verschollene Gold- und Silberschätze rankt sich manche Abenteuergeschichte, die auch für Schriftsteller »Gold wert« war. Beide Metalle haben für Werkzeuge und Waffen nur eine geringe Bedeutung, aber sie betören durch ihren ausgeprägten Glanz und sind dank ihrer Seltenheit ein Inbegriff von Reichtum und Kostbarkeit. Gold und Silber sind extrem dehnbar und leicht zu bearbeiten. Als Edelmetalle unterliegen sie nur geringfügig den chemischen Einflüssen aus ihrer Umwelt und sind deshalb sehr lange haltbar. Gold und Silber bieten sich an, um das Kostbare und Außergewöhnliche von Kunstwerken auszudrücken. Besonders wertvolle Münzen waren stets aus Gold oder Silber. Über Münzen aus Karthago lernten die Griechen zum Beispiel Palmen kennen und pflanzten sie später in ihren Tempelanlagen an.

Die ersten Goldobjekte wurden aus Seifengold hergestellt. Durch natürliche Verwitterungen werden goldhaltige Gesteine ständig aufgebrochen und beginnen dann zu zerbröseln. Regenwasser kann zuletzt die immer kleiner werdenden Gesteinstrümmer wegspülen und sie in den Sedimenten der Flüsse ablagern. Seifengold stammt aus Flussablagerungen. Werden goldhaltige Sedimente mit Wasser aufgewirbelt, sinken Goldstaub und kleine Goldkörner wegen ihres hohen Gewichtes relativ schnell ab und lassen sich so von dem wertlosen Sand trennen. Der Rhein war früher einmal sehr goldreich und das »Rheingold« wurde als Seifengold bis in das 19. Jahrhundert abgebaut. Berggold hat gegenüber Seifengold einen erhöhten Silberanteil und wird nicht aus Flussablagerungen, sondern mit Bergbautechniken direkt aus goldhaltigen Gesteinen gewonnen. Berggold wurde bereits in der Antike im Tagebau oder mit Hilfe von Schächten und komplizierten Stollensystemen abgebaut. Das alte

Ägypten wurde durch seine großen Goldvorkommen und eine weit fortgeschrittene Technologie reich. Unter Pharao Thutmosis III. (1504–1450 v. Chr.) soll die Jahresproduktion an Gold etwa 40 Tonnen betragen haben. Das Gestein mit dem Berggold wurde zunächst fein zermahlen und anschließend mit Wasser aufgeschwemmt. Wie beim Seifengold sanken dann die Goldpartikel rasch ab und konnten von dem restlichen Gestein getrennt und gesammelt werden. Das Gold jeder Mine ist durch charakteristische Spurenelemente verunreinigt, sodass auch bei uralten Goldobjekten Aussagen zum Ort der Goldgewinnung und zum Entwicklungsstand der Reinigungsverfahren für Gold möglich sind. Im Wüstensand Ägyptens gibt es noch heute vollständig erhaltene Anlagen, mit deren Hilfe einst das Gold der Pharaonen gereinigt wurde.

Seifengold und Berggold wurden bereits in der Antike aufbereitet, um den teilweise recht hohen Silberanteil von bis zu 20 Prozent zu reduzieren. Bei Goldproben mit einem Silberanteil von weniger als 3 Prozent kann deshalb auch bei historischen Objekten auf vorhergehende Reinigungsverfahren geschlossen werden. Zu den uralten Reinigungsverfahren gehört die Kupellation, bei der Gold zusammen mit Blei geschmolzen wird. Die unedlen Bestandteile des Goldes reagieren bei bestimmten Temperaturen mit dem Blei und werden dabei aus der Verbindung mit dem Gold ausgetrieben, sodass das Gold eine höhere Reinheitsstufe erreicht. Diese Methode war bereits den Ägyptern bekannt. Pharao Amenophis IV. erhielt im 14. Jahrhundert v. Chr. von dem babylonischen König Burnaburias II. einen Beschwerdebrief mit dem Hinweis, dass von einer Lieferung von 20 Minen Gold nur noch 5 Minen aus dem Feuer kamen und dass in Zukunft die Qualität der Lieferungen verbessert werden sollte. In einem weiteren und ebenfalls sehr alten Verfahren wird Gold mit Salzen und Alaunschiefer vermischt und dann geröstet. Der Anteil an Silber und Kupfer wird dabei in verschiedene Salze umgewandelt und kann abgeschieden werden. Beim später aufkommenden Amalgamierverfahren wird goldhaltiges Gesteinspulver mit Quecksilber behandelt, sodass sich das Gold als ein so genanntes Amalgam binden kann. Das Amalgam wird anschließend vom Sand getrennt und danach erhitzt, bis das Quecksilber verdampft ist und gereinigtes Gold zurückbleibt. Bei fehlenden Schutzmaßnahmen ist dieses Verfahren sehr gesundheitsschädlich, und Goldsucher wurden früher aus diesem Grund meist nicht alt. Zur Goldgewinnung wurden deshalb schon in der Antike meist Kriegsgefangene, Verbrecher oder Sklaven eingesetzt.

Die erste überlieferte Materialanalyse einer Goldprobe wurde von Archimedes sogar zerstörungsfrei durchgeführt. König Hieron II. von Syrakus hatte Zweifel an der Reinheit seiner goldenen Krone und vermutete einen Betrug der Goldschmiede. Archimedes bestimmte das Gewicht der Krone in der Luft und im Wasser. Danach konnte er die Dichte des Goldes der Krone berechnen und dem König beweisen, dass Betrug im Spiel gewesen war. Die Goldschmiede hatten einen Teil des Goldes zur Herstellung der Krone abgezweigt, den Rest geschmolzen, mit Silber gestreckt und erst anschließend verarbeitet. Archimedes war ihnen auf die Schliche gekommen.

Moderne Fälschungen von antiken Goldobjekten können leicht durch eine Feinanalyse der Spurenelemente im Gold nachgewiesen werden. Die Spurenelemente in den meisten historischen Goldobjekten sind heute durch vergleichende Untersuchungen bekannt, außerdem gibt es noch zahlreiche Analysen der Spurenelemente in historischen Goldlagerstätten. Gold aus neuzeitlichen Goldminen kann über seine spezifischen Spurenelemente identifiziert werden und lässt sich klar von den Erzeugnissen aus antiken Goldminen abgrenzen. Wenn Fälscher moderne Goldobjekte einschmelzen, um den Rohstoff für ihre Fälschung zu erhalten, bleiben stets Spuren des Lötmaterials zurück, die ebenfalls erkannt werden können. Bei der Analyse der Spurenelemente im Gold wird das untersuchte Objekt kaum beeinträchtigt. Ein winziger Oberflächenausschnitt wird so lange mit einem energiereichen Laser bestrahlt, bis geringste Goldmengen verdampfen. Die verdampften Atome werden anschließend auf eine Temperatur von 8000 Grad Celsius gebracht, wobei elektrisch geladene Teilchen entstehen, die über ihre Ladung einer Analyse zugänglich sind. Mit der Methode lassen sich 50 bis 70 verschiedene Spurenelemente noch in trillionenfacher Verdünnung erfassen. Durch solche Feinanalysen konnte sogar ein antiker Goldraub geklärt werden. Die chemische Zusammensetzung der Goldschätze aus dem Zeustempel von Olympia im antiken Griechenland ist heute bekannt und dokumentiert. In der antiken Stadt Pisa bei Olympia wurde einmal eine Münze gefunden, die in ihrer Zusammensetzung genau dem Goldschatz aus dem Zeustempel entsprach. Aus der Geschichte ist nun überliefert, dass sich die Städte Pisa und Elis einst um die Austragung der Olympische Spiele stritten, wodurch es sogar zum Krieg kam. Die Verbündeten von Pisa plünderten bei dieser Gelegenheit den Zeustempel und wurden später mit extra geprägten Goldmünzen aus dem Raub belohnt.

Betrügereien mit Gold sind uralt. In Rom gab es sogar Werkstätten für eine Pseudovergoldung. Auf Messingstatuen konnte zum Beispiel eine dünne Zinnschicht mit eingebettetem Kupfereisensulfid aufgeschmolzen werden, sodass die Statue aussah, als wäre sie aus Gold. Kupfer ließ sich optisch in »Gold« umwandeln, indem es mit Eisensulfid, Kupfersulfat und Blei vermischt geschmolzen wurde.

Die Goldschmiedekunst stand schon früh in großer Blüte. Zahlreiche Kulturen hinterließen Goldobjekte von höchster Qualität. Gold ist extrem dehnbar und kann bis zu einer Dicke von nur 1/8000 Millimeter ausgewalzt werden. Die Goldschmiede der indianischen Hochkulturen in Südamerika konnten Goldfolien mit einer Dicke von durchschnittlich 0,15 Millimeter hämmern; in Einzelfällen gab es sogar noch dünnere Goldfolien. Neben dem Goldblech bildeten früher Golddraht und Goldkügelchen Ausgangsmaterialien zur Goldverarbeitung. Moderne Golddrähte sind gezogen. Aus einem einzigen Gramm Gold lässt sich heute ein Draht von drei Kilometern Länge ziehen. In der Antike wurden dagegen Goldstäbe zunächst zu dünnen Fäden ausgehämmert und anschließend miteinander verdrillt. Antike Goldfäden erscheinen deshalb sehr individuell und können unter einem Mikroskop deutlich von einem gezogenen Goldfaden unterschieden werden. Moderne Fälscher scheuen meist den mühevollen Weg, einen Goldfaden in der antiken Technik zu produzieren und scheitern deshalb oft bereits am mikroskopischen Vergleich.

Mit der Technik des Metallgusses wurden in der Frühzeit der Goldverarbeitung überwiegend kleinere Objekte hergestellt, da wegen der intensiven Luftzufuhr beim Schmelzvorgang nur mit recht kleinen Tiegeln gearbeitet werden konnte. Der Guss erfolgte zunächst in Steinformen. Erst die Ägypter erfanden um 2000 v. Chr. hohl gegossene Goldobjekte in verlorener Form. Größere Objekte wurden früher vergoldet. Die ausgehämmerte Goldfolie wurde entweder mit ihrer Unterlage verklebt oder auf eine aufgeraute Oberfläche mit Druck eingepresst. Durch Druck und Hitze gelang es auch, Goldfolien fest auf Metallunterlagen aufzuschmelzen. Materialanalysen können zusätzlich belegen, dass Objekte zum Vergolden auch in geschmolzenes Gold eingetaucht wurden. Besonders beständig war die Feuervergoldung, die allerdings erst in der römischen Kaiserzeit weite Verbreitung fand. Bei dieser Methode werden Quecksilber und Gold vermischt und dann auf ein Objekt aufgetragen. Im Feuer verdampft das Quecksilber, zurück bleibt eine feine und fest aufsitzende Goldschicht. Ernsthaft diskutiert wird auch die galvanische Vergoldung mit elektrischem Strom. In Mesopotamien wurden Tongefäße gefunden, die ein Kupferrohr und einen durch Bitumen isolierten Eisenstift enthielten. Füllt man in ein solches Gefäß Essig, dann ergibt sich eine elektrische Spannung von etwa 1,5 Volt. Für das galvanische Bad wurde das Gold möglicherweise in Cyanverbindungen aus Pfirsichkernen oder bitteren Mandeln gelöst.

Die Technik der Granulation war bereits den Sumerern bekannt, ging aber am Ende der Antike verloren und wurde erst Jahrtausende später wiederentdeckt. Bei einer Granulation werden winzige Goldkügelchen ohne einen Lötvorgang fest mit einer Metallunterlage verbunden. Meister der Granulierkunst waren die Etrusker. Sie konnten bereits im 7 Jahrhundert v. Chr. Goldkügelchen mit einem Durchmesser von nur 0,125 Millimetern herstellen und fest auf einer Unterlage anbringen. Eine Goldschale aus der Zeit um 600 v. Chr. mit einem Durchmesser von 10 Zentimetern zum Beispiel ist mit etwa 137 000 Goldkügelchen besetzt. Fachleute standen bei der Beurteilung dieser Arbeitstechnik lange vor einem Rätsel. Erst 1933 gelang es, das Geheimnis der etruskischen Goldschmiede zu lüften: Die Kügelchen wurden mit einer Paste aus Fischleim, Kupferhydroxid und Wasser auf eine Unterlage aufgeklebt und das gesamte Objekt anschließend erhitzt. Der Fischleim verbrannte dabei zu Kohlenstoff und das Kupferhydroxid wurde zu Kupfer reduziert. Während dieser Reaktion bildete sich außerdem eine Kupfer-Gold-Legierung, die das Kügelchen fest mit der Unterlage verband. Von den Etruskern stammen auch künstliche Zähne, die mit Goldbändern verlötet wurden und dann exakt passend, ohne zu scheuern, als Zahnprothese im Mund verankert werden konnten. Diese Kunstfertigkeit wurde von den nachfolgenden Zahnarztgenerationen erst im 19. Jahrhundert wieder erreicht.

Meister in der Herstellung von Goldlegierungen waren die Goldschmiede der indianischen Hochkulturen. Um den Schmelzpunkt von Gold herabzusetzen, vermischten sie es mit Kupfer und gewan-

Metallarbeiter vergolden Gefäße und ziselieren sie.
Skizze nach einer altägyptischen Malerei.
Links notiert ein Schreiber das in Form von Ringen
angelieferte Gold, das sofort gewogen wird. Rechts
wird das Gold zu einer dünnen Folie geschlagen
und anschließend auf unterschiedliche Gefäße
aufgetragen.

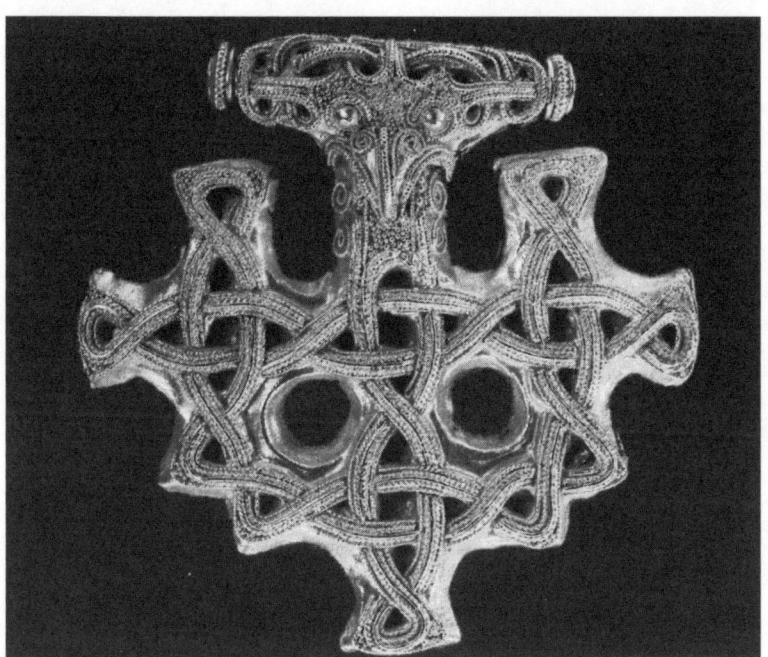

Feine Goldschmiedearbeit eines Kreuzes aus dem
Schatz der Wikinger von Hiddensee, Ostsee. Der Gold-
schmied kombinierte christliche Ausdrucksformen
mit Elementen der ursprünglichen Wikingerreligion.
Der Schatz wurde 1872 durch einen Sturm am Strand
freigespült. Er ist etwa 1000 Jahre alt und stammt von
dem dänischen Wikingerfürsten Harald Blauzahn, der
nach Auseinandersetzungen mit seinem Sohn Svend
Gabelbart fliehen musste und seine Schätze auf der
Insel Hiddensee versteckte. Der Schatz von Hiddensee
ist die einzige Goldschmiedearbeit der Wikingerzeit mit
einer Goldgranulation. Der gemeinsame Wert aller
Objekte wird auf 50 bis 60 Millionen Euro geschätzt.
(Kulturhistorisches Museum, Stralsund)

nen das Tumbaga, das bereits bei etwa 880 Grad Celsius schmilzt.
Durch besondere Oberflächenbehandlungen gelang es ihnen auch,
den Kupferanteil aus der Oberfläche zu entfernen, wonach das Objekt wie aus reinem Gold gefertigt wirkte. Die spanischen Eroberer
wurden durch solche Objekte in einen wahren Goldrausch versetzt
und waren immer wieder überrascht, wenn nach dem Einschmelzen
nur wenig Gold übrig blieb. Aus Ekuador stammt eine technisch für

unmöglich gehaltene Gold-Platin-Legierung der indianischen Hoch-kulturen. Platin schmilzt erst bei 1773 Grad Celsius und niemand konnte erklären, wie die Indianer eine derart hohe Temperatur erreicht haben konnten. Verschiedene Experimente klärten schließlich das Rätsel. Die Goldschmiede hatten etwa 80 Prozent feinsten Platinstaub mit 20 Prozent Goldgranulat vermischt und anschließend das Gold zum Schmelzen gebracht. Danach wurde die Mischung kräftig gehämmert, bis die ungeschmolzenen Platinteilchen völlig flach waren und sich fest mit dem Gold verbunden hatten.

Silber wurde im Gegensatz zu Gold immer durch Bergbaumethoden gewonnen, es konnte nicht aus Fluss-Sedimenten herausgefiltert werden. In der Antike war es in manchen Gegenden wertvoller als Gold. Reines Silber wird in der Natur jedoch nur selten gefunden. Meist treten Silbermineralien oder Silberbeimengungen im Bleiglanz auf, weshalb bei der Silbergewinnung Blei als Nebenprodukt anfällt. Ähnlich wie beim Gold geben auch beim Silber spezifische Verunreinigungen Auskunft über den Ort der Silbermine und über Verarbeitungstechniken. Durch die Spurenanalyse ließ sich an verschiedenen griechischen Silbermünzen zeigen, dass Korinth sein Münzsilber lange aus Athen bezog. Ein wichtiger Silberlieferant der Antike war Spanien, und es wird berichtet, dass sogar die Anker der Schiffe aus Silber gefertigt wurden, um sie bei der Ankunft ebenfalls zu verkaufen. Die Reinheit des Silbers wurde früh durch »Aufspratzen« überprüft: Reines Silber nimmt beim Erhitzen viel Sauerstoff auf, der an der Oberfläche als kleine Bläschen zerplatzt, wenn das Objekt wieder abgekühlt wird.

Die Arbeitstechniken der Silberschmiede zeigen zu den Techniken der Goldschmiede kaum Unterschiede. Silber lässt sich wie Gold hämmern, treiben und ziehen. Objekte werden sowohl gegossen als auch durch Hämmerarbeiten aus dem Silberblech herausgetrieben. Zur Versilberung von Objekten wurden ähnliche Methoden wie bei einer Vergoldung herangezogen. In der Zeit vor 600 v. Chr. waren Silberobjekte stets mit 0,4 bis 1,0 Prozent Gold verunreinigt. Erst um 600 v. Chr. gelang es, den Goldgehalt im Silber durch neuartige Reinigungstechniken auf ein Hundertstel des vorherigen Goldgehaltes zu reduzieren. Frühe antike Silberobjekte müssen deshalb mit Gold verunreinigt sein, um als echt anerkannt zu werden. In Nordeuropa war in der Antike Silber ein sehr seltenes Metall und spektakuläre Silberfunde stellten meist die Kriegsbeute von germa-

Römisches Votivblech aus Silber aus der Zeit der
Völkerwanderung; dargestellt sind Minerva (mitte),
Merkur (rechts) und Apollo (links). Das Blech ist 25 cm
hoch und Teil des Schatzfundes von Weißenburg:
Ein Studienrat wollte 1979 in Weißenburg südlich von
Nürnberg ein Spargelbeet anlegen und stieß dabei auf
einen umfangreichen Tempelschatz, der von den
Bewohnern einer nahe liegenden römischen Siedlung
vor einfallenden Germanen versteckt worden war.
(Museum für Vor- und Frühgeschichte, München)

nischen Fürsten dar; der »Hildesheimer Silberfund« besteht zum Beispiel aus 69 kostbaren Stücken der römischen Kaiserzeit. Bekannt wurde auch der »Kessel von Gundestrup«, der einst in einem dänischen Moor gefunden wurde und keltischen Ursprungs ist. Die Verbreitung von frühen Silbermünzen beschränkte sich überwiegend auf die Siedlungsgebiete der Griechen und Römer, bei anderen Völkern waren Silbermünzen kaum in Gebrauch.

Bei den Ostgoten drücken nach modernen Analysen Silberfibeln den sozialen Stand ihrer einstigen Besitzer aus, denn der Silbergehalt dieser Gewandnadeln kann zwischen 20 und 90 Prozent schwanken. Hinweise zur Erklärung dieser beachtlichen Qualitätsunterschiede ergeben sich aus alten Aufzeichnungen. Die Silberschmiede erhielten zur Herstellung der Fibeln von ihren Kunden Silbermünzen als Rohmaterial. Die Silbermünzen wurden dann eingeschmolzen und verarbeitet. Ärmere Ostgoten besaßen nicht genügend Silbermünzen und mussten deshalb auch Kupfer- oder Messingmünzen zum Einschmelzen bringen. Ihre Gewandnadeln zeichneten sich somit durch einen geringeren Silbergehalt als bei ihren reicheren Zeitgenossen aus. Der Kunst des Silberschmiedes war es dann zu verdanken, dass die Fibeln trotzdem aussahen, als wären sie aus reinem Silber gefertigt.

Kupfer und Bronze

Kupfer ist wahrscheinlich das erste Metall, dessen Verarbeitung dem Menschen gelang. Der älteste von Menschen bearbeitete Kupferfund stammt aus der Zeit um 9500 v. Chr. und wurde in einer Höhle im nördlichen Iran entdeckt. In Europa gab es einen frühen Kupferabbau bereits um 4500 v. Chr. in Serbien. Die Bergleute folgten dabei den Metalladern bis in eine Tiefe von 18 Metern. Während der Zeit des frühen Kupferabbaus war es allerdings nur möglich, natürliche Kupfermineralien zu bearbeiten, denn erst um 4000 v. Chr. konnte Kupfer aus Kupfererzen geschmolzen werden. In Ägypten hatte sich schon zur Zeit der dritten Dynastie hauptsächlich auf der Halbinsel Sinai ein großes Abbaugebiet für Kupfer entwickelt. In der Natur kommt Kupfer selten in reiner Form (gediegen) vor, es muss in der Regel als Mineral abgebaut werden. In Nordamerika kam gediegenes Kupfer im Gebiet der Großen Seen vor, wo es bereits um 3000 v. Chr. zu verschiedenen Gegenständen verarbeitet wurde. Einzelne natürlich vorkommende Kupferverbindungen sind auffallend gefärbt und haben allein aus diesem Grund vermutlich schon früh die Aufmerksamkeit und die Experimentierfreude der Menschen geweckt. Häufig wurden grün oder blau gefärbte Mineralien verarbeitet, die sich bei der Verwitterung von Kupfererzen gebildet hatten.

Metallisches Kupfer konnte erst nach der Erfindung der Kupferschmelze seinen Siegeszug antreten. In der Antike gab es jedoch lange Zeit Schwierigkeiten, den für das Schmelzen von Kupfermineralien notwendigen Temperaturbereich zu erreichen. Das metallische Kupfer wurde deshalb in einem Kompromiss zwischen Teilschmelzen und Schmieden produziert. Dazu wurden Kupfermineralien fein zerrieben und mit reichlich Holzkohle vermischt. Beim Abbrennen des Gemischs konnten dann Temperaturen von etwa 800 Grad Celsius erreicht werden. Um Kupfer tatsächlich zu schmelzen, wäre jedoch eine Temperatur von 1083 Grad Celsius notwendig gewesen. Die ersten Kupferschmiede haben deshalb nach der Schmelze ihre Objekte intensiv gehämmert, um sichtbare Verunreinigungen und Fremdstoffe zu entfernen. Antike Kupferobjekte fallen durch spezifische Verunreinigungen auf, die einzelne Statuen aber auch Gebrauchsobjekte unverwechselbar kennzeichnen. Um die hohen Schmelztemperaturen zu reduzieren, wurde mit Mineralienzusätzen experimentiert, wobei sich manchmal wichtige Legierungen ergaben, die günstigere Materialeigenschaften als reines Kupfer hatten.

Für die Herstellung von Werkzeugen und Waffen hat reines Kupfer entscheidende Nachteile: Es ist zu weich und für einen Dauergebrauch nicht geeignet. Die Versuche mit Mineralienzusätzen zum Kupfererz führten deshalb bald zur Entwicklung der Bronze, die sich durch eine größere Härte als Kupfer auszeichnet. Bronze ist ein Sammelbegriff für Kupferlegierungen mit einem Kupferanteil von mehr als 60 Prozent. Erste Bronzeobjekte stammen aus dem 4. Jahrtausend v. Chr. Mit ihnen begann die Bronzezeit, die bald alle frühen Kulturen erfasste.

Materialanalysen ergaben, dass die Entwicklung der Bronze in der Antike einen bestimmten zeitlichen Verlauf nahm. Am Anfang standen Arsenbronzen. Vermutlich wurde Arsen vor dem Schmelzen nicht bewusst den Kupfererzen beigemischt, sondern arsenhaltige Mineralien standen in der Nachbarschaft der ersten Kupferminen besonders oft zur Verfügung und wurden deshalb aus der Erfahrung heraus immer wieder verwendet. Die hohen Schmelztemperaturen für Kupfer wurden in der Frühzeit nicht erreicht, und die Schmiede mussten deshalb zur Bronzegewinnung die halbgeschmolzenen Kupfer- und Arsenanteile verhämmern, um eine echte Bronze herzustellen. Unter Lufteinfluss oxidiert Arsen allerdings sehr rasch und geht beim Schmieden direkt vom festen in den gasförmigen Zustand über. Der Schmied arbeitet dabei in einer Wolke aus Arsen, und da Arsen giftig ist, war die frühe Bronzeproduktion sehr gesundheitsschädlich: Die Schmiede wurden mit der Zeit vergiftet. Das Schicksal der ersten Schmiede kann in den Mythologien von zahlreichen Völkern nachvollzogen werden. Der Gott der Schmiede trägt zum Beispiel viele Namen; bei den Griechen heißt er Hephaistos, bei den Römern Vulkan, bei den Germanen Wieland, bei den Skandinaviern Völunder und bei den Finnen Ilmarinen. In den

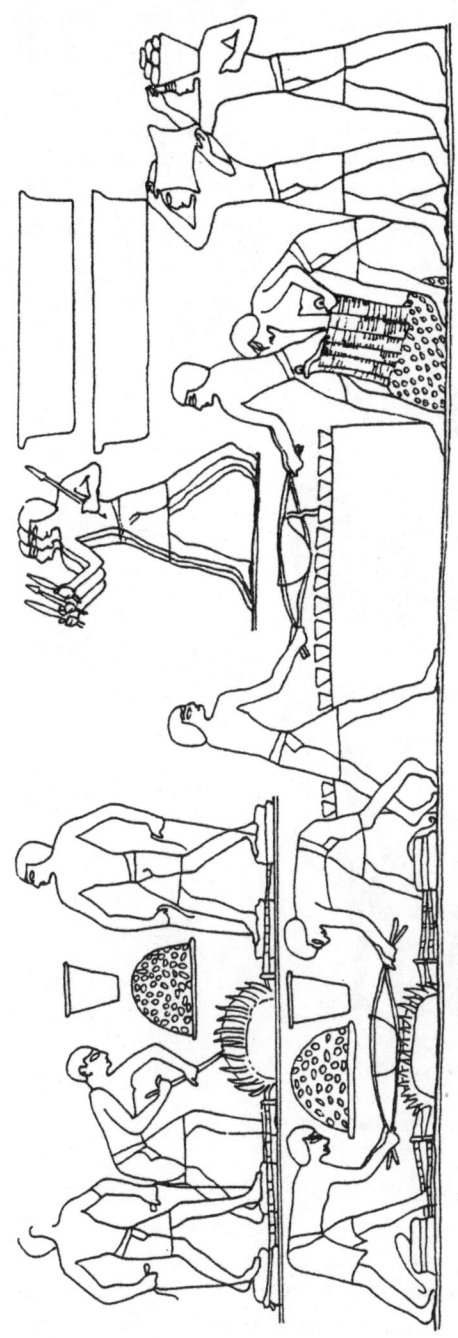

Blick in eine altägyptische Bronzegießerei, Skizze nach einer Grabmalerei aus dem Neuen Reich um 1500 v. Chr. Die Bronze wird links oben geschmolzen; Arbeiter treten mit den Füßen Blasebälge, um die Luftzufuhr für das Feuer zu verbessern. Mit gebogenen Holzstäben wird der Tiegel aus der Glut gehoben (links unten) und in die Gusstrichter der Form gegossen (Mitte). Die Arbeiter gießen eine Bronzetür. Rechts werden Metallbarren zum Schmelzen herangetragen.
(nach einer Grabmalerei, Theben-West)

Mythologien sind die Gestalten der Götter meist vor dem jeweiligen kulturellen Hintergrund und der Traditionen der Völker zu sehen, sie zeigen dabei ein vielfältiges Gesicht. Der Gott der Schmiede bildet jedoch eine Ausnahme. Unabhängig vom Kulturkreis beschreiben ihn die Mythologien nahezu identisch: Er hinkt oder fällt durch Lähmungserscheinungen an verschiedenen Körperteilen auf. Das Vorbild zur Personifikation des Gottes war offenbar überall ein Mensch mit einem körperlichen Defekt.

Schmiede bei der Arbeit in ihren Werkstätten, dargestellt auf griechischen Vasen aus der Zeit um 500 v. Chr.
(J. Riederer, Rathgen-Forschungslabor der Staatlichen Museen zu Berlin – Preußischer Kulturbesitz)

In den Mythologien schließt sich somit der Kreis zu den frühen Arsenbronzen. Chronische Arsenvergiftungen, denen die ersten Schmiede sicherlich ausgesetzt waren, lösen Hauterkrankungen aus, die im Extremfall bis zum Hautkrebs führen können. Daneben treten neurotoxische Einflüsse auf. Arsen schädigt bereits nach kurzer Einwirkungszeit die Nerven und nach einer Dauereinwirkung kann die Beweglichkeit der Beine und Füße beeinträchtigt sein. Der Schmied beginnt zu hinken oder zeigt allgemeine Lähmungserscheinungen. Die Vorbilder zum Gott der Schmiede waren wahrscheinlich in der frühen Bronzezeit zu suchen. Es waren Meister ihres Faches, die auf eine lange Berufspraxis zurückblicken konnten. Der Umgang mit Arsen hatte ihre Gesundheit ruiniert, sie hinkten oder ihre Beine waren gelähmt. Götter gehörten somit zu den ersten Opfern der Umweltverschmutzung. Trotz aller körperlichen Mängel war der Gott der Schmiede wegen seiner Kunstfertigkeit stets geachtet und geehrt. Hephaistos und Vulkan hatten sogar ungewöhnlich schöne Ehefrauen, Aphrodite und Venus.

Vermutlich wurde im Laufe der Jahrhunderte die giftige Wirkung des Herstellungsprozesses der Arsenbronzen erkannt, denn im 3. Jahrtausend vor Christus erschienen immer häufiger Bronzen mit einem Zinnanteil. Arsen wurde nach und nach verdrängt, und die Schmiede begaben sich auf die Suche nach anderen Kupferzusätzen. An der Wende vom 2. zum 3. Jahrtausend v. Chr. traten zusätzlich bleihaltige Bronzen auf. In der Mitte des 1. Jahrtausends v. Chr. wurden daneben Zinnbronzen bekannt. In der frühen Antike finden sich Zinnbronzen und Bleibronzen meist parallel, während in der späten Antike die ganze Palette der Bronzetypen zur Verfügung stand. Nach Materialanalysen können heute sogar die Produktionsorte für zahlreiche antike Bronzetypen nachgewiesen werden, wodurch Rückschlüsse auf Handelsbeziehungen und weite Handelswege möglich sind. Der Koloss von Rhodos war mit einer Höhe von 37 Metern eines der wichtigsten Bronzeobjekte der Antike, er stellte den Sonnengott Helios dar. Er war eines der sieben Weltwunder, stand allerdings nur 56 Jahre und fiel 224 v. Chr. bei einem Erdbeben um. Bronzen aus dem fernen Osten bestanden bis in das 14. und 15. Jahrhundert nur aus Kupfer-Zinn-Legierungen. Erst in einer Übergangszeit vom 15. bis zum 17. Jahrhundert tauchten Kupfer-Zinn-Zink-Legierungen auf. Enthält beispielsweise ein Buddhakopf aus Bronze einen Zinkanteil von über 30 Prozent, dann kann er erst nach dem 15. Jahrhundert gegossen worden sein. Sowohl in Indien als auch in China gelang es erst im 15. Jahrhundert metallisches Zink herzustellen. Frühe ostasiatische Bronzen mit einem hohen Zinkanteil müssen deshalb als Fälschungen gewertet werden.

Bereits bei den frühen Bronzetypen und anderen Kupferlegierungen fallen große Schwankungsbreiten in der Materialzusammensetzung auf. Der Bleianteil kann bis zu 40 Prozent betragen, der Zinkanteil bis zu 30 Prozent und der Zinnanteil bis zu 20 Prozent. Dabei spielte die Zusammensetzung des Materials für die angestrebte Qualität und die praktische Verwertung eine große Rolle. Reines Kupfer lässt sich auch kalt verformen, besitzt jedoch eine geringe Härte. Durch Materialzusätze wird Kupfer zwar härter, aber gleichzeitig auch spröder. Bronze mit einem Zinnanteil von 10 Prozent kann im normalen Temperaturbereich so gut wie nicht mehr gehämmert werden. Im Arbeitsalltag der frühen Schmiede wurde Bronze deshalb bei etwa 500 Grad Celsius gehämmert, um die Härte zu verbessern. Waffen durften allerdings nur kurz geschmiedet werden, denn ein intensives Hämmern fördert die Spröde und damit auch die Brüchigkeit. Die Qualität der Bronzen spiegelte auch die wirtschaftliche Lage eines Landes wider. In Friedenszeiten wurden Geschütze meist aus einer hochwertigen Bronze gegossen. In Kriegszeiten dagegen musste zu Lasten der Qualität gewirtschaftet werden. Neben Kupfer und Zinn wurden den Bronzen auch andere, billigere Metalle beigemischt, um die Ausbeute zu verbessern. Aus Aufzeichnungen ist überliefert, dass die Bevölkerung oft ihren Hausrat abliefern musste, um aus den Metallen Geschütze zu gießen, deren Qualität durch die bunte Materialmischung allerdings meist nicht besonders gut war. Bronze war nicht nur das Material für Waffen und Werkzeuge, sondern diente auch der Herstellung von Kunstwerken und zahlreichen medizinischen Präzisionsgeräten. Aus blank polierter Bronze fertigten bereits die Ägypter Spiegel an, und die Chinesen bauten im 2. Jahrhundert v. Chr. aus Bronzespiegeln sogar ein Periskop. Für Augenoperationen benutzten die Römer feinste Bronzenadeln, sie konnten damit bei minimalem Infektionsrisiko den Grauen Star behandeln. Erfolgreiche Augenchirurgen mit präzisen Bronzegeräten gab es allerdings auch schon in Babylon. Der berühmte Codex Hammurabi aus dem 18. Jahrhundert v. Chr. berichtet über Operationen bei Blindheit und nennt daneben noch die Honorare für den Chirurgen. In Mittelitalien wurde ein Skelett mit einer Beinprothese aus der Römerzeit gefunden. Der Kern der Prothese war aus Holz gefertigt und mit Bronzeblechen überzogen. Alle Arbeiten waren sorgfältig ausgeführt. Am oberen Ende gab es eine Wölbung nach innen, um den Oberschenkelstumpf zu halten und am unteren Ende sogar ein Gelenk für den Fuß. Die berühmte Getty-Bronze aus der Sammlung des amerikanischen Ölmilliardärs J. Paul Getty stammt aus der Zeit um 300 v. Chr. und zeigt einen griechischen Athleten, der sich bei den Olympischen Spielen den Siegerkranz aufsetzt. Bei den Untersuchungen der Wanddicke dieses Bronzegusses konnte gezeigt werden, dass die Dicke insbesondere im Gesicht des Athleten erheblich schwankt. Es ist wahrscheinlich, dass der Künstler mit dem Gesicht des Wachsmodells lange nicht zufrieden war und noch bis kurz vor dem Guss arbeitete, um die individuellen Züge des siegreichen Athleten möglichst genau zu treffen.

Schwankungen in der Materialzusammensetzung von Bronzen lassen sich nicht nur beim Wechsel von wirtschaftlich guten zu schlechten Zeiten unterscheiden. Auch geographisch treten in der Materialzusammensetzung von Bronzeobjekten große Variationen auf. Die Ursache liegt meist in den unterschiedlichen Bezugsquellen für das Material. Im Alpenraum wurden beispielsweise Apothekenmörser meist aus Messing und im mittleren und nördlichen Deutschland aus Bleibronzen hergestellt. An zahlreichen Orten legten strenge Zunftvorschriften die Materialzusammensetzung fest. Dabei können sogar im Vergleich einzelner Städte Schwankungen dokumentiert werden. Geschütze aus Wien, Innsbruck, München, Venedig, Padua und Turin unterscheiden sich durch eine jeweils charakteristische Materialzusammensetzung. Geringe Beimengungen von Silber und Blei verraten, aus welchen Lagerstätten die unterschiedlichen Erze einst bezogen wurden. Gerade die genaue Kenntnis alter Erzlagerstätten und ihrer Beziehung zu Objekten hilft heute Fälschungen von wertvollen Bronzearbeiten zu unterscheiden. Dem »Jüngling von Magdalensburg« schrieben Kunsthistoriker früher einen hohen Stellenwert zu, er galt als eine der wichtigsten römischen Großplastiken nördlich der Alpen. Die Materialanalyse konnte jedoch auf eine Fälschung verweisen, denn das Material stammte nicht aus römischen Erzlagerstätten. Der Bronze des Jünglings fehlte der für römische Bronzen übliche Bleianteil, dafür war der Nickelgehalt, der sonst in römischen Bronzen nicht vorkommt, sehr hoch. Die Bronze war typisch für ein Renaissanceobjekt und konnte somit nicht der Antike zugeordnet werden.

Kupfer- und Bronzeobjekte erhalten oft durch ihre Oberflächenstrukturen ihren besonderen Wert. Aufgrund von chemischen Reaktionen mit der jeweiligen Umgebung überziehen sich Kupfer und Kupferlegierungen zeitabhängig mit einer Patina, die für eine Altersbestimmung wichtig ist. Bei im Freien oder in Räumen aufgestellten Objekten entwickelt sich die Patina in Wechselbeziehung mit der Luft. Früher bestand eine Patina hauptsächlich aus basischen Kupfercarbonaten, während durch die Umweltbelastungen unserer Zeit heute Kupferdioxide vorherrschen. In Meeresnähe können sich wegen des Salzgehaltes Kupferchloride entwickeln und in der Nähe von Hochspannungsleitungen Kupfernitrate. Künstliche Patina wird hauptsächlich durch Ammoniumsalze, Kohlendioxid, Essigsäure und Pflanzensäfte produziert. Allerdings können Fachleute heute eine künstliche Patina eindeutig von der natürlich gewachsenen Patina unterscheiden, ebenso lassen sich Patinaimitationen aus gelösten Kupfersalzen zweifelsfrei nachweisen. Die Patina schützt das Kupfer vor einer weiteren Korrosion und erhält damit das Objekt. Eine Patina aus Kupferchlorid kann ein Objekt jedoch völlig zerstören, da Kupferchlorid als Pulver zerfällt und die Korrosion weiterlaufen kann. Bei einer Lagerung im Boden oder im Wasser bildet die Patina Sonderformen mit spezifischen Korrosionsprodukten aus. Geraten bronzene Grabbeigaben in Kontakt mit Knochen oder macht sich der Einfluss von Bakterien bemerkbar, dann entstehen weitere Patinavariationen. Bereits in der Antike wurden kostbare Bronzen und ihre Patina vor möglichen Schädigungen geschützt und mit Pech oder Öl bestrichen. Aus Tempelarchiven ist bekannt, dass spezielle Einreiber zur Pflege der Bronzen beschäftigt wurden. An Feiertagen wurden Götterstatuen von Priestern eingeölt und gesalbt, was nicht nur eine rituelle Handlung war, sondern auch dem Schutz diente.

Zur Untersuchung von Kupferlegierungen und Legierungen im Allgemeinen liegen inzwischen zahlreiche Methoden vor. Bewährt hat sich die Atomabsorptionsspektralanalyse, die nur wenige Milligramm Untersuchungsmaterial benötigt. Dieses Material wird in eine Lösung eingebracht, anschließend in einer sehr heißen Flamme verbrannt und dabei in einzelne Atome zerstäubt. Die Analyse der Atomsorten erfolgt durch die Absorption charakteristischer Wellenlängen aus einem eingestrahlten kontinuierlichen Spektrum: Die Flamme, die die Atome der Probe enthält, wird aus einer Lichtquelle beleuchtet, in deren Spektrum nach dem Durchtritt durch die

Flamme bestimmte Wellenlängen fehlen und dadurch Atome identifiziert werden können.

Andere Techniken nutzen die Fluoreszenz von angestrahlten Objekten aus Kupferlegierungen aus. Sie sind ausgesprochen energieaufwendig. Bei den Methoden PIXE (Particle induced x-ray emission) und PIGE (Particle induced gamma emission) analysiert man ausgesendete Röntgen- beziehungsweise Gammastrahlen, die wie ein Fingerabdruck spezifische Eigenschaften übermitteln. Elektronen-Mikrosonden tasten mit einem Elektronenstrahl Flächen von etwa einem tausendstel Quadratmillimeter ab. Aus der nach dem Elektronenbeschuss abgestrahlten Fluoreszenz sowie der Streuungen und Brechung der induzierten Röntgenstrahlen lässt sich dann eine Objektanalyse durchführen. Die Elektronen-Mikrosonde kann Objektoberflächen rasterartig überstreichen und dabei kleinste Einlagerungen oder Verunreinigungen erfassen. Fälschungen an Metalloberflächen oder künstliche Alterungsmanipulationen werden auf diese Weise sichtbar, auch kann man sich ein Bild von frühen Schweiß- und Löttechniken machen, ohne das Objekt zu berühren oder gar zu beschädigen.

Eisen und Blei

Eisen kommt in der Natur nur sehr selten in reiner Form vor. Meist muss es aufwendig aus Eisenerzen gewonnen werden. Das Zeitalter der Nutzung von Metallen durch den Menschen begann mit Kupfer und Bronze, weil beide Materialien in der Herstellung nicht den hohen technischen Standard der Eisenverarbeitung erfordern. Die Schmelztemperatur des Eisens beträgt 1529 Grad Celsius, weshalb bis zu einer erfolgreichen Verhüttung beträchtliche technische Hürden zu überwinden waren. Die Neugier des Menschen auf das Eisen wurde deshalb ursprünglich von den relativ reinen Eisenmeteoriten geweckt. Das erste technisch verwertbare Eisen kam tatsächlich vom Himmel. Ägypter, Babylonier, Hethiter sowie Assyrer bezeichneten Eisen als das vom Himmel gesandte Metall. Meteoriteneisen enthält im Gegensatz zum irdischen Eisen einen recht hohen Anteil Nickel. Das Material mancher archäologischer Funde hat somit nachweisbar einen außerirdischen Ursprung. Meteoriteneisen wurde überwiegend für hochwertige Waffen oder für Kultgeräte verwendet. Einer der ältesten bekannten Dolche aus Meteoriteneisen stammt aus Ur in Mesopotamien und wird auf das Jahr 3100 v. Chr. datiert. In Ägypten wurden Perlen aus Meteoriteneisen aus der vorpharaonischen Zeit gefunden. Ein Dolch aus den Grabbeigaben des Tut-anch-Amun wurde ebenfalls aus Meteoriteneisen hergestellt. Größere Meteoriten wurden wegen ihrer Seltenheit allerdings nicht immer als Eisenlieferanten verarbeitet, sondern gelangten oft als Botschafter des Himmels in die Tempel. Zahlreiche heilige Steine waren außerirdischer Herkunft. In Tempeln von Ephesus und Delphi wurden Meteorite aufbewahrt, und der heilige Stein des Islam, die Kaaba zu Mekka, stammt wahrscheinlich ebenfalls aus dem Weltraum.

Das Meteoriteneisen konnte zu keiner Zeit die steigende Nachfrage nach dem neuen Werkstoff befriedigen und blieb dadurch außergewöhnlich kostbar. Seine Seltenheit stimulierte die Experimentierfreude. Etwa im 3. Jahrtausend v. Chr. soll erstmals irdisches Eisenerz verhüttet worden sein. Die Eisenverhüttung gleicht einem Röstprozess, bei dem die unterschiedlichen Eisenerze zuerst in Oxide überführt und anschließend durch Kohle zu metallischem Eisen reduziert werden. In einem größeren Ausmaß tauchte Eisen aus Verhüttungsprozessen erstmals im 13. Jahrhundert v. Chr. in Kleinasien auf. Der Vordere Orient und später das Gebiet der oberen Donau galten als Urheimat der Eisenverhüttung. Mit dem Einsatz von Eisen, das sich durch weit bessere Materialeigenschaften als Kupfer oder Bronze auszeichnet, begann eine technische Revolution, die insbesondere das Militärwesen erfasste. Frühe Meister der Eisengewinnung waren die Hethiter. Ihr Reich wurde zur Großmacht, als sie mit ihren eisernen Waffen die mit Bronzeschwertern kämpfenden Ägypter besiegen konnten. Die Waffen der Ägypter konnten dem Kampfgetümmel nicht so gut standhalten, sie verbogen sich schneller als die Eisenschwerter der Hethiter. Bald setzte im Mittelmeerraum die Umrüstung von Bronze auf Eisen ein, und es begann die Eisenzeit. Mitteleuropa hinkte um einige Jahrhunderte hinterher. Am Hallstätter See in Österreich wurde im Zeitraum um 1000 bis 850 v. Chr. erstmals Eisen produziert, weitere Hinweise zur so genannten nordischen Eisenzeit führen zum Neuenburger See und sind auf die Zeit des 5. bis 4. Jahrhunderts v. Chr. datiert. Danach breitete sich das Wissen über die Eisenherstellung rasch aus. Allein im Raum der Stadt Siegen gab es im Anschluss an die Bronzezeit in der Latèneperiode etwa 250 Schmelzöfen für Eisen. Die Eisenherstellung war mit einem enormen Holzverbrauch verbunden. Nach neueren Verhüttungsversuchen sind für etwa 1 Kilogramm Eisen ungefähr 10 bis 30 Kilogramm Holzkohle notwendig, was ungefähr 50 bis 200 Kilogramm Frischholz entspricht.

Über die frühen Eisenfunde gibt es zahlreiche Untersuchungen, die sich sowohl mit mikroskopischen Studien als auch mit chemischen Analysen beschäftigen. Über den mikroskopischen Feinschliff lässt sich zum Beispiel klären, ob ein Eisenobjekt geschmiedet oder gegossen wurde. Winzige Einschlüsse geben Hinweise zur Art des Eisens und zu Verarbeitungstechniken. Die Eisenproduktion der Antike erfolgte in ihrer Blütezeit überwiegend mit Hilfe von kleinen durch einen Blasebalg belüfteten Öfen, die als Rennöfen bezeichnet werden. Das Eisenerz wurde durch Holzkohle geschmol-

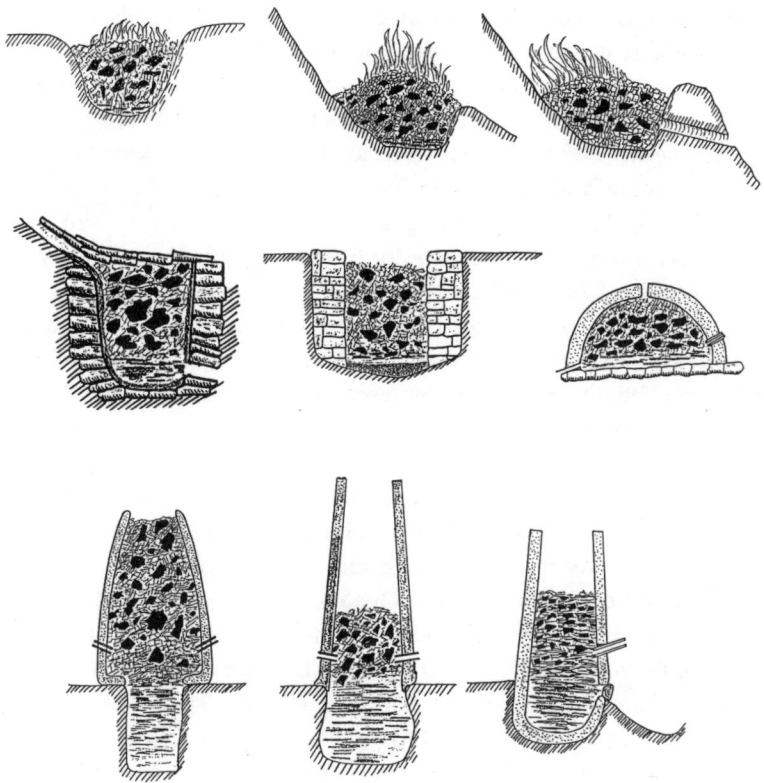

Unterschiedliche Konstruktionstypen von Rennfeueröfen
aus der Eisenzeit. Die Schmelze der Eisenerze gelang
dabei unterschiedlich gut.
(J. Riederer, Rathgen-Forschungslabor der Staatlichen
Museen zu Berlin – Preußischer Kulturbesitz)

zen, wobei vermutlich trotz aller Mühen das vollständige Schmelzen
zunächst nicht gelang. Eisen fiel am Beginn der Eisenzeit halbge-
schmolzen als glühende fladenförmige »Luppen« an und musste
zur Weiterverarbeitung intensiv geschmiedet werden. Wichtige
Aussagen zur Technik der Eisenverhüttung gewinnt man aus Schla-
ckenanalysen. Bereits aus der Form der Schlacke kann auf den Ofen-
typ zur Eisenverhüttung geschlossen werden. Die frühen Schmelzöfen waren an Hängen gebaut und nutzten den natürlichen Wind
als Gebläse. Mit dieser Arbeitstechnik konnten jedoch keine hohen
Temperaturen erreicht werden, sodass eine künstliche Luftzufuhr
erprobt werden musste. Das teilgeschmolzene Material floss sehr

träge, erstarrte schnell und war geschichtet. Bei Schmelzöfen mit Blasebälgen wurden durch die von nun an intensive Luftzufuhr höhere Temperaturen erreicht. Das geschmolzene, nun weit dünnflüssigere Erz konnte eine gewisse Strecke fließen und flache Fladen hinterlassen. Die chemische Feinanalyse der Schlackenüberreste erlaubt heute außerdem, den Typ des verhütteten Eisenerzes zu bestimmen. Bei Untersuchungen von Schlackenresten kann zwischen Verhüttungsschlacken oder Schmiedeschlacken unterschieden werden. Über Schlacken sind sogar Altersbestimmungen der Öfen möglich. Im flüssigen Zustand konnte das Eisen auch Sand aus dem Boden aufnehmen, wobei es zu weiteren Schmelzvorgängen kam. Der Quarz des Sandes wurde geschmolzen und es können deshalb heute zusätzlich Untersuchungstechniken für Keramiken eingesetzt werden, insbesondere die Thermoluminiszenzanalyse (siehe dazu das Kapitel »Radioaktivität und Kulturobjekte«). Bei der Verhüttung nahm Eisenerz auch Kohlenstoff aus der Luft auf, weshalb zur Altersbestimmung auch die Radiocarbonmethode herangezogen werden kann. Für die Qualität des Eisens ist der Kohlenstoffanteil wichtig, denn bei einem Kohlenstoffgehalt zwischen 1,1 und 1,5 Prozent kann von Stahl gesprochen werden. Ein dem Stahl vergleichbares kohlenstoffarmes Eisen wurde erstmals im 1. Jahrtausend v. Chr. im Vorderen Orient produziert. Alexander der Große trug bei seinen Feldzügen einen echten Stahlhelm und wagte sich auch regelmäßig in die vorderen Reihen des Kampfgeschehens.

Mit Versuchen zur Verbesserung der Qualität des Eisens beschäftigen sich zahlreiche Legenden Bei den Germanen soll Wieland der Schmied das Wunderschwert Mimung mit Hilfe von besonderen Arbeitstechniken hergestellt haben. Er soll nach der Sage das Schwert zunächst in feine Feilspäne zerrieben und diese anschließend mit Mehl und Milch vermischt an Vögel verfüttert haben. Später sammelte Wieland in dem Vogelkot die Feilspäne wieder auf und schmiedete aus ihnen das Wunderschwert. Mimung soll so scharf und hart gewesen sein, dass der Held den Gegner mitsamt der Rüstung mit einem einzigen Schlag in zwei Hälften zerteilen konnte. Der wahre Kern dieser merkwürdigen Geschichte könnte darin liegen, dass im Verdauungstrakt der Vögel der Stickstoffgehalt der Feilspäne anstieg und das Eisen auf diese Weise veredelt wurde. Aus der arabischen Welt gibt es ebenfalls Hinweise, dass Schmiede Eisenspäne an Vögel verfütterten, um die Qualität zu verbessern.

Eine große Meisterschaft in der Eisenproduktion wurde in Indien erreicht. Die Kutub-Säule in Delhi wurde unter Samandragupta (330-380 n. Chr.) errichtet. Sie zeichnet sich durch zwei spektakuläre Eigenschaften aus: Die riesige Säule mit einem Gewicht von 6 Tonnen und einer Länge von 7,5 Meter besteht aus Schmiedeeisen und rostet nicht. Aus Indien kommt vermutlich auch die Kunst des Damaszierens. Diese Technik wurde bereits während der Römerzeit von Schmieden der Stadt Damaskus verfeinert. Weltbekannt wurden die Damaszener Stahlklingen allerdings erst im 17. bis 18. Jahrhundert. Bei der einfachsten Form dieses Verfahrens werden Streifen aus hartem, sprödem Stahl abwechselnd mit Streifen aus weichem, zähem Eisen geschichtet und anschließend über die Längsachse gewunden. Danach werden die Schichtungen zu einer Klinge mit einem besonderen Strukturmuster (Damastmuster) geschmiedet. Materialanalysen zufolge verschweißen dabei phosphorreiche und phosphorarme Metallteile miteinander und bewirken wechselnde Materialeigenschaften. Eine solche Klinge ist zugleich hart und elastisch und war als Waffe hoch begehrt. Sie hält sowohl Stoß- als auch Prallvorgängen stand und besitzt eine hohe Oberflächengüte. Damaszener Stahlklingen stellen eine alte Form des modernen Verbundstahls dar. Feinuntersuchungen ergaben, dass bei einer originalen Damaszener Klinge die Härte selbst in eng - benachbarten Bereichen um etwa 200 Prozent schwanken kann. In Spänen aus damaszierten Klingen wechselt die Härte im Mikrometerabstand. Im Feuer zusammengeschmiedete Damaszener Stahlklingen werden als Schweißdamast bezeichnet. Wootzdamast dagegen bildet sich im Verlauf eines Schmelzverfahrens mit einer gesteuerten Verteilung von härteren und weicheren Bestandteilen, durch Schmieden wird dann nicht mehr damasziert.

Weitere Meister der Eisenproduktion waren die Chinesen. Sie produzierten ab dem 6. Jahrhundert v. Chr. sogar Gusseisen und gossen 1061 n. Chr. eine Pagode aus diesem Material. Das noch heute erhaltene Gebäude ist 25 Meter hoch und wiegt 53 Tonnen. Eine nicht mehr erhaltene Buddha-Figur war 20 Meter hoch und bestand ebenfalls aus Gusseisen. Um das Jahr 1040 n. Chr. wurden allein in der chinesischen Provinz Hepei jährlich ungefähr 80 000 Tonnen Eisen für die Waffenproduktion gefertigt. Vor über 2000 Jahren war in China bereits der Kompass bekannt. Die Nadeln wurden aus Magneteisenstein hergestellt, daneben gab es auch Techniken, um nicht magnetisches Eisen zu magnetisieren.

Blei ist ein Nebenprodukt der Silbergewinnung aus Bleiglanz und fand bereits in der Antike eine weite Verbreitung. Aus der Zeit um 7000 v. Chr. kennt man schon kleine Zierobjekte aus Blei. Im 3. Jahrtausend v. Chr. gossen die Ägypter Bleifiguren. In Kreta wurde eine Jünglingsfigur aus Blei gefunden und in Troja die Statue einer Frau. Hauptsächlich wurde Blei jedoch für technische und alltägliche Zwecke eingesetzt. Wichtige Bleilagerstätten gab es in der Antike im gesamten Mittelmeerraum von Portugal und Spanien bis nach Griechenland. In Laurion in Griechenland wurde Blei in Verbindung mit Silber bereits im 9. Jahrhundert v. Chr. in mehr als 2000 Gruben gefördert.

Die vielseitige Verwendung von Blei führte insbesondere im Römischen Reich zu Umweltproblemen, die heute noch nachweisbar sind. Bei Forschungsarbeiten in der Arktis wurden bis in eine Tiefe von mehr als 600 Meter aus Bohrkernen Eisproben für Umweltuntersuchungen entnommen. In solchen Tiefen handelt es sich um Eisablagerungen aus der Antike. Später gelang es im Labor, die eingeschlossenen Luftteilchen zu analysieren. Auf die gesamte Länge der Bohrkerne bezogen, standen Luftteilchen aus den verschiedenen Zeitepochen bis zur Gegenwart zur Verfügung. Die Feinmessungen des Bleigehaltes in den Luftteilchen ergaben, dass während der Antike der Bleigehalt der Luft etwa viermal so hoch war wie in der Vorantike; er kletterte pro Gramm Eis von 0,5 Pikogramm (Billionstel Gramm) Blei in der Vorantike auf 2,0 Pikogramm während der Blüte des Römischen Reiches. Der Anstieg der Bleikonzentration zog sich über 800 Jahre hin, um mit dem Untergang der antiken Welt abrupt zu enden. Zur Zeit der Völkerwanderung fiel der Bleigehalt pro Gramm Eis auf 0,7 Pikogramm ab und blieb relativ lange niedrig. Erst im Hochmittelalter und während der Renaissance nahm der Bleigehalt wieder zu. In der Antike erreichte der Bleigehalt der Luft etwa 15 Prozent des Wertes, der sich nach der Einführung von Bleizusätzen im Benzin in der jüngsten Vergangenheit einstellte. Durch die Verwendung bleifreien Benzins sinkt der Bleigehalt neuerdings glücklicherweise wieder ab.

Umweltbelastungen durch Schmelzöfen zur Metallgewinnung waren bereits in der Antike bekannt. Der Römer Strabo berichtete um 50 n. Chr., dass Schmelzöfen in Spanien sehr hoch gebaut werden mussten, um den Rauch gut abzuleiten. Bleivergiftungen gehören zu den ältesten Berufskrankheiten. Der römische Schriftsteller Vitruv warnte in seinen Aufzeichnungen vor den Gefahren durch Blei und beschrieb das bleiche Aussehen der Bleiarbeiter. Im Stadtgebiet von Köln wurden im Jahre 1464 alle Bleihütten wegen der Gefährdung der Bevölkerung geschlossen. Die Bewohner von Joachimsthal erreichten 1550, dass alle Betriebe der Metallgewinnung spezielle Rauch- und Flugstaubkammern einrichten mussten.

Die Bleigewinnung war in der Antike recht aufwendig und lohnte nur, weil Silber das eigentliche Ziel der Prozeduren war. Bleiglanz wurde zunächst in Mörsern zerkleinert und danach in Mühlen zu Pulver zermahlen. Das Material wurde gesiebt und anschließend in Wasser aufgeschwemmt, wobei eine Trennung nach dem spezifischen Gewicht erfolgte. Im nächsten Arbeitsschritt wurde das Pulver geröstet, damit Bleioxid entstehen konnte. Erst aus dem Bleioxid wurde dann bei 800 Grad Celsius das metallische Blei geschmolzen. In aufwendigen Schmelzverfahren, die als Kupellation bezeichnet werden, wurden zuletzt Blei und Silber getrennt. Die Kupellation war bereits im 4. Jahrtausend v. Chr. erfunden worden, lieferte allerdings lange so magere Ausbeuten, dass es sich für die Römer lohnte, die Abfallschlacken der griechischen Minen zur Silbergewinnung mit verbesserten Techniken noch einmal aufzuarbeiten.

In bleihaltigen Mineralien kommt Blei stets in verschiedenen Isotopen vor, sodass heute zahlreiche Bleiobjekte bestimmten Lagerstätten zugeordnet werden können. Bleiglanz für kosmetische Artikel bezog zum Beispiel Ägypten während der 12. Dynastie offenbar aus Uganda, denn die Isotopenzusammensetzung von Blei in altägyptischen Kosmetika stimmt mit dem Isotopengemisch in Lagerstätten am Viktoria-See überein. Umstritten ist dagegen die Vermutung, dass während der 18. Dynastie die Ägypter eine Blei-Antimon-Verbindung zur Herstellung von gelben Farbpigmenten aus dem Harz in Deutschland importierten. Rege Handelsbeziehungen unterhielten die Bewohner am Nil bereits lange vor der Zeit der ersten Pharaonen. Die Isotopenverteilung im Bleiglanz von sehr frühen Grabbeigaben belegt, dass das Material in Lagerstätten am Roten Meer abgebaut wurde.

Blei wurde meist in Barren transportiert, die bis zu 52 Zentimeter lang sein konnten und manchmal in gesunkenen Schiffen aus der Antike gefunden werden. Aus den Barren wurden Bleche, Rohre aber auch Geschosse und andere Gegenstände hergestellt. In der Architektur dienten Bleiklammern zur Verbindung von Marmorblöcken. Die Akropolis in Athen wurde während der osmanischen Herrschaft erheblich beschädigt, als türkische Truppen die Bleiklammern zwischen den Marmorblöcken entfernten, um aus ihnen Kugeln zu gießen. Schiffe wurden bereits früh mit Bleiblechen beschlagen, um das Festsetzen von Muscheln zu verhindern. Die Römer konnten Blei in einer großen Reinheit produzieren. Bei einer Analyse von Bleirohren aus einer römischen Wasserleitung wurde in Blei ein Zinngehalt von 0,2 bis 0,6 Prozent und ein Kupfergehalt von 0,02 bis 0,2 Prozent nachgewiesen, andere chemische Elemente waren in noch geringeren Konzentrationen vertreten. Bleirohre wurden in verschiedenen Techniken aus gegossenen dünnen Bleiblechen gebogen. War eine römische Wasserleitung beschädigt, wurde sie mit einer Legierung aus etwa 70 Prozent Blei, 28 Prozent Zinn und Anteilen anderer Metalle repariert. Der Bleibedarf der Römer war enorm. Zum Bau einer Wasserleitung zur Versorgung der römischen Vorläuferstadt des heutigen Lyon (Frankreich) wurden Schätzungen zufolge bis zu 40 000 Tonnen Blei benötigt.

Zinn, Zink und Aluminium

Im Gegensatz zu Kupfer ist Zinn auf der Erde nur beschränkt verbreitet, sodass alle Lagerstätten für die Besitzer rasch großen Reichtum versprachen. Das einzige Zinnmineral, das von der Antike bis zur Gegenwart nicht seine Bedeutung verlor, ist der Zinnstein, chemisch ein Zinnoxid. Zinnstein kommt meist innerhalb eines Gemenges mit anderen Erzen vor und fällt durch sein dunkelbraune bis schwarze Farbe auf. Da Zinnstein recht schwer ist, kann er häufig in Flusssedimenten gefunden werden, wo er sich nach der Erosion absetzt. Früh abgebaute Zinnvorkommen gab es in England, Spanien, Frankreich, Italien sowie im Erzgebirge. Bis ins 12. Jahrhundert war das englische Cornwall ein Zentrum der Zinnproduktion. Im Vorderen Orient gab es keine bedeutenden Zinnvorkommen und die antiken Hochkulturen mussten deshalb ihren Bedarf durch den Fernhandel aus Westeuropa decken. Zinntransporte erlaubten den Phöniziern, eine mächtige Flotte aufzubauen. Nach der Erfindung der Bronze stieg die Nachfrage nach Zinn immer stärker an. Obwohl Ägypten viel Bronze produzierte, ist nicht geklärt, auf welchen Wegen Zinn importiert wurde; wahrscheinlich erhielten die Pharaonen ihr Zinn aus Zypern. Herodot schrieb, dass Griechenland Zinn von den fernen Inseln der Kassiteriden einführte. Mit diesen fernen Inseln war vermutlich Großbritannien gemeint, denn Zinn aus Cornwall war begehrt. Die Assyrer bezogen dagegen ihr Zinn eher aus dem asiatischen Raum, aus Lagerstätten in Afghanistan oder im Kaukasus. Nach ihren Legenden soll der assyrische Feuergott Gebil die Bronze erfunden haben, als er Kupfer und Zinn mischte.

Metallisches Zinn wurde durch ein einfaches Rösten des Zinnsteines gewonnen. Dazu ist es notwendig, den Zinnstein zu zermahlen und mit Holzkohle zu erhitzen. Durch die Hitze wird der Zinnstein reduziert, der Sauerstoffanteil am Zinnoxid verschwindet und reines Zinn fließt ab. Gereinigtes Zinn fällt durch den »Zinn-schrei« auf: Beim Biegen eines Zinnstabes kommt es an den inneren Strukturen des Zinns zu Reibungen und es entsteht ein Quietschgeräusch. Frühe Zinnobjekte sind aus dem 2. Jahrtausend v. Chr. bekannt, aus Babylon sind Zinntäfelchen überliefert und aus Ägypten reicher Zinnschmuck. Ein erhaltener ägyptischer Fingerring besteht sogar aus reinem Zinn.

Metallisches Zinn wurde vielfältig verwendet und diente wegen seines günstigen Schmelzpunktes häufig als Lötmaterial. Seine gute Verformbarkeit machte es zu einem Rohstoff zur Herstellung von Folien und Blechen. Spiegel wurden aus Glas mit einer aufgetragenen Zinnfolie gefertigt. Bei Griechen und Römern war es üblich, das Kochgeschirr aus Kupfer oder Bronze zu verzinnen. Im Mittelalter leitete Zinn ein wirtschaftliche Blüte ein, als es gelang, aus Eisen und Zinn Weißblech herzustellen. In Deutschland war die Oberpfalz ein Weißblechzentrum, das vom Fichtelgebirge mit Zinn versorgt wurde. Später baute Sachsen ein eigenes Weißblechzentrum auf und warb spezialisierte Arbeiter aus der Oberpfalz ab, was zu Streitigkeiten zwischen den regierenden Herrschern führte. Zinn kann mit fast allen Metallen zu Legierungen verschmolzen werden und war stets ein wichtiger Rohstoff. Zahlreiche Bleche wurden aus Zinn-Blei-Legierungen hergestellt, und oft war Zinn auch ein Bestandteil von Münzen. In China wurden 1313 aus Zinn Lettern für den Buchdruck gegossen. In Korea unterhielten die Herrscher lange vor Gutenberg eigene Hofdruckereien, denen Abteilungen zum Guss der Zinnlettern angeschlossen waren.

In römischer Zeit wurde Zinn als Barren gehandelt. Verschiedene Analysen ergaben allerdings, dass diese Barren nicht völlig rein, sondern mit unterschiedlichen Anteilen Blei verunreinigt waren. Dadurch wurde der Bleigehalt der Bronze oft zusätzlich erhöht. In der Schweiz wurde ein hochreiner Zinnbarren aus der Zeit um 800 v. Chr. gefunden, der zu 99,4 Prozent aus Zinn besteht. Zinn-objekte bringen schlechte Voraussetzungen für eine lange Lagerung mit. Im Boden wird Zinn mit der Zeit zu einer unansehnlichen grauen und pulverförmigen Masse verwandelt. Die so genannte Zinnpest (Zerfall zu Pulver) tritt ein, wenn eine Lagertemperatur von weniger als 13,5 Grad Celsius erreicht wird. In ungeheizten Räumen können deshalb im Winter an reinen Zinnobjekten Schäden auftreten.

Zinn ist häufig Bestandteil von alltäglichen Produkten oder technischen Geräten. Zink dagegen wurde schon frühzeitig zu wertvollen Objekten wie Kunstwerken oder Münzen verarbeitet. Die Bedeutung von Zink nahm noch einmal zu, als es bereits in der Antike gelang, die wertvolle Legierung Messing herzustellen. Erste Hinweise zur Messingherstellung stammen von Aristoteles, doch ist Messing vermutlich weit älter. Aus Ägypten gibt es Messingfunde aus der Zeit vor den Pharaonen.

Zink wird in der Natur aus zwei wichtigen Erzen gewonnen: aus der Zinkblende als das primäre Erz aus großen Tiefen und aus Galmei als Verwitterungsprodukt der Zinkerze an der Erdoberfläche. In der Antike war es jedoch noch nicht möglich, völlig reines Zink herzustellen. Zur Messingproduktion wurde deshalb Kupfer mit Galmei (Zinkoxid oder Zinkcarbonat) gemischt und geschmolzen. Die Etrusker bezogen Galmei aus Sardinien, wo sich die Lagerstätten allerdings bald erschöpften. Im Römischen Reich lagen die wichtigsten Vorkommen für Galmei in der Umgebung von Aachen, und in Köln arbeiteten deshalb zahlreiche Messingproduzenten. Wegen seiner Seltenheit gehörte Galmei zu den teuersten Rohstoffe der Antike und garantierte oft den Materialwert von Münzen. Unter Kaiser Diokletian (284–305 n. Chr.) war Galmei etwa acht Mal teurer als Kupfer, und in Nordafrika wurde Galmei höher gehandelt als Silber.

Die Sesterze war eine beliebte römische Messingmünze, an deren wechselnder Zusammensetzung sich der Verfall der römischen Währung direkt verfolgen lässt. Im goldenen Zeitalter des Kaisers Augustus hatte die Sesterze einen Zinkgehalt von durchschnittlich 22 Prozent. Für die Herstellung musste recht viel Galmei eingesetzt werden, und der Wert der Münze war durch das Material abgesichert. Nach Augustus nahm der Zinkgehalt der Sesterzen stetig ab. Bei Vespasian (69–79 n. Chr.) lag der Mittelwert der Zinkkonzentration bei 17 Prozent, bei Trajan (98–117 n. Chr.) bei 15 Prozent und bei Hadrian (117–138 n. Chr.) bei 12 Prozent. Während der Regierungszeit von Marc Aurel (161–180 n. Chr.) sank der Zinkgehalt schließlich auf 9 Prozent ab. Bei Commodus (177–192 n. Chr.), der sich mehr für Gladiatorenkämpfe als für Regierungsgeschäfte interessierte, betrug der Zinkgehalt der Sesterze nur noch etwa 3 Prozent. Unter den folgenden Kaisern ist der Zinkgehalt fast nicht mehr nachweisbar. Sesterzen aus der Zeit von Gordian III. (238–244 n. Chr.) enthalten etwa 0,30 Prozent Zink. Ersetzt wurde Galmei

(Zink) zunächst durch Kupfer. Ab Titus (79–81 n. Chr.) wurde der Sesterze zusätzlich Zinn beigemischt und ab Antonius Pius (138–161 n. Chr.) außerdem Blei. In der Mitte des 3. Jahrhunderts n. Chr. war der Zinngehalt der Sesterze auf 5 bis 8 Prozent und der Bleigehalt auf 10 bis 15 Prozent angestiegen. Im Vergleich zur Regierungszeit von Augustus war das Material der Sesterze fast nichts mehr wert.

Besonders während der Kaiserzeit lebte Rom auf einem viel zu großen Fuß, und die Inflation begann zu galoppieren. Gewaltige Geldsummen wurden für Spekulationen, Luxus oder allein für die Unterhaltung verwendet. Über Kaiser Caligula liegen Berichte vor, dass die Einnahmen aus drei Provinzen für Festgelage und Spiele verprasst wurden. Gleichzeitig sanken durch die starke Sklavenwirtschaft die Verdienstmöglichkeiten der einfachen freien Bürger ab. Ein Tagelöhner konnte in Rom pro Tag im Durchschnitt etwa vier Sesterzen erarbeiten. Die Wohnungsmieten waren jedoch horrend. Im letzten Jahrhundert v. Chr. kostete in Rom eine bescheidene Wohnung pro Jahr ungefähr 2000 bis 3000 Sesterzen. Um sozialen Spannungen vorzubeugen, initiierten die Kaiser aufwendige Beschäftigungsprogramme für den freien Bürger und sorgten für »Brot und Spiele«.

Bis zur Herstellung von metallischem Zink mussten beachtliche technische Schwierigkeiten überwunden werden. Zinkerze konnten nicht nach den bewährten Verfahren geröstet werden, da sich das Material bei den üblichen Rösttemperaturen verflüchtigt. Der Durchbruch zum metallischen Zink gelang erst nach der Erfindung einer Zinkdestillation, die sich in Ostasien im 14. Jahrhundert und in Europa erst im 18. Jahrhundert durchsetzte. Allerdings konnte metallisches Zink als Nebenprodukt der Bleiverhüttung anfallen, es sammelte sich in den kühleren Bereichen der Schmelzöfen. Dieses Schmelzprodukt wurde Conterfey genannt und diente bereits im 16. Jahrhundert zur Messingherstellung. Zahlreiche Messingobjekte aus dem 17. Jahrhundert zeichnen sich durch einen so hohen Zinkgehalt aus, dass höchstwahrscheinlich metallisches Zink als Rohstoff diente. Ob allerdings ausschließlich Conterfey verwendet wurde, lässt sich nicht klären, denn metallisches Zink kann in dieser Zeit auch aus Ostasien importiert worden sein.

Der römische Schriftsteller Plinius berichtete in seinen Werken über eine merkwürdige Metall-Legierung, die heute nicht mehr rekonstruiert werden kann. Sie führte zu der Diskussion, dass in der

Antike möglicherweise bereits das Aluminium bekannt gewesen war. Ein römischer Handwerker soll bei Kaiser Tiberius erschienen sein, um ihm einen besonderen Becher vorzuführen. Der Becher war zwar aus Ton gefertigt, sah allerdings wie aus Silber aus. Er bestand aus einem Metall, das sich leicht mit einem Hammer bearbeiten ließ. Der Handwerker hoffte vom Kaiser gefördert zu werden, aber die Demonstration seiner Erfindung nahm für ihn ein schlimmes Ende. Tiberius soll ihn gefragt haben, wer außer ihm noch das Geheimnis zur Herstellung des Bechers kennen würde. »Ich und Jupiter« soll der Handwerker geantwortet haben. Danach ließ ihn Tiberius hinrichten und seine Werkstatt zerstören. Der Kaiser fürchtete, dass durch das neue Material der Wert von Silber fallen könnte. Heute wird diskutiert, ob der unbekannte Handwerker vielleicht einen Aluminiumbecher angefertigt hatte. Eine andere These vermutet, dass der Becher möglicherweise aus Neusilber bestand, einer Legierung aus Kupfer, Nickel und Zink, die wie Silber aussieht und in der Antike durchaus hätte hergestellt werden können. Auch Legierungen aus Kupfer und Nickel allein können optisch wie Silber erscheinen. In Griechenland wurden aus solchen Legierungen bereits um 235 v. Chr. Münzen geprägt.

Nachweislich echtes Aluminium konnten die Chinesen der Chin-Zeit (265-313 n. Chr.) herstellen, ohne dass der genaue Produktionsprozess heute rekonstruiert werden kann. Im Grab eines Generals aus dieser Zeit wurde eine Gürtelschnalle gefunden, die nach Analysen aus 85 Prozent Aluminium, 10 Prozent Kupfer und 5 Prozent Mangan besteht. Die Gürtelschnalle ist zweifelsfrei uralt, denn das Grab war unversehrt. Zur Herstellung der Legierung dieser Gürtelschnalle sind allerdings Schmelztemperaturen von 1800 Grad Celsius notwendig, und es ist fraglich, ob die Chinesen damals über derartig leistungsfähige Schmelzöfen verfügten. In Europa gelang die Produktion von metallischem Aluminium erst im frühen 19. Jahrhundert. Seinen großen Durchbruch erlebte Aluminium erst vor wenigen Jahrzehnten. Möglicherweise kannten die Chinesen ein Verfahren, das 1885 in den USA patentiert wurde: Wird Aluminiumoxid mit Kupfer und Holzkohle sehr fein vermischt und anschließend noch Borax als Flussmittel zugesetzt, dann kann metallisches Aluminium schon bei etwa 1600 Grad Celsius geschmolzen werden. Solche hohen Temperaturen konnten die Chinesen bereits bei der Porzellanherstellung erreichen, weshalb eine frühe Aluminiumproduktion glaubwürdig erscheint. Rätselhaft ist noch, warum die Aluminiumlegierung im Grab nicht korrodierte, sondern erhalten blieb. Vergleichbare moderne Legierungen sind über so lange Zeiträume meist nicht stabil.

Quecksilber

Bereits in der Antike war Quecksilber bekannt. Es wurde ursprünglich aber nicht wegen seiner technischen Verwertbarkeit, sondern hauptsächlich wegen seiner kuriosen Eigenschaften geschätzt. Quecksilber ist ein recht schweres (spezifisches Gewicht: 11,35) und bei Zimmertemperatur flüssiges Metall, selbst Eisen schwimmt auf Quecksilber. Sein Glanz betörte schon früh die Menschen, und Griechen, Etrusker und Römer nannten es auch das »flüssige Silber«. Heinrich Schliemann, der Wiederentdecker der vorher nur aus Sagen bekannten Stadt Troja, grub in einem ägyptischen Grab in Theben aus der Zeit der 18./19. Dynastie einen Topf aus, der noch Reste von Quecksilber enthielt. Weitere uralte Gefäße mit Quecksilber sind aus Slowenien bekannt, wo das Metall auch in der Antike gefunden wurde. Aus dem alten Rom stammt ein Würfel für Glücksspiele, der so mit Quecksilber präpariert war, dass er immer auf eine bestimmte Seite fiel. Im noch unerforschten Grab des chinesischen Kaisers Chi-Huang-Ti (221–210 v. Chr.) soll sich eine Reliefkarte von China befinden, auf der Flüsse und Meere durch Quecksilber dargestellt werden. In China war es während der Zeit des europäischen Mittelalters sogar üblich, Zahnlöcher mit einer Mischung von Quecksilber, Silber und Zinn zu füllen. Ein Steinsarkophag in der Maya-Stadt Copan enthielt soviel Quecksilber, dass es mit einem Löffel herausgeschöpft werden konnte. Einige arabische Herrscher von Bagdad, Kairo und Cordoba legten sich in ihren Palästen kleine Teiche aus Quecksilber an, um in der Nacht das Glitzern des Mondes zu bewundern.

Nur an wenigen Orten der Erde kommt Quecksilber in reiner Form vor und kann sozusagen in Töpfen gesammelt werden. Aus der Zeit um 1500 n. Chr. wird berichtet, dass am Avalaberg bei Belgrad Quecksilber aus bestimmten Felsspalten heraustropfte und in Behältern aufgefangen werden konnte. Meist wurde Quecksilber jedoch aus dem roten Mineral Zinnober, einem natürlich vorkommenden Sulfid, gewonnen. Das Verfahren ist verhältnismäßig einfach und war deshalb schon früh bekannt. In römischer Zeit lieferte zum Beispiel das Bergwerk Almaden in Spanien jährlich etwa 1000 Kilogramm Quecksilber nach Rom. Zur Gewinnung des »flüssigen Silbers« wurde Zinnober erhitzt, sodass der Schwefelanteil in dem Mineral als Schwefeldioxid abdampfte. Dabei wurde Quecksilber abgetrennt und konnte weiter verwertet werden. Die kräftige rote Farbe von Zinnober beschäftigte bereits die Menschen der Steinzeit: In Kleinasien wurden Skelette gefunden, die mit Zinnober eingefärbt waren. Für die Maya in Mittelamerika war Zinnober der Farbstoff des Sonnenaufganges und der Auferstehung. Sie bestrichen mit ihm die Tore von Tempeln und Grabkammern und benutzen ihn auch zum Färben von Knochen ihrer Verstorbenen.

Quecksilber verlor seine ausschließlich kuriose Bedeutung, als entdeckt wurde, dass es sich hervorragend zur Goldgewinnung, zur Trennung von Gold und Silber von unedlen Materialien sowie zur Feuervergoldung eignet. In der Gegend von Salzburg wurde erstmals 1369 Gold über den Zwischenschritt des so genannten »Queckgoldes« gewonnen. Queckgold ist das Produkt eines Amalgamierverfahrens. Gemahlener goldhaltiger Quarzsand wird mit flüssigem Quecksilber vermischt. Die winzigen Goldpartikel können sich dabei mit dem Quecksilber verbinden und zurück bleibt wertloser Quarzsand. In weiteren Arbeitsschritten werden dann die Goldpartikel ausgepresst und das am Gold gebundene Quecksilber verdampft. Die Technik des Amalgamierens fand eine so weite Verbreitung, dass es sich sogar lohnte, die bereits in der Antike genutzten Quecksilberlagerstätten von Almaden in Spanien wieder zu aktivieren. Kaiser Karl V. verpachtete diese ertragreichen Lagerstätten später in immer wieder erneuerten Verträgen an das Handelshaus der Fugger. Zwischen 1563 und 1572 steigerten die Fugger die Erträge von Almaden von jährlich 28 Tonnen Quecksilber auf nahezu 97 Tonnen. Quecksilber wurde bis in die spanischen Kolonien nach Südamerika exportiert und diente dort auch zur Aufbereitung von Silber. Nach dem in den Kolonien entwickelten Patio-Verfahren wurde das Silbererz gemahlen und mit Kupfervitriol, Kochsalz und Wasser zu einem Brei vermischt. Dem Brei wurde Quecksilber zugesetzt, und nach kräftigem Rühren wurde er acht Wochen im Freien unter Sonnenbestrahlung gelagert. In dieser Zeit bildete sich

Silberamalgam, das durch Erhitzen in Silber und Quecksilber getrennt werden konnte. Das Amalgamieren erforderte weit weniger Holz als das Schmelzen von gold- oder silberhaltigen Mineralien. Die Methode setzte sich deshalb insbesondere in waldarmen Gegenden oder im Hochgebirge durch. Der Aufwand zur Quecksilbergewinnung war bald beachtlich und förderte den Bergbau. In Idria im Westen von Slowenien wurde Quecksilber aus Zinnober produziert. Seit der Mitte des 16. Jahrhunderts waren dort jedoch alle Oberflächenlagerstätten von Zinnober erschöpft. Die Bergleute drangen deshalb über tiefe Schächte zu neuen Lagerstätten vor. Um 1561 war eine Schachttiefe von 170 Metern erreicht. Die Wasserregulation und die Frischluftzufuhr dieser Anlage erforderten einen enormen technischen Aufwand. Pro Schacht sorgten 30 Männer ausschließlich für das Heben des Grundwassers und 20 Männer bedienten Blasebälge zur Frischluftzufuhr für die Arbeiter im Stollen.

Quecksilber ist sehr giftig und verursacht zahlreiche Gesundheitsschäden. Die Bergleute in Westslowenien mussten deshalb regelmäßig ausgetauscht werden, sie durften nur jeden zweiten Tag arbeiten. Davor waren meist Sträflinge oder Sklaven im Quecksilberabbau beschäftigt gewesen. Den Fuggern wurde sogar vorgeworfen, Sklaven für ihre Quecksilberminen aufzukaufen. Auf ihre Gesundheit wurde wenig Rücksicht genommen. Schutzmaßnahmen wie alte Lumpen als Atemmasken oder Taubenmist als Gegengift zum Quecksilber verlängerten häufig nur die Leidenszeit und ein früher Tod war gewiss.

Paracelsus dokumentierte eine lange Liste von »quecksilberischen Krankheiten«, die in der Regel mit einem Verlust der Zähne begannen. Bei den Handwerkern aller Berufszweige, die sich mit quecksilberhaltigen Materialien beschäftigten, traten bald sonderbare Erkrankungen auf, die sogar zu geflügelten Wörtern wurden. Hutmacher beizten zum Beispiel früher Hasenhaare, das Grundmaterial zur Herstellung des Hutfilzes, mit Quecksilbersalzen und lebten dabei sehr gefährlich. Sie wurden »verrückt wie ein Hutmacher«, weil bei ihnen regelmäßig Nervenschäden und psychiatrische Erkrankungen auftraten. Sogar in den 1920-er Jahren des vergangenen Jahrhunderts gab es in Deutschland in der Hutindustrie noch Quecksilbervergiftungen. Die vielfältigen Quecksilbervergiftungen von Uhrmachern erstmals 1777 durch den Genfer Pharmazeuten Tingry beschrieben. Schwere Nervenschäden erlitten danach hauptsächlich die Vergolder, die Feuervergoldungen vornahmen. Auf das Uhrengehäuse wurde dabei Feingold gemischt mit der zehnfachen Menge von Quecksilber aufgetragen und anschließend erhitzt, bis das Quecksilber verdampfte und das Gold fest mit der Unterlage verbunden war. Tingry schlug zum Schutz der Vergolder einen »Préservateur« vor; einen Apparat, der Quecksilberdämpfe aufnahm und nach außen ableitete. Das an den Wänden des Apparates niedergeschlagene Metall konnte sogar gesammelt und wiederverwertet werden.

Vom 16. bis zum 19. Jahrhundert war der Quecksilberbelag das wichtigste Verfahren zur Spiegelherstellung. Dazu wurde Zinnfolie mit Quecksilber beschichtet, sodass sich eine dünne Lage von Amalgam bildete, die auf eine Glasplatte aufgepresst werden konnte. Venedig war ein wichtiger Lieferant von Spiegeln und hatte fast 300 Jahre lang eine Art Monopol inne. Über die Spiegelhersteller auf der Insel Murano schrieb der italienische Naturforscher Ramazzini im Jahre 1770, dass sie »das Bild ihres Elends wider ihren Willen in ihren eigenen Erzeugnissen schauen mussten«. Unter den deutschen Spiegelherstellern im Raum Nürnberg waren im 19. Jahrhundert etwa 85 Prozent der Beschäftigten »merkurialkrank«, sie litten an Quecksilbervergiftungen.

Technische Leistungen der Antike

Exkurs

Die Automaten von Alexandria

Die Ingenieure von Alexandria waren sowohl große Theoretiker, die mit umfassenden Kenntnissen aus Mathematik und Physik ausgestattet waren, als auch begnadete Praktiker, die sich an komplizierte mechanische Konstruktionen wagten. Erhalten sind noch Berichte über die Konstruktionen einiger »Superstars«, die auch ingenieurwissenschaftliche Bücher veröffentlichten. Ktesibios von Alexandria gilt als der Begründer der Hydraulik. Er konstruierte im 3. Jahrhundert v. Chr. komplizierte Kolbenpumpen für tragbare Wasserspritzen zur Feuerbekämpfung, daneben fertigte er eine Wasserorgel sowie unterschiedliche Uhren an. Zur Sicherung von Ventilen erfand er bereits Eisenfedern. Philon von Byzanz lebte ebenfalls im 3. Jahrhundert v. Chr. und verfasste insgesamt neun Bücher über die Mechanik. Er dachte sich zahlreiche Kriegsmaschinen aus, fertigte pneumatische Automaten, Dampfgebläse, Schöpfwerke und Gefäße, die sich selbst füllten, sowie ein Tintenfass, das nicht auslaufen konnte. Heron von Alexandria war im 1. Jahrhundert n. Chr. aktiv und führte den Ehrentitel der »Mechaniker«. Die Liste seiner Erfindungen ist lang und reicht bis zu hochkomplizierten Vermessungsgeräten wie den Vorläufer des Theodoliten. In Tempeln war er für »besondere Effekte« verantwortlich und baute Tempeltüren, die sich automatisch öffneten, sowie Münzautomaten für Weihwasser, Öllampen, die nicht ausbrennen konnten, und vollautomatische Theater mit beweglichen Figuren; ein Spielzeugkarussell hielt er mit heißer Luft in Bewegung, nach dem Prinzip der Sanduhr wurden in anderen Konstruktionen durch den rieselnden Sand Gewichte bewegt und durch diese Energie Räder gedreht. Manche seiner Ideen sind noch heute im Einsatz wie das Schwimmerventil im Spülkasten oder der Parfümzerstäuber. Das Theaterstück »Nauplios« aus der Zeit des Trojanischen Krieges war in seinem Automatentheater einprogrammiert und die Aufführung fand selbstständig statt.

Ein weiterer Ingenieur der absoluten Spitzenklasse war Archimedes (285-212 v. Chr.), der zwar in Syrakus auf Sizilien arbeitete, aber mit Alexandria in einer engen Verbindung stand.

Uhren, Computer und Messgeräte

Zur Messung der Zeit wurde in der Antike die Sonnenuhr benutzt. Schwierigkeiten gab es bei Zeitmessungen in der Nacht. Die Ägypter erfanden deshalb eine Wasseruhr, die aus einem trichterförmigen Gefäß mit einem exakten Bohrloch bestand. Durch das Loch lief stets Wasser aus und Markierungen im Inneren des Gefäßes zeigten am Wasserspiegel, wenn eine Stunde vergangen war. Die Wasseruhr reichte für eine Nacht und wurde bei Sonnenuntergang immer wieder neu gefüllt. Eine höchst raffinierte Wasseruhr konstruierte 250 v. Chr. Ktesibios von Alexandria. Bei seinem Modell war ebenfalls ein völlig gleichbleibender Wasserablauf gewährleistet, daneben gab es eine automatische Zeitanzeige sowie automatische Nachfülleinrichtungen. Die Uhr konnte auf diese Weise lange Zeit selbstständig laufen.

Ostern 1900 wurden auf dem Meeresgrund zwischen Kreta und der Peloponnes Reste eines »Computers« aus der Antike gefunden. Der »Computer« von Antikythera bestand aus einem System von bronzenen Zahnrädern und stammte aus der Zeit um 87 v. Chr., er war einst ein Analogrechner, ein kompliziertes Planetenradgetriebe zur Bestimmung des Sonnen- und Mondkalenders. Die Umdrehung des Hauptzahnrades entsprach einem Sonnenjahr, kleinere Zahnrädchen gaben die Positionen des Mondes und unterschiedlicher Planeten an. Vermutlich befanden sich die 39 Zahnräder des Zahnradsystems in einem Holzkasten mit Türen und halfen bei der Navigation. Über Zeiger wurden auf Skaleneinteilungen Informationen mitgeteilt.

Raffinierte Messgeräte fertigten auch die Chinesen. Ihnen war der Magnetismus bekannt, sie konstruierten bereits im 1. Jahrhundert v. Chr. die Urform des Kompass. Aus China stammt daneben aus dem 1. Jahrhundert n. Chr. das erste Seismometer. In einem Kupferkessel war ein Pendelstab aufgehängt. Geriet der Stab durch eine Erderschütterung in Bewegung, gab eine Sperre Kugeln frei und die fallenden Kugeln zeigten ein Erdbeben an.

Riesenschiffe

Die gewaltigsten Schiffe der Antike wurden von den hellenistischen Kulturen des Mittelmeeres erbaut. König Hieron II. von Syrakus (270-215 v. Chr.) ließ von Archias, dem führenden Schiffsbaumeister seiner Zeit, die wahrhaft gigantische

»Syrakusia« mit einer Ladekapazität von fast 2000 Tonnen bauen. Das Schiff besaß drei Decks, zwanzig Ruderbänke und drei große Segelmaste, dazu kamen auf dem Oberdeck insgesamt acht Verteidigungstürme. Zur Besatzung gehörten 200 Matrosen sowie Soldaten, denn der Transporter war gleichzeitig noch Kriegsschiff, um Piraten abzuschrecken. Der große Archimedes hatte zur Ausrüstung eigens Kräne und Katapulte für Wurfgeschosse konstruiert. Der Superfrachter unternahm nur eine einzige Reise von Sizilien nach Alexandria; er war für jeden Hafen zu groß.

Ptolemaios IV., der griechische Herrscher von Ägypten, ließ im 3. Jahrhundert v. Chr. ein Kriegsschiff von 130 Metern Länge, 17 Metern Breite und etwa 20 Metern Höhe bauen. Für die 40 Ruderbänke besaß das Schiff rund 4000 Ruderer sowie 400 Reserveruderer, dazu kamen noch 2800 Matrosen und Soldaten. Das Schiff war zwar uneinnehmbar, aber für eine gute Manövrierfähigkeit zu groß und kam nie in den Einsatz. Ptolemaios IV. liebte auch privat das Gigantische und besaß noch ein Riesenschiff als Königsbarke. Es war etwa 100 Meter lang, 15 Meter breit und gut 20 Meter hoch und mit jedem erdenklichen Luxus ausgestattet. Säulengänge führten zu einer riesigen Empfanghalle und den Wohnräumen des Herrschers, 20 Ruhebetten standen in einem erlesenen Ambiente für Gäste bereit. Das Luxusschiff verkehrte nur auf dem Nil und wurde von Galeeren gezogen.

Riesenlastkähne ließen schon die Pharaonen konstruieren. Zum Transport von zwei jeweils 350 Tonnen schweren Obelisken wurden einmal zwei mehr als 60 Meter lange und 21 Meter breite Kähne gebaut, die mithilfe von 30 Schleppern nilabwärts bewegt wurden.

Keramik

Gegenstände aus Keramik sind schon seit der Jungsteinzeit bekannt. Sie haben von Anfang an alle Bereiche des menschlichen Lebens berührt. Keramiken waren haltbarer als Objekte aus pflanzlichen oder tierischen Materialien und gleichzeitig handlicher als Gegenstände aus Stein, sodass ihr Siegeszug gewiss war. Lange Zeitabschnitte aus der menschlichen Frühgeschichte können heute hauptsächlich anhand von Keramikfunden dokumentiert werden. Erste Tonfiguren wurden bereits im 9. Jahrtausend v. Chr. in Vorderasien produziert, die ersten Tongefäße allerdings erst im 8. Jahrtausend v. Chr. Wo und von welchem Volk die Herstellung der Keramik letztlich erfunden wurde, lässt sich nicht mehr sicher rekonstruieren. Interessant ist allerdings die Aussage aus Religionen und Mythen, dass Götter die ersten Menschen aus Ton geformt haben.

Die verschiedenen Formen des Tons bilden den Ausgangsstoff zur Herstellung der Keramik. Ton hat für einen Töpfer nahezu ideale Eigenschaften. Er ist plastisch und leicht verformbar, gleichzeitig verändert er unter Hitze seine Eigenschaften und wird dauerhaft fest und wasserunlöslich. Vielleicht hatten die frühen Erfinder am Lagerfeuer einmal beobachtet, wie sich Ton unter Hitze verändern konnte, und die Idee zur Keramikherstellung war geboren. Ton als Verwitterungsprodukt silicathaltiger Gesteine ist auf der Erde weit verbreitet. Er ist in seiner chemischen Zusammensetzung sehr heterogen, denn die Vielfalt der silicathaltigen Gesteine und ihrer besonderen Verwitterungs- und Ablagerungsvorgänge bestimmt seine Grundstruktur. Ton aus einer Tongrube lässt sich meist nicht direkt verarbeiten. Er ist in der Regel zu »fett« und würde nach dem Brennen rissig werden. Ton wird deshalb vor seiner Verarbeitung »gemagert« und mit verschiedenen anorganischen und organischen Materialien versetzt. Auf diese Weise wird die Heterogenität des

Grundmaterials noch einmal erhöht, sodass der Ton der unterschiedlichen Tongruben und Werkstätten nahezu individuelle Züge trägt, was Analysen und Zuordnungen erleichtert. Andere Tonarten müssen vor dem Gebrauch geschlämmt und dann wieder entwässert werden.

Die Materialzusammensetzung einer Keramik lässt sich gut mit der mikroskopischen Analyse studieren. Winzige Keramikproben werden bis zur Lichtdurchlässigkeit geschliffen und anschließend unter dem Mikroskop begutachtet. Typische Kristallstrukturen von Mineralien und ihr Anteil am Material können dann den Herkunftsort des Tons verraten. Daneben liefern Materialien, die zur Magerung des Tons herangezogen wurden, zusätzliche Informationen. Organische Materialien verkohlen meist beim Brennen ohne ihre Form zu verlieren. Mit Hilfe dieser Formen kann der Botaniker später bestimmen, welche Pflanzenteile beigemischt wurden und aus welcher Gegend die Pflanzenteile stammten. In Keramiken aus der Hallstattzeit wurden zum Beispiel Fossilien aus den Salzburger Kalkalpen nachgewiesen. In römischen Amphoren aus Süddeutschland fand man vulkanische Partikel, woraus folgt, dass die Gefäße in der Gegend von Neapel hergestellt wurden und keine lokalen Erzeugnisse waren.

Die mikroskopischen Untersuchungen lassen sich durch chemische Materialanalysen weiter vertiefen. Bereits an Objekten aus dem 6. bis 5. Jahrtausend v. Chr. können weite Handelswege dokumentiert werden. Es gab offenbar schon in der Steinzeit umfangreiche Import- und Exportgeschäfte. Meist lässt sich durch die chemische Analyse die Herkunft des Tons bestimmen, während die mikroskopischen Untersuchungen zusätzliche Hinweise auf die Arbeitstechniken der Töpfer geben. Über Materialanalysen konnte belegt werden, dass im Römischen Reich Amphoren aus Rhodos sowohl bis nach Südfrankreich als auch bis an das Schwarze Meer und den Persischen Golf exportiert wurden. Die üblichen Gebrauchsamphoren für den Alltag wurden allerdings überwiegend vor Ort produziert und anschließend in der direkten Nachbarschaft der Töpfereien verwendet. In den germanischen Provinzen bildete der Rhein eine Grenze, und im Gebiet des Limes hergestellte Amphoren wurden nur selten bis in das tiefe Hinterland transportiert. Eher war es umgekehrt: Hohe römische Offiziere ließen sich Luxuslebensmittel aus fernen Provinzen bis zu ihrem Standort schicken. In ihrer Form wurden die römischen Amphoren bald recht einheitlich, und nur die Materialanalyse kann dann ihren Herstellungsort klären.

Bei zahlreichen Amphoren wird der Herkunftsort durch einen Etikettenstempel belegt, der für eine archäologische Zuordnung wichtig ist. Allerdings kann die Materialanalyse auch Stempelfälschungen belegen. Solche Untersuchungen zeigten, dass Weinfälschungen vermutlich so alt sind wie der Weinhandel selbst. Es wurden griechische Weinamphoren gefunden, deren Etikettenstempel als Herkunftsort die Insel Kos auswies. Auf der Insel Kos wurde bereits in der Antike ein vorzüglicher Wein produziert, der im gesamten Mittelmeerraum verbreitet war und ein hohes Ansehen genoss. Bei einigen Weinamphoren mit Stempeln von der Insel Kos bewies die Materialanalyse, dass der Ton von der Insel Rhodos stammen musste. Die Insel Kos besaß eigene Tongruben und es ist deshalb unwahrscheinlich, dass der Ton von der Insel Rhodos eingeführt wurde. Wahrscheinlicher ist die Vermutung, dass minderwertiger Wein von der Insel Rhodos durch einen gefälschten Etikettenstempel mit dem Hinweis auf die Insel Kos aufgewertet werden sollte, um den Absatz zu verbessern. Die Materialanalyse konnte somit einen einige tausend Jahre alten Betrugsfall entlarven.

Weitere Fälschungen wurden bei der Analyse von hochwertigem römischem Gebrauchsgeschirr (Terra sigillata) aus Ton bekannt. Wie in unserer Zeit, so gab es auch in der Antike besonders geschätzte Markenartikel, für die der Kunde gerne einen erhöhten Preis zahlte. In Mittelitalien markierte eine bedeutende Töpferwerkstatt ihre begehrten Terra-sigillata-Waren mit dem Stempel ATEIVS und vermarktete sie im gesamten Römischen Reich. Bei Straßburg wurden Terra-sigillata-Waren mit dem Stempel ATEIVS gefunden, die vermutlich gefälscht waren: Der Ton zur Herstellung dieses Geschirrs stammte aus der Gegend von Straßburg, und sogar die mutmaßliche Fälscherwerkstatt konnte inzwischen ausfindig gemacht werden. Heute kann praktisch jeder Fund von Terra sigillata im Römischen Reich einer von etwa 15 bekannten und autorisierten Töpferwerkstätten zugeordnet werden, was Echtheitsbewertungen erleichtert. Im Gebiet von Trier gab eine bedeutende Terra-sigillata-Werkstatt, die für das römische Militär arbeitete.

Der Aussagewert der chemischen Analyse des Tons der Keramik lässt sich weiter verbessern, wenn neben den chemischen Elementen auch deren Isotopenzusammensetzung bewertet wird. Bei Ausgrabungsarbeiten im antiken Troja wurden Hunderttausende von Keramikscherben gefunden, die wegen ihrer großen Menge nur schwer wieder zusammengesetzt werden konnten. Es bestand stets die Gefahr, dass bei den Restaurierungsarbeiten nicht zusammenpassende Scherben zu einem »echten« Objekt mit falschem Aussehen kombiniert wurden. Erst die Bestimmung der Isotope beseitigte dieses Risiko. Die ansonsten sehr seltenen chemischen Elemente Neodym und Samarium erwiesen sich als hilfreiche Nachweisparameter. Mit ihrer Hilfe konnte in die Scherbenhaufen Ordnung gebracht werden, und ein Vorsortieren für spätere Rekonstruktionen von Gefäßen wurde möglich.

Besonders bewährt hat sich bei der Analyse von Keramikobjekten der Einsatz von Röntgenstrahlen, mit deren Hilfe zerstörungsfrei einzelne Kristallstrukturen identifiziert werden können. Über Kristallstrukturen lassen sich dann Aussagen über Brenntemperaturen treffen, denn zahlreiche Kristalle können sich nur bei bestimmten Temperaturen bilden. Keramikobjekte wurden in der Antike meist bei Temperaturen zwischen 500 und 700 Grad Celsius gebrannt. Höhere Temperaturen um 1000 Grad Celsius, bei denen Tonanteile schmelzen, wurden selten erreicht. Eine sehr geschätzte Exportware der minoischen Kultur auf Kreta wurde allerdings bei einer Brenntemperatur von 1030 Grad Celsius hergestellt. Die Handwerker der Insel hatten somit für ihre Zeit äußerst leistungsfähige Brennöfen. Röntgenfeinstrukturanalysen und Röntgenfluoreszenzanalysen sind bei Keramikuntersuchungen die Mittel der Wahl. Seltener eingesetzt wird die Neutronenbestrahlung, die im Objekt eine radioaktive Strahlung induziert, welche dann analysiert wird. Die Methode erkennt im Untersuchungsmaterial Substanzkonzentrationen von eins in einer Million.

Zur Altersbestimmung von Keramik wird hauptsächlich die Thermoluminiszenz-Analyse eingesetzt (zur Erklärung siehe das Kapitel »Radioaktivität und Kulturobjekte«). Sie erfasst den Einfluss der natürlichen Radioaktivität auf ein Objekt und kann von keinem Fälscher ausgeschaltet oder manipuliert werden. Allerdings ist die Methode nur bei Brenntemperaturen zwischen 500 und 1000 Grad Celsius gut aussagefähig. Zahlreiche Keramikfälschungen, die angeblich aus etruskischen Gräbern stammten, wurden mit Hilfe dieser Untersuchungen entlarvt. Die Fälscher hatten sich vergeblich viel einfallen lassen, um ihrer Ware ein »altes« Aussehen zu geben.

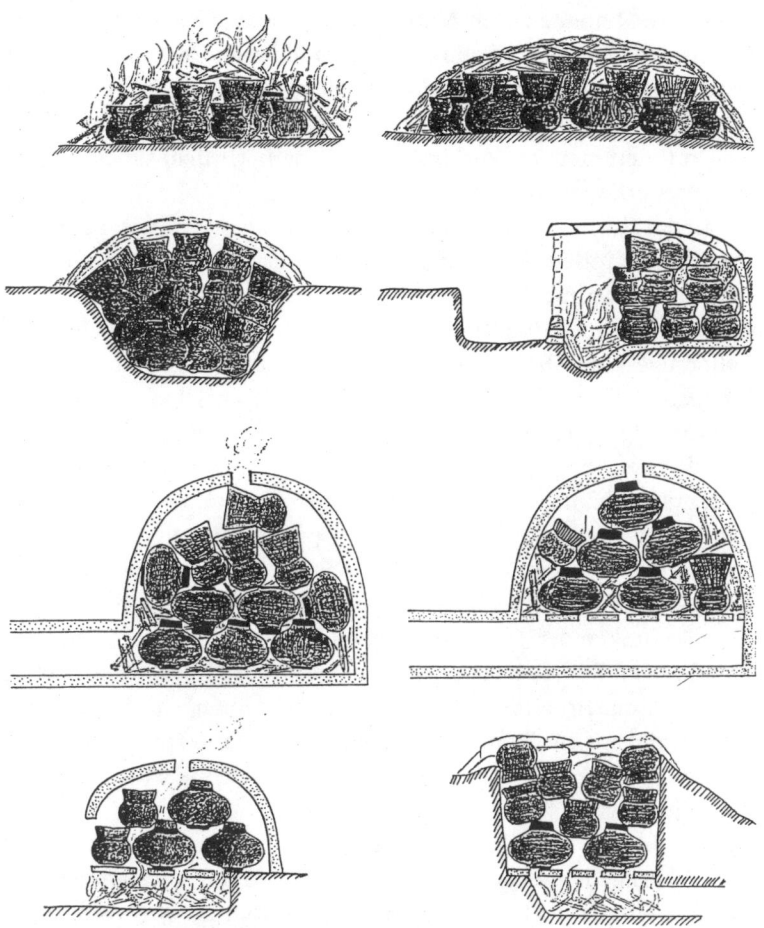

Unterschiedliche Konstruktionstypen von Keramik-
brennöfen aus der Antike. In ihnen konnten bereits
hochwertige Keramiken gebrannt werden.
(J. Riederer, Rathgen-Forschungslabor der Staatlichen
Museen zu Berlin – Preußischer Kulturbesitz)

Sie hatten ihre Fälschungen mit chemischen Lösungen behandelt
und in Pferdemist vergraben. Die Objekte sahen dann zwar alt aus,
aber die Analyseverfahren ließen sich nicht täuschen. Hoch gebrannte Keramiken wie Porzellan, Steingut oder Steinzeug können
allerdings nicht durch Thermoluminiszenz analysiert werden.

Andere Methoden zum Altersnachweis beschäftigen sich mit Verwitterungseffekten und den damit verbundenen Veränderungen an einzelnen Mineralien. Da Keramiken chemisch sehr resistent sind, hängen Verwitterungseffekte stark von den Lagerbedingungen ab und müssen stets in Verbindung mit dem Umfeld eines Fundes interpretiert werden.

Mit der Erfindung der Töpferscheibe haben die Sumerer der Töpferei einen großen Fortschritt gebracht. Der älteste Fund einer Töpferscheibe stammt aus Ur und führt in die Zeit um 3250 v. Chr. Mit der Töpferscheibe wurde noch vor der Erfindung von Rädern für Fahrzeuge eine Drehbewegung erstmals technisch genutzt. Vom Zweistrom-Land aus verbreitete sich die Töpferscheibe in nahezu alle Kulturgebiete der Erde. In China tauchte sie um 2500 v. Chr. auf, das heutige Süddeutschland erreichte sie um 400 v. Chr., in Südengland kam sie schließlich um 50 v. Chr. an. Bei den altamerikanischen Hochkulturen war die Töpferscheibe nicht allgemein üblich, dennoch gibt es Hinweise, dass in Peru ausgewählte Kultgegenstände auf Töpferscheiben geformt wurden. Es gibt Indizien, dass Techniken der Töpferkunst von China und Japan aus über den Pazifik nach Südamerika gelangten, womit uralte Schifffahrtswege belegt wären. Im alten Ägypten wurde die Töpferscheibe noch mit einer Hand angetrieben, während die zweite Hand zum Formen des Objektes diente. Der Fußbetrieb der Töpferscheibe wurde erst später eingeführt.

Die frühen Keramiken zeichneten sich noch nicht durch besondere Oberflächenbehandlungen aus. Oft wurden Verzierungen reliefartig eingedrückt, und die Produkte waren monochrom. Nicht nur Alltagsgegenstände, Gefäße oder Figuren wurden aus Ton hergestellt, sondern in Mesopotamien waren Tontafeln auch Papierersatz und diente zur Fixierung der Schrift. Aus der Harappa-Kultur am Indus in Indien sind 5500 Jahre alte Tonscherben mit schriftähnlichen Symbolen bekannt, die einst als Etiketten für Gefäße dienten. Erste Malereien auf Töpferwaren tauchten in Europa im 6. Jahrtausend v. Chr. auf. Meist wurden auf die Objekte feine Schichten aus Mineralien aufgetragen, deren endgültige Farbe erst durch den Brennvorgang festgelegt wurde. Beim Höhepunkt der griechischen Vasenmalereien wurden bestimmte Farbtönungen erst nach einem dreifachen Brand erzielt. Farben, die bei einem Brennprozess nicht erreicht werden konnten, wurden erst nach dem Abkühlen auf-

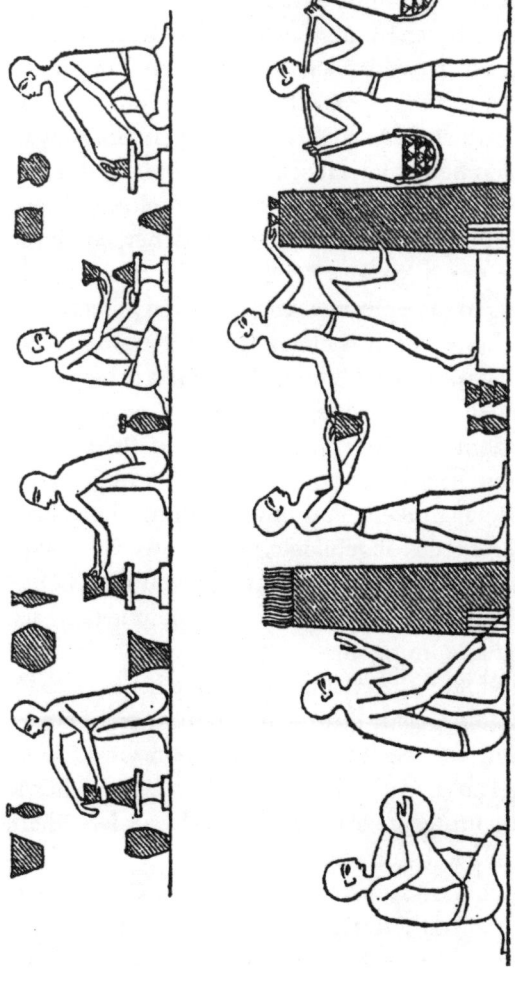

Der Fußantrieb der Töpferscheibe ist eine späte
Erfindung. In der frühen Antike wurde die Töpferscheibe
noch mit einer Hand gedreht, während die andere Hand
das Keramikobjekt formte. Die Skizze aus einer Grabmalerei in Ägypten zeigt die einzelnen Arbeitsschritte
vom Drehen der Gefäße auf der Töpferscheibe (oben)
bis zum Brennen (unten). Für Gebrauchsgegenstände
gab es bereits eine Serienproduktion.
(nach einer Grabmalerei, Theben-West)

getragen. In griechischen Werkstätten waren vertikale Öfen üblich, die Flamme kam von unten an das Brenngut heran und der Brennvorgang konnte von oben aus über einen Abzug reguliert werden. Die Chinesen dagegen bevorzugten horizontale Öfen, die wirtschaftlicher als die Modelle der Griechen betrieben werden konnten. Die Brennkunst der Griechen und das Geheimnis der Farben auf den schwarz- und rotfigurigen Vasen konnte erst in der jüngeren Vergangenheit abschließend geklärt werden. Allein aus der Erfahrung und ohne chemisches Wissen beherrschten die Töpfer komplizierte Verfahren.

Durch seine Töpferwaren gelangte Athen zu Reichtum. Es gab dort Betriebe mit bis zu 70 Beschäftigten sowie Maler, die ihre Vasen signierten. Fälschungen von wertvollen griechischen Keramiken tauchen immer wieder auf, verfangen sich jedoch stets in den Netzen der naturwissenschaftlichen Analysen. Vor einigen Jahren wurden Vasen bekannt, deren Bemalung täuschend echt mit modernem Autolack nachgeahmt worden war. Neben der Thermoluminiszenz entlarven meist die Farbpigmente den Keramikfälscher. Moderne Rohstoffe kommen in einer zu großen Reinheit in den Handel, um antike Farbpigmente bis in die Spurenelemente hinein kopieren zu können. Häufig gefälscht werden auch die kostbaren Keramiken der altamerikanischen Hochkulturen. Untersuchungen an bedeutenden Keramiksammlungen mit Objekten aus Mexiko zeigten, dass bei Sammlungen aus dem 19. Jahrhundert bis zu 30 Prozent der Exponate gefälscht waren. Ähnlich wie die Griechen benutzten auch die Maya ausgefeilte Maltechniken. Von ihnen stammt die »Negativmalerei«: Mit Ausnahme des abgebildeten Motivs wurde das gesamte Objekt mit Wachs eingerieben, mit Mineralien überschichtet und gebrannt. In Abhängigkeit von der Wachsfläche bildeten sich dann unterschiedliche Farbtönungen.

Um keramische Produkte abzudichten, aber auch aus ästhetischen Gründen, wurde die Glasur erfunden, ein dünner Überzug, der ein Objekt nicht nur versiegelt, sondern auch schmückt. Eine Glasur wird in der Regel aus den gleichen Rohstoffen hergestellt wie Glas, nur ist der Verarbeitungsprozess bei Glas völlig anders. Beim Glas ist es notwendig, alle Rohstoffe zu verflüssigen und Kristallbildungen sowie Lufteinschlüsse zu verhindern. Bei der Glasur dagegen wird das Rohmaterial nur teilverflüssigt und Kristallbildungen sowie Lufteinschlüsse sind aus ästhetischen Gründen oft sogar erwünscht. Die Schönheit der glasierten Keramik geht auf Wechselwirkungen zwischen dem auffallenden Licht und der Struktur der Materialoberfläche zurück. Bei einer Bleiglasur wird viel Licht gebrochen und reflektiert, sodass ein spiegelnder Glanz entsteht. Eine matte Glasur zeichnet sich durch eine raue Oberfläche mit eingelagerten Kristallen aus, das Licht wird deshalb diffus reflektiert. Besonders kompliziert ist die Seladonglasur, bei der die Oberfläche einerseits spiegelt und die Glasur andererseits durch Blasen und Mikrokristalle das Licht bricht und streut, sodass eindrucksvolle Lichteffekte entstehen.

Aufwendige Glasuren waren bereits in Mesopotamien, Ägypten und Persien bekannt. Berühmt sind der glasierte Kachelschmuck des Ischtar-Tores sowie die assyrischen Architekturkeramiken. In den Palästen der persischen Herrscher gab es Großplastiken mit einem Glasurüberzug. Weit fortgeschritten war die Entwicklung von verschiedenen Glasurformen im alten China, wo während der Ming-Zeit große Tore und Mauern mit Glasurkacheln belegt waren. Es gelang den Chinesen schon um 1500 v. Chr. Brenntemperaturen zwischen 1100 und 1200 Grad Celsius zu erreichen, sodass sie mit hochbrennenden Glasuren experimentieren konnten. Die Kaiser der Sung-Dynastie bezogen ihr exquisites Jun-Geschirr aus Nordchina, wo die Töpfer eindrucksvolle Glasuren fertigten. Das Glasurmaterial bestand aus Kalksteinen, Chinastein sowie verschiedenen Mineralien und wurde als Mischung auf das Geschirr aufgetragen. Das Material wurde anschließend für längere Zeit auf 1250 Grad Celsius erhitzt und dann ganz langsam abgekühlt. Dabei entstanden Emulsionen aus zwei glasartigen Flüssigkeiten, die sich nicht mischten, sondern ein Gewirr von kleinsten Tröpfchen bildeten. Nach dem Abkühlen bestand die Glasur aus einzelnen Phasen mit einem unterschiedlichen Lichtbrechungsverhalten. Die Glasur glänzte deshalb wie Samt und zeigte durch eingelagerte Kristalle verschiedene Farbeffekte.

Mit den Seladonglasuren erreichte die chinesische Töpferkunst im 12. Jahrhundert n. Chr. einen Höhepunkt. Seladonglasuren glänzen wie Seide und bestehen aus Eisenoxid, Kalzium und vielen kleinen Quarzteilchen. Einzelne Bestandteile wurden absichtlich nicht fein gemischt, sondern grob aufgetragen, sodass sich Areale mit einer unterschiedlichen Glasurzusammensetzung ergaben. Das Geschirr wurde danach bei 1200 bis 1250 Grad Celsius gebrannt und vorsichtig über mehrere Tage abgekühlt. Durch die Hitze wurden die Quarzteilchen oft nur angeschmolzen und durch das langsame Abkühlen konnten sich in der Glasurmasse Kristalle mit Farbeffekten bilden. Da der Quarz nicht völlig geschmolzen war, hielten sich zusätzlich Luftteilchen, die durch Lichtbrechungen die Farbeffekte verstärkten. Eine andere berühmte Glasur war im alten China die Jianglasur oder auch Ölfleckenglasur. Diese Glasurform war nur möglich, weil mit exakt regulierbaren Temperaturen gebrannt werden konnte. Eine Jianglasur enthält etwa 10 Prozent Eisenoxid, das für die Farbwirkung verantwortlich ist. Beim Brennen wurde die Glasurmasse zunächst bis zu einem zähflüssigen Zustand erhitzt, sodass sich schneeflockenartig neu gebildete Kristalle ablagerten. Nach dem Abschluss der Kristallbildung wurde die Temperatur weiter erhöht, bis die neu entstandenen Kristalle wieder zerflossen. Dabei entstanden dekorative Flecken, die an ein Hasenfell oder ein Gewirr von Ölflecken erinnern. In der Zeit der Sung- und Ming-Kaiser entstanden schließlich Aufglasur-Emaillen, mit denen feinste Malereien fixiert und haltbar gemacht werden konnten. Die außerordentlich entwickelte Brennkunst der Chinesen wird auch im Grab des Kaisers Tjin Schi Huang (210 n. Chr.) in der Provinz Shensi deutlich, wo eine komplette Armee aus gebrannten und lebensgroßen Tonkriegern mit einem jeweils individuellen Gesichtsausdruck in voller Schlachtordnung den toten Herrscher bewacht.

Porzellan und Fayence

Im Porzellan fand die Keramikentwicklung ihren krönenden Höhepunkt. Die Erfindung dieser ganz besonderen Form der Keramik gelang zuerst in China, als dort in hochentwickelten Brennöfen erstmals Temperaturen von um die 1300 Grad Celsius erreicht werden konnten. In Europa waren die Brennöfen damals weniger gut, es wurden nur Temperaturen von etwa 1000 Grad Celsius erzielt. Doch nicht nur in seiner Brenntemperatur, sondern auch in der Materialzusammensetzung unterscheidet sich Porzellan von der übrigen Keramik. Die Porzellanmasse besteht aus den Naturstoffen Kaolin, Feldspat und Quarz sowie geringen Anteilen von anderen Materialien. Alle Rohstoffe sind Bestandteile des Bodens, sie können in Lagerstätten abgebaut werden und sind noch heute in China reichlich vorhanden. Kaolin stellt für das Porzellan ein Grundgerüst dar, denn dieser Naturstoff ist extrem feuerfest. Beim Erhitzen schmilzt zuerst der Feldspat und bildet zusammen mit dem Quarz spezielle Mineralien, die bei einem weiteren Temperaturanstieg auf um die 1300 Grad Celsius das Gerüst der Kaolinmoleküle vollständig ausfüllen, sodass eine dichte und feste Masse entsteht. Ab 1000 Grad Celsius ist die Porzellanmasse nicht mehr porös, sondern homogen und nimmt im Gegensatz zur »normalen« Keramik nach dem Abkühlen kein Wasser mehr auf. Porzellan ist feuer- und säurebeständig sowie außergewöhnlich hart. In Abhängigkeit vom Gehalt an Kaolin wird zwischen Hart- und Weichporzellan unterschieden: Je höher der Kaolingehalt ist, um so härter wird die Porzellanmasse. Bei gleicher Dicke ist Weichporzellan transparenter als Hartporzellan, lässt sich allerdings mit Stahl ritzen, was bei Hartporzellan nicht der Fall ist. Nach dem Brennen hat das fertige Porzellan etwa ein Drittel seines ursprünglichen Volumens verloren. Die Brennöfen waren in China meist an Abhängen errichtet, damit sich der Wind fangen und auch sammeln konnte. Befeuert wurde sowohl mit Holz als auch mit Kohlen. Der Name Porzellan ist nicht chinesischen Ursprungs, sondern stammt aus Europa und soll von Marco Polo bei seinem Besuch in China geprägt worden sein. Er nimmt Bezug auf das weiße und sehr harte Gehäuse der Kaurischnecke, die von den Italienern als »porcellana« bezeichnet wird; aufgrund der Farbe wurde »porcellana« von dem lateinischen Wort »porcellus« abgeleitet, was »kleines Ferkel« bedeutet.

Zur Aufbereitung der Porzellanmasse wird das Kaolin zuerst sorgfältig gereinigt und geschlämmt, Feldspat und Quarz müssen daneben vor dem Mischen fein gemahlen werden. In zahlreichen Arbeitsgängen wird die Masse anschließend immer wieder gemischt und geknetet. Dabei wurde früher auch der Hilfe von Tieren gearbeitet, und Büffel mussten im Kreis durch die Rohmasse stampfen. Zuletzt schließen sich Lagerphasen an. Gerade in diesen umfangreichen Vorbereitungen und Lagerphasen ist das Geheimnis des chinesischen Porzellans zu suchen. Um Kaolin elastisch zu machen, wurde es mit Urin angerührt. Heute ist aus Untersuchungen bekannt, dass Bestandteile des von Bakterien abgebauten Urins in das molekulare Gerüst von Kaolin eindringen können und seine Qualität für die Porzellanherstellung verbessern. Gegenstände können aus der noch rohen Porzellanmasse sowohl auf der Töpferscheibe gefertigt als auch frei modelliert werden. Für kompliziertere Formen gibt es Schablonen sowie Gipsvorlagen. Bei Figuren oder Figurengruppen werden einzelne Teile getrennt angefertigt und dann anbossiert, die Einzelteile werden dabei zum Gesamtobjekt zusammengesetzt und miteinander verbunden. Bei einem Brand von etwa 900 Grad Celsius ist die Porzellanmasse noch porös und kann andere Materialien wie etwa eine Glasur aufsaugen. Wird anschließend höher gebrannt, schließt sich die Oberfläche und das Material wird glatt und fest. Bemalungen können unter, aber auch auf die Glasur aufgetragen werden.

Echtes Porzellan kann in China seit der T'ang-Dynastie (618–917 n. Chr.) in der Provinz Shensi in Nordchina nachgewiesen werden. Es wurde aus dem noch älteren »Steinzeug« entwickelt, das ebenfalls bei hohen Temperaturen gebrannt wird, im Gegensatz zum Porzellan jedoch grau und nicht weiß ist. Wegen seiner Ähnlichkeit zum Porzellan wird das Steinzeug auch »Protoporzellan« genannt. Der Übergang vom Steinzeug zum Porzellan ist fließend, denn es gibt Hinweise, dass die Porzellanherstellung möglicherweise wesentlich älter ist, als bisher angenommen wurde. Chemiker konnten durch die Analyse von Scherben aus der Zeit um 600 v. Chr. zeigen, dass damals bereits bei Temperaturen von 1200 Grad Celsius gebrannt wurde. Es ließen sich in diesen Scherben Mineralien nachweisen, die nur bei diesen hohen Temperaturen entstehen konnten. Schon früh gab es in China unterschiedliche Zentren der Porzellanproduktion. Waren aus dem Norden waren in der Grundfarbe weiß, während sie im Süden helle cremige, bläuliche, aber auch grünliche Farbtönungen hatten. Am höchsten wurde jene Porzellangrundfarbe geschätzt, die dem Tee seine grünliche Tönung gab. Für die vorherrschenden Porzellanfarben waren die Vorstellungen des kaiserlichen Hofes maßgebend. Kaiser Shih-tsung vertrat die Ansicht, dass Porzellan folgende Farbtönung haben sollte: »Das Blau des Himmels nach dem Regen, wenn die Wolken zerstoben sind, ist genau die Farbe, die du dem Porzellan geben sollst.« Frühe Glasuren bestanden aus Pflanzenasche und Kalk sowie färbenden Zusätzen aus Metallverbindungen.

Von Geheimnissen ist das hauchdünne so genannte Eierschalenporzellan umgeben, das bereits im 9. Jahrhundert produziert werden konnte. Den Herstellern gelang es, hartes und stabiles Porzellangeschirr mit einer durchscheinenden Wanddicke von etwa 0,4 Millimetern zu fertigen. Die Technik zur Herstellung dieser handwerklichen Meisterstücke geriet im Verlauf der chinesischen Geschichte in Vergessenheit. Rekonstruktionsversuche ergaben, dass das für das Eierschalenporzellan notwendige Kaolin mit besonderen Methoden vorbehandelt werden musste.

In China waren die Techniken der Porzellanherstellung zwar Staatsgeheimnis, dennoch drang das Wissen über die Grenzen vor. Seit dem 12. Jahrhundert gibt es auch in Korea Porzellanmanufakturen. Als später eigene Kaolinlager entdeckt wurden, konnte Porzellan auch in Japan hergestellt werden und erreichte dort eine große Blüte. Nach Europa gelangten zunächst nur Einzelstücke der chinesischen Porzellane, die sogleich höchste Aufmerksamkeit erregten. Fürsten begannen Porzellan zu sammeln, und im 18. Jahrhundert wurde die Mode der Chinoiserie aus der Taufe gehoben. China exportierte bald große Porzellanmengen nach Europa, und es gab besondere Exportwaren für den europäischen Geschmack. In Italien wurde zuerst versucht, das chinesische Porzellan nachzuahmen, und es kam 1575 zur Entwicklung des »Mediciporzellans«, das allerdings nur porzellanähnlich war. Auch Versuche in Frankreich führten nicht zum Ziel. Erst 1708/09 gelang es Johann Friedrich Böttger mit der Hilfe des Physikers von Tschirnhausen in Dresden, das echte chinesische Porzellan neu zu erfinden; 1710 wurde dann die erste europäische Porzellanmanufaktur in Meißen gegründet. Jetzt konnten die Luxusbedürfnisse und die Sammelleidenschaft des europäischen Adels befriedigt werden. Porzellan wurde zum Symbol der gehobenen Lebensart, und keine Tafel kam mehr ohne Porzellangeschirr aus. Nachdem Friedrich der Große 1763 die Berliner Porzellanmanufaktur übernommen hatte, bestellte er sogleich für den eigenen Bedarf allein 22 verschiedene Porzellanservice mit jeweils unzähligen Einzelteilen. Böttger konnte den Erfolg seiner Nacherfindung nicht genießen. Er starb mit 37 Jahren und konsumierte, wie berichtet wird, während seiner letzten Lebensjahre große Mengen Branntwein.

Die Veredelungen der Oberflächen von Keramiken führten zur Entwicklung der Fayencen, die wie das Porzellan ebenfalls eine besondere Form der Keramik darstellen und eine charakteristische Glasur besitzen. Schmelzglasuren auf keramischen Objekten sind schon seit Jahrtausenden bekannt und gehörten zu den Spezialitäten der frühen Hochkulturen wie in Ägypten, Mesopotamien und Kreta, aber auch am Indus und in China. Araber übernahmen die Techniken der Glasurkunst aus dem Alten Orient, verbesserten sie und gaben sie zunächst nach Spanien weiter. Dort entstanden auf der Insel Mallorca die Majolika-Produkte, die jedoch den Halbfayencen zugerechnet werden. Bei Halbfayencen sitzt die Glasur nicht so fest wie bei echten Fayencen. Große und auch kreative Produktionszentren für maurische Keramik gab es im Gebiet von Granada, Malaga und Valencia. Echte Fayencen wurden im 15. Jahrhundert in Italien hergestellt. Es handelte sich dabei meist um Teller oder Prachtschüsseln, aber auch um Fliesen. Ein Produktionszentrum war neben Florenz, Rom und Siena hauptsächlich Faenza; eine Stadt, aus deren Name später die Bezeichnung Fayence abgeleitet wurde. Der Bildhauer Luca della Robbia fertigte in Florenz sogar Großplastiken als Fayence an.

Echte Fayencen sind Keramikprodukte, die in ihrer Glasur Zinn enthalten, was allerdings gleichzeitig bedeutet, dass die echte Fayence eigentlich uralt ist. Erfinder der echten Fayence waren die Babylonier, deren Wissen über Keramikglasuren bald im Orient ver-

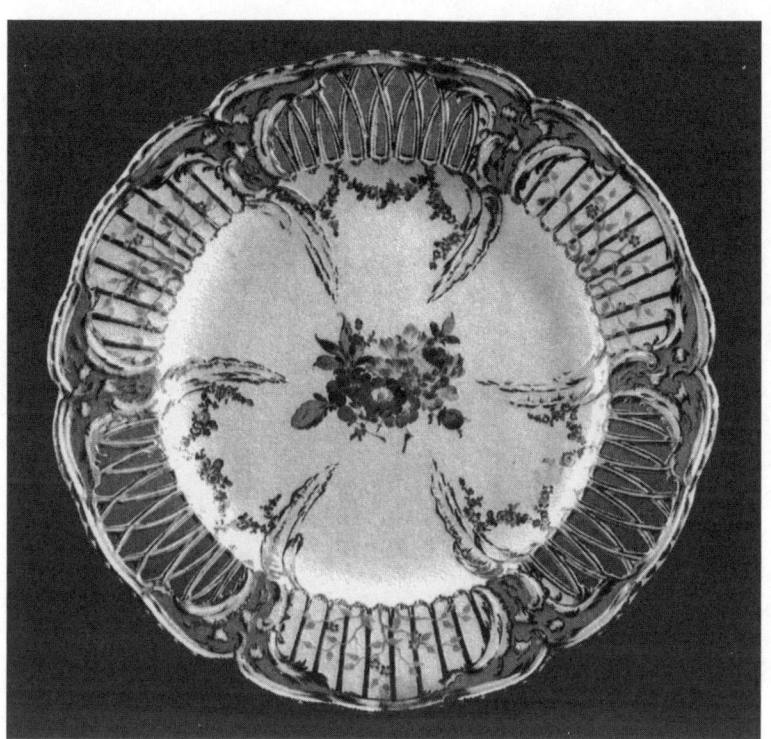

Dessertteller aus einer Porzellanservice von Friedrich
dem Großen, König von Preußen. Nach dem Erwerb
seiner Porzellanmanufaktur von dem Kaufmann
Gotzkowsky bestellte der König für seine Schlösser eine
große Zahl von Servicen. Der abgebildete Teller stammt
aus einer Bestellung aus dem Jahr 1767 und war für das
Neue Palais in Potsdam bestimmt.
(Staatliche Museen zu Berlin – Preußischer Kulturbesitz,
Kunstgewerbemuseum)

breitet wurde. In den Palästen der persischen Großkönige waren die
Wände ebenfalls mit echter Fayence gefliest. In Deutschland wur-
den in der ersten Hälfte des 16. Jahrhunderts echte Fayencen in
Nürnberger Werkstätten hergestellt. Vorher gab es so genannte Haf-
ner-Waren mit einer Bleiglasur. Eine spezielle Fayencemanufaktur
wurde 1661 in Hanau gegründet. Im 18. Jahrhundert wurden
Fayencen schließlich zu Konkurrenten für die edlen, aber teuren
Porzellane, und es gab in Deutschland über 80 Manufakturen. Der
Schwerpunkt der deutschen Manufakturen lag zunächst auf Ent-

wicklung von Formen und Ornamenten, erst später kam eine große Farbenpracht hinzu. Berühmt wurden die Delfter Fayencen aus Holland mit ihrem charakteristischen Blauweißdekor.

Glas

Als ein eigenständiger Werkstoff kam Glas vermutlich im 3. Jahrtausend v. Chr. im Vorderen Orient in Gebrauch. Glasähnliche Materialien sind allerdings älter, und es ist noch rätselhaft, wie der Entwicklungsweg zum Glas im Einzelnen ablief. Wahrscheinlich sind bei den zahlreichen Versuchen zur Metallschmelze vor mehr als 6000 Jahren auch Materialien angefallen, die auf Glas neugierig machten und weitere Experimente anregten. Aus den ersten Glasprodukten wurden Perlen, Siegel und Ornamente für Einlegearbeiten angefertigt. Frühe Meister der Glasherstellung waren Ägypter und Assyrer. Unter Pharao Thutmosis III. gab es am Nil bereits eine blühende Glasproduktion mit einem hohen technischen Standard. In den trockenen Böden Ägyptens wird noch heute uraltes Glasmaterial gefunden, während sich im feuchten Schlamm Mesopotamiens Glas nur selten lange halten konnte. Die ersten glasähnlichen Materialien waren ausgesprochen kostbar, sie dienten meist zur Nachahmung von Edelsteinen. Auf dem Gebiet der Phönizier gab es die Rohstoffe zur Glasherstellung in einer so guten Qualität, dass dieses Händler- und Seefahrervolk bald auch zu einem erfolgreichen Glasproduzenten wurde. Vom Vorderen Orient aus gelangte die Technik der Glasherstellung um das 1. Jahrtausend v. Chr. nach China und erst wenige Jahrhunderte v. Chr. auch zu den indischen Hochkulturen. Bei den altamerikanischen Hochkulturen war die Glasherstellung dagegen unbekannt; Glas kam erst durch die Spanier nach Amerika.

Glas setzt sich im Wesentlichen aus drei Materialien zusammen. Geschmolzener Quarzsand ist die eigentliche Grundsubstanz, während die beiden anderen Materialien als Flussmittel und Stabilisatoren dienen. Flussmittel senken den Schmelzpunkt des Quarzsandes herab, wodurch sich die Glasschmelze technisch erst realisieren lässt. Stabilisatoren sind notwendig, um die chemischen Eigenschaften des Endproduktes zu verbessern. Sie verhindern zum Beispiel, dass sich Glas in Wasser auflöst. Die Ausgangsstoffe wurden zunächst auf etwa 750 Grad Celsius erhitzt und konnten dabei miteinander verbacken, die eigentliche Glasschmelze setzte bei etwa 1100 Grad Celsius ein. Zur weiteren Verarbeitung oder für besondere Verwendungszwecke wurden der Glasschmelze schon früh Farbstoffe oder Trübungsmittel zugesetzt, um die Eigenfarbe zu überlagern oder gewünschte Farbeffekte zu erreichen. Kupferzusätze färben zum Beispiel grün, Zusätze von Kupferoxid rot und von Antimon gelb. Im sonst so schreibfreudigen Ägypten gibt es über die Herstellung und Zusammensetzung der ersten Gläser kaum Aufzeichnungen, denn der gesamte Produktionsverlauf war vermutlich ein Staatsgeheimnis. Aus Mesopotamien liegt dagegen in der noch heute erhaltenen Bibliothek des Assurbanipals ein Keilschrifttext mit Hinweisen zur Glasherstellung vor.

Quarzsand wurde in der Antike aus der Wüste oder aus Flussablagerungen geholt. Wegen der guten Qualität des Rheinsandes konnte sich im römischen Köln eine im gesamten Reich geschätzte Glasindustrie entwickeln. Das wichtigste Flussmittel der Antike war Soda, erst im Mittelalter kam in Europa die Pottasche hinzu. Als Stabilisator diente schon früh überwiegend Kalk. Das Grundrezept zur Glasherstellung wurde bis heute um zahlreiche Variationen erweitert, sodass für die Technik oder die Chemie viele Spezialgläser zur Verfügung stehen. Für Luxusgegenstände hat sich Bleiglas bewährt. Es lässt sich gut schleifen und besitzt durch den Anteil von etwa 30 Prozent Bleioxid einen intensiven Glanz und eine hohe Lichtbrechung.

Moderne Gläser können farblos produziert werden, da sich Eigenfärbungen der Ausgangsmaterialien mit verschiedenen Methoden aufheben lassen. Die ersten Gläser dagegen waren wegen der fehlenden Reinheit der Materialien und unzureichenden Verarbeitungstechniken noch undurchsichtig und zeichneten sich durch blaue, braune oder weiße Farbtönungen aus. Aufgrund von Verunreinigungen kann heute bei historischen Glasobjekten der Herstellungsort und manchmal auch die Verarbeitungstechnik ermittelt werden. Die Verunreinigungen waren eine Besonderheit der jeweils verwendeten örtlichen Rohstoffe, wodurch die Zuordnung von Funden erleichtert wird. Materialanalysen von Glas können gelegentlich rasante technische Entwicklungen belegen. Untersuchungen an etwa 600 keltischen Glasarmringen aus Süddeutschland zeigten, dass in dem relativ kurzen Zeitraum von 260 bis 125 v. Chr. beachtliche technische Fortschritte im Färben von Glas erzielt wurden. Ursprünglich waren die Kelten nur in der Lage, blassgrüne und hellblaue Gläser zu produzieren, doch plötzlich scheint es ihnen gelungen zu sein, auch farblose, dunkelblaue, braune sowie purpurfarbene Gläser herzustellen. Wahrscheinlich konnten die keltischen Produzenten von dem hohen technischen Standard der römischen Glashersteller profitieren.

Dunkelblaue Gläser wurden in der Antike meist mit Cobalt gefärbt, wobei sowohl die Ägypter als auch die Bewohner von Mykene ihr Rohmaterial zum Färben von den gleichen Lagerstätten bezogen. Es müssen deshalb schon früh weite Handelswege zur Rohstoffversorgung aufgebaut worden sein. Die Kulturen von Mesopotamien waren dagegen mit eigenen reichen Lagerstätten gesegnet. Sie waren Selbstversorger und mussten sich nicht an diesen Fernhandel ankoppeln. Blaue Farbtönungen wurden von den frühen Glasherstellern unter anderem durch Zusätze von Bronze oder Malachit erreicht. In Abhängigkeit vom Mischungsverhältnis der Zutaten und von den Brennverhältnissen gelang es ausschließlich durch Kupferzusätze sowohl rote als auch blaue Farbtönungen zu erzielen. Gelbe, gelbbraune oder grüne Töne entstanden durch Zugabe von Eisen, braune, schwarzbraune oder schwarze Farben durch Zugabe von Mangan. Das färbende Element konnte modernen Analysen zufolge in seiner Konzentration stark schwanken, was belegt, dass wahrscheinlich mehr nach den Erfahrungen der einzelnen Glashütten als nach strengen Rezeptvorgaben gearbeitet wurde. Verschiedene antike Autoren haben Abhandlungen über Farbpigmente in der Glasherstellung hinterlassen, deren Anwendung in der Praxis durch moderne Materialuntersuchungen weit gehend bestätigt werden kann. Die Rotfärbung von Glas durch den Zusatz von Gold war bereits in der Antike beschrieben worden, dennoch wurde bei Analysen kaum antikes Glas identifiziert, dessen rote Farbe ausschließlich von einer Goldeinlagerung stammt. Der Glasbecher des Lykurg aus der Zeit um 300 n. Chr. enthält etwa 0,3–0,5 Prozent Gold und schimmert deshalb rot. Er besticht zusätzlich durch eine meisterhafte Oberflächengestaltung und zählt zu den berühmtesten Stücken antiker Glasmacherkunst.

Beispiele für den hohen Stand der Glaskunst in der
Antike: Sandkerngläser aus dem östlichen Mittelmeer-
raum (hauptsächlich Ägypten) (oben) sowie Gläser aus
dem Römischen Reich (unten).
(J. Riederer, Rathgen-Forschungslabor der Staatlichen
Museen zu Berlin – Preußischer Kulturbesitz)

Die Rotfärbung mit Gold gelang den Römern durch besondere
Schmelzvorgänge. Sie erhitzten die Glasschmelze zunächst auf etwa
1600 Grad Celsius, sodass die Goldatome mit Sauerstoff reagierten
und das Glas farblos wurde. In einem zweiten Schmelzvorgang wurde das Glas dann noch einmal auf 400 bis 600 Grad Celsius erhitzt.
Jetzt brachen die Bindungen der Goldatome mit dem Sauerstoff auf
und winzigste Goldpartikel fielen aus. Sie bewirken im Licht den
roten Farbton. Die Technik wurde später wieder vergessen, denn das
berühmte Rubinglas, das seine kräftige rote Farbe ebenfalls durch

eingeschmolzenes Gold erhält, wurde erst im 15. Jahrhundert n. Chr. in größerem Umfang wieder produziert. Aus der Zeit um 79 n. Chr. stammt ein Glasfund aus der Umgebung von Neapel. Im durchfallenden Licht erscheint dieses Glas gelb und im auffallenden Licht grün. Die Ursache für dieses wechselnde Farbenspiel liegt in einer Zugabe von Uran.

Mit modernen Methoden kann Glas ohne Beschädigung analysiert werden. Das wichtigste unter allen diesen Verfahren arbeitet mit Röntgenstrahlung. Die Probe wird zuerst intensiv bestrahlt, dann beginnt sie, selbst eine messbare Energie abzustrahlen. Jedes chemische Element der Probe gibt sich dabei durch eine spezifische Wellenlänge zu erkennen, sodass sich die Zusammensetzung dokumentieren lässt. Eine weitere Methode beruht auf der Analyse des Anteils der verschiedenen Formen von radioaktivem Blei im Glas. Zum Nachweis dieser Spuren muss allerdings ein bestimmtes Areal der Glasoberfläche angeschliffen werden, was bei besonders kostbaren Objekten nicht möglich ist.

Die Herstellungstechniken der frühen Glasmacher konnten inzwischen rekonstruiert werden. Von den Ägyptern stammt die Sandkerntechnik. Bei diesem Verfahren wird der Innenraum eines Glasgefäßes zuerst in Ton vorgeformt und auf einen Stab gesteckt. Die trockene Form wird im nächsten Arbeitsschritt in die Glasschmelze getaucht, bis sich ein Überzug gebildet hat. Der noch zähflüssige Überzug lässt sich danach auf Steinplatten rollen und glätten. Anschließend werden zähflüssige Glasfäden aufgesetzt und durch Rollen mit der Unterlage verbunden. Durch eine unterschiedliche Anordnung der Glasfäden und durch verschiedene Färbungen können auf diese Weise reizvolle Muster erzielt werden. Erkaltete Glasblöcke konnten allerdings auch in einer Art Schnitztechnik wie Holz bearbeitet werden. Aus dem Grab des Tut-anch-Amun ist eine gläserne Kopfstütze bekannt, die aus einem Glasblock herausgeschnitten worden ist. Zur höchsten Vollendung wurde von den Ägyptern die Cloisonné-Technik entwickelt. Aus feinen Drähten wurde auf einer dünnen Metallunterlage ein Muster erstellt und Zwischenräume anschließend mit farbigem Glas gefüllt. Diese Arbeiten setzten großes Geschick voraus, denn Risse und Sprünge hätten das Objekt unbrauchbar gemacht und mussten beim Glasfluss verhindert werden. Die Handwerker mussten auch die Ausdehnung des Materials nach der Zugabe des heißen Glasflusses genau abschätzen können.

Die Technik der Herstellung von Mosaikgläsern wurde insbesondere in der römischen und später in der venezianischen Zeit vorangetrieben. Mosaikgläser erscheinen blumenartig gemustert und sind aus einzelnen Glaselementen zusammengesetzt. Der Effekt wird durch unterschiedliche Glasfäden erzielt, die zuerst in dünne Scheiben geschnitten und danach zu einem Mosaik kombiniert werden. Zuletzt wird das Mosaik zusammengeschmolzen und geformt. Bei den Überfanggläsern wird die Form nacheinander in verschiedene Glasschmelzen getaucht und mit jeweils einer neuen Glasschicht überzogen. Das mehrschichtige Glas wird abschließend geschnitten, um Figuren, Naturdarstellungen oder Ornamente herauszuarbeiten. In den Diatretgläsern fand die römische Glaskunst ihre höchste Vollendung. Bei diesem Gläsertyp ist das dünnwandige Gefäß über feine Glasstege und Brücken mit einem dekorativen Netz aus Bändern verbunden. Manche römische Glasobjekte erregen noch heute eine allgemeine Bewunderung. Die berühmte Portland-Vase im Britischen Museum besticht nicht nur durch ihren künstlerischen Wert, sondern zeigt auch, wie mit einfachen technischen Möglichkeiten Spitzenleistungen der Schleifkunst erreicht werden können.

Die wesentlichen Methoden der Glasverarbeitung einschließlich des Schleifens und Gravierens können bis in die Antike zurückverfolgt werden. Das heute gebräuchliche Glasblasen wurde im 1. Jahrhundert v. Chr. erfunden. Der älteste Fund wurde bei Jerusalem ausgegraben und stammt aus der Zeit um 50 v. Chr. Aus Syrien sind Glasgefäße bekannt, die in einer Negativform aus Keramik oder Holz geblasen wurden. Henkel und Dekorationselemente wurden dann nach dem Abkühlen aufgesetzt. Höchste optische Wirkungen ließen sich durch das Einschmelzen von feinen Goldfolien zwischen den einzelnen Glasschichten erzielen. Frühe Zentren der Glaskunst waren in der Antike Alexandria und Syrien. Von hier aus verbreitete sich die Glastechnologie im Osten bis nach China und im Westen über das gesamte Römische Reich. Der Syrer Ennion war im heutigen Sinn ein Großindustrieller der Glasproduktion, dessen Firmenimperium im gesamten Römischen Reich verteilt war. Kaiser Alexander Serverus erließ wegen der Umweltverschmutzung durch die Glasproduktion die Anweisung, Glashütten außerhalb der Städte in eigenen Produktionsbezirken anzusiedeln. Wie Funde in Pompeji belegen, kannten die Römer auch Glasfenster. Dabei wurde das Glas zunächst zu einer Kugel geblasen, danach durch Schütteln in einen länglichen Ballon überführt und schließlich zu einem Zylinder geschnitten. Der Zylinder wurde zuletzt auf einer Seite aufgeschlitzt und zu einer Scheibe gebogen. Für die Scheiben gab es wie in unserer Zeit bewegliche Fensterrahmen. Die größte gefundene Fensterscheibe von Pompeji war 1 Meter mal 70 Zentimeter groß und besaß einen Bronzerahmen, sie wurde in einem öffentlichen Bad entdeckt. Durch den Handel gelangten römische Glasscheiben über die Grenzen der Provinzen hinaus bis nach Schottland. Den Römern soll auch bruchsicheres Hartglas bekannt gewesen sein, dessen Herstellung sich allerdings nicht mehr rekonstruieren lässt. Glasmalereien kamen dagegen erst relativ spät auf, sie gehören zu den Erfindungen des Mittelalters. Mit dem Niedergang des Römischen Reiches war ein Höhepunkt der Glaskunst in Europa überschritten, denn wertvolle Glasgefäße waren im Christentum als Kultobjekte nicht mehr üblich. Die Schrift »Schedula diversarum artium« des Benediktinermönches Theophilus beschäftigte sich um 1100 mit der Glasmalerei. Trägerglas wurde durch Metalloxid als Ganzes gefärbt oder mit geschnittenen farbigen Glasflächen überzogen. In Abhängigkeit von der Bildvorlage wurden einzelne Stücke geschnitten, bemalt und durch Brennen mit dem Träger verbunden. Seit etwa 1300 n. Chr. gibt es Hinweise, dass venezianische Glaskünstler auch Linsen schleifen konnten und die ersten Brillen produzierten. Ein Porträt aus dem Jahr 1352 zeigt einen Kardinal mit einer Brille.

Bei einer Lagerung im Boden oder im Wasser verändert sich die Oberfläche von altem Glas. Es tritt eine Hydratation ein, bei der Wasser aufgenommen wird und einzelne Verwitterungsschichten parallel zur Glasoberfläche entstehen. Aus diesem Grund irisieren heute antike Gläser. Diese Verwitterungsschichten werden zwar regelmäßig gebildet, können aber dennoch nur begrenzt zur Altersbestimmung herangezogen werden, denn oft sind sie nur unvollständig erhalten. An frühmittelalterlichen Objekten wurden bis zu 1600 Glasschichten als Folge von Verwitterungen gezählt. Die Oberfläche von Glasmalereien kann in Abhängigkeit von der Luftfeuchtigkeit und Luftverschmutzung durch Hydratation aufgebrochen werden. Das Material reagiert mit dem Kohlendioxid und Schwefeldioxid der Luft. Es bildet sich aus Kalkspat, Gips und dem Mineral Syngenit der so genannte Wetterstein, der sich als undurchsichtige Schicht aufla-

Glasbecher aus dem 13. Jahrhundert. Er ist gegossen,
durch Mineralieneinschlüsse grüngelb gefärbt und mit
Figuren verziert. Glasgegenstände aus dem Mittelalter
haben sich nur selten bis heute erhalten. Sie waren aber
weit verbreitet, bereits in »Parzival« wird über Glas-
schalen berichtet. Stich aus dem Jahr 1880.

gert und Zerfallsvorgänge beschleunigt. Da die Schwarzlotbema-
lung von Fensterglas meist nicht sehr fest mit der Glasunterlage verbunden ist, können dabei an Fenstern außerordentliche Schäden
auftreten. Kostbare Glasmalereien, die das gesamte Mittelalter bis
zur Gegenwart überstanden haben, sind insbesondere durch die
Luftverschmutzungen unserer Zeit gefährdet.

Aus glasartigen Materialien wird auch Email gefertigt. Emailtech-
niken sind zwar eine Erfindung der Antike, gehen aber vor allen Dingen auf die Kunst der Goldschmiede aus dem frühen Mittelalter zurück, die unter großer Hitze Glas auf eine Metallunterlage dauerhaft
aufschmelzen konnten und dabei Ornamente oder sogar Bilder dar-
stellten. Bei einem Zellenschmelz wurden auf eine Metallfläche zunächst kleine Stege aufgelötet, sodass Zwischenräume entstanden,
die später mit unterschiedlichen Glasmassen gefüllt wurden. Beim
Grubenschmelz dagegen wurden in das Metall Vertiefungen einge-
fräst und anschließend mit der jeweils benötigten Glasmasse aufge-

füllt. Um die mühsame Arbeit, kleinste Flächen mit farbigem Glasmaterial zu füllen, zu erleichtern, wurde mit verbesserten Methoden das benötigte Glas zunächst in Pulver zerrieben und dann mit einem Bindemittel aufgetragen. Zuletzt wurde die Masse geschmolzen und das Glas in die Unterlage eingebrannt. Die Glasmischung bestand meist aus einem Pulver aus Quarz, Bleimennige sowie Soda oder Pottasche, denen Metalloxide für die Farbgebung beigemengt wurden. In Venedig sowie im französischen Limoges beherrschten die Glasmacher gegen Ende des Mittelalters auch ausgefeilte Methoden der Emailmalerei. Sie konnten mit unterschiedlichen Glasfarben auf die Schmelzschicht über der Metallunterlage malen und die Abbildung anschließend einbrennen, zurück blieb ein Bild. Erstmals belegt wurde der Zellenschmelz in Griechenland während der spätmykenischen Zeit um 1200 v. Chr., der Grubenschmelz dagegen wurde im persischen Reich erfunden und gelangte über die südrussischen Werkstätten der Skythen nach Europa. Die Goldschmiede der Kelten griffen dann diese Technik auf und entwickelten sie insbesondere in England weiter, sodass am Beginn des Mittelalters ein reicher Erfahrungsschatz zur Verfügung stand. Aus Email wurden zahlreiche Schmuckstücke, Gebrauchsobjekte und Kultgegenstände gefertigt, daneben dienten farbige Emailoberflächen auch zur Dekoration von kostbaren Gefäßen.

Mosaik

Die ersten bekannten Mosaikdarstellungen stammen von den Sumerern und reichen bis in das 4. Jahrtausend v. Chr. zurück. Von Anfang an erfüllte das Mosaik ornamentale und dekorative Funktionen. Die ersten Mosaiksteinchen waren farbige und kegelförmige Tonstifte. Mit ihnen wurden in Uruk oder an anderen Orten die Oberflächen von Wänden und Säulen dekoriert. Dabei wurden zuerst geometrische Ornamente angeordnet und die Tonstifte anschließend in eine Lehmmörtelschicht eingedrückt, um das Muster fest auf einer Unterlage zu fixieren. Insbesondere die Tempelwände waren im Reich der Sumerer bunt und mit Mustern verziert. Die verschiedenartigen Kombinationsmöglichkeiten der Farbstifte lieferten den Baumeistern eine nahezu unbegrenzte Vielfalt von dekorativen Mustern. Mosaike verzierten allerdings nicht nur Räume und Gebäude, sondern konnten auch beweglich sein. Ebenfalls auf die Sumerer geht die Standarte von Ur aus dem 3. Jahrtausend v. Chr. zurück. Sie zeigt ein figürliches Mosaik mit Kampf- und Triumphszenen und erlaubt Aussagen zum Bau von Fahrzeugen oder zur Kleidung der Menschen in dieser Zeit. Das reine Ornament wurde auf der Standarte zugunsten einer Darstellung von Menschen, Tieren und Gegenständen aufgegeben, und mit den Materialien Lasurstein, Perlmutt und Muschelschalen wurde ein echtes Bild zusammengesetzt. Mit Mosaikdarstellungen schmückten später auch die Nachbarvölker der Sumerer ihre Bauwerke. Entsprechende Funde sind allerdings so selten, dass heute kaum Entwicklungslinien verfolgt werden können.

Materialanalysen bei Mosaiken beschäftigen sich sowohl mit den Mosaiksteinchen als auch mit den Bindemitteln und der Mörtelunterlage. Sie müssen darüber hinaus bewerten, ob natürliche Substanzen wie etwa Kieselsteine oder farbige Bruchstücke von Mineralien verarbeitet wurden oder ob die einzelnen Mosaiksteinchen bereits aus künstlichen Stoffen wie Glas oder Keramik bestanden. Da meist nur geringste Materialmengen zur Verfügung stehen, muss mit zerstörungsfreien Feinanalysen gearbeitet werden. Das Mosaik wird dabei in kleine Flächeneinheiten unterteilt und in zahlreichen Untersuchungsschritten abgetastet.

In der griechischen Welt und später im Römischen Reich erlebte das Mosaik ab dem 5. Jahrhundert v. Chr. eine weitere große Blüte. Es wurden von nun an primär nicht mehr Außenfassaden, sondern Innenräume einschließlich der Fußböden geschmückt. Zunächst handelte es sich dabei überwiegend um Kieselmosaike, bei denen bunte, unbehandelte Kieselsteine in eine gelbliche bis rötliche Mörtelschicht eingedrückt wurden, um ein dekoratives Muster oder sogar Abbildungen zu schaffen. Die Paläste der makedonischen Könige in Pella zeichneten sich durch solche reichen, vielfarbigen Kieselmosaike aus. Andere bedeutende Kieselmosaike wurden in den griechischen Kolonien von Kleinasien und Sizilien gefunden. Erst ab dem 3. Jahrhundert v. Chr. wurde das Kieselmosaik nach und nach von Mosaiken aus geschnittenen Steinchen verdrängt. Am Anfang wurden noch kleine, natürlich vorkommende Marmorstücke in ihren zahlreichen farblichen Ausprägungen zurechtgeschnitten und zu Abbildungen kombiniert. Später kamen künstliche Steinchen aus Glas oder Keramik hinzu, wodurch das Mosaik eine breitere Farbpalette umfasste und zahlreichen Ansprüchen genügen konnte. In der römischen Zeit wurden Mosaiksteinchen auch mit Blattgold oder Silberfolien verziert, und zum Bodenmosaik kam das aufwendige Wandmosaik. Mosaiksteinchen aus Glas wurden in verschiedenen Winkeln eingesetzt, um besondere Lichtreflexe zu erzielen.

Schon früh setzten sich in der Herstellung von Mosaiken zwei Arbeitstechniken durch. Bei der Technik des positiven Setzens wurde vor Ort auf der Fläche des späteren Mosaiks zuerst eine Vorzeichnung aufgetragen. Danach wurde auf jeweils kleinen Teilflächen das Bindemittel aufgestrichen und Mosaiksteinchen eingedrückt, bis nach zahlreichen einzelnen Arbeitsschritten das gesamte Mosaik vollendet war. Die Technik des negativen Setzens konnte dagegen im Atelier erfolgen. Die Künstler fertigten zunächst eine spiegelbildliche Darstellung des Mosaiks an und klebten anschließend die einzelnen Steinchen passend zur Abbildung auf. Die spätere Oberseite des Mosaiks bildete dabei zunächst die Unterseite. Waren die

Klebearbeiten abgeschlossen, wurde das Mosaik in handliche Teile zerlegt, umgedreht und dann sorgfältig an seinem Bestimmungsort auf dem vorbereiteten Mörtel fixiert. Meist kamen beide Methoden in einer Kombination zum Einsatz und den Künstlern gelangen oft Darstellungen von der Feinheit und Präzision eines Gemäldes.

Bei der Technik »opus tessellatum« wurde mit farbigen Steinchen aus natürlichen und künstlichen Materialien gearbeitet, die als Quadrat oder Rechteck eine Kantenlänge von 1,0 bis 1,5 Zentimeter hatten und direkt aufgetragen wurden, beim »opus alexandrinum« waren die Steinchen etwas größer und bestanden ausschließlich aus natürlichen Materialien. Feinste Details gelangen mit der Technik »opus vermiculatum«, die für Innenräume bestimmt war. Hier waren die Steinchen aus natürlichen und künstlichen Materialien nicht genormt, sondern bis zur Untergrenze von etwa 1 Millimeter unterschiedlich groß, sodass beim Zusammensetzen malerische Effekte möglich wurden. Bei der Technik »opus sectile« wurden die meist figürlichen Bilddetails aus dünnen, verschiedenfarbigen Steinplatten im vollständigen Umriss herausgeschnitten und dann mit andersfarbigen Details aus weiteren Steinplatten kombiniert. Bei einer Göttin konnte zum Beispiel der Körper zuerst komplett aus einer hellen Steinscheibe herausgeschnitten werden, um anschließend die Frisur oder den Schmuck mit dunkleren Steinscheiben zu ergänzen. Der Hintergrund wurde dann aus einem anderen Steinmaterial geschnitten. Nach dem Zusammensetzen der verschiedenfarbigen Steinumrisse entstand ein vollständiges Bild. In den Palästen der hellenistischen und römischen Herrscher kopierten Mosaike oft berühmte Gemälde, und ein Künstler signierte sogar sein Mosaik. Ab dem 2. Jahrhundert v. Chr. tauchten Mosaike auch in reichen Privatvillen auf, und für den vermögenden Römer gehörte es sogar in der Provinz zum Image, in seiner Prachtvilla auch einen kostbaren Mosaikschmuck zu besitzen. Ein typisches römisches Bodenmosaik bestand aus einem präzise gearbeiteten Hauptbild sowie aus rahmenden Dekorationselementen und konnte in der Kantenlänge mehr als 6 Meter messen.

Im Byzantinischen Reich ersetzten Mosaike weit gehend Wandmalereien. Neben den großen Mosaiken als Kirchen- und Palastschmuck waren auch Miniaturmosaike populär. Mit unendlicher Sorgfalt wurden stecknadelkopfgroße Farbsteinchen zu detailreichen Bildern zusammengesetzt und mit Wachs verfestigt. War

Reiche und großzügige römische Villen wurden oft von Hunden bewacht. Das Bodenmosaik hatte die Aufgabe, Besucher und vor allen Dingen unerwünschte Eindringlinge zu warnen: cave canem, »Hüte dich vor dem Hund.« Das berühmte Mosaik wurde später Vorbild für zahlreiche andere Warnhinweise. (Fundort: Pompeji)

das Werk vollendet, wurde das Wachs mit Salzwasser gehärtet, und das Mosaikbild konnte sogar gerahmt werden.

Mit dem Untergang von Westrom erfuhr die Mosaikkunst in Europa einen jähen Niedergang und wurde nur noch an wenigen Orten gepflegt. Unter dem Einfluss von Byzanz kam es dann allerdings wieder zu einer Blüte, die sich hauptsächlich beim Kirchenschmuck bemerkbar machte. Eine Sternstunde erlebte die frühchristliche Mosaikkunst schließlich in Ravenna, wo zwischen 546 und 548 n. Chr. durch die Leuchtkraft von kleinen Glassteinchen reiche Farbnuancierungen gelangen und mit üppigen Goldflächen gearbeitet wurde. In Kirchengewölben konnten Mosaike für eine großartige Raumwirkung sorgen, sie waren den sonst üblichen Malereien überlegen. Im Mittelalter wurden Venedig, Süditalien und Sizilien zu Zentren der Mosaikkunst, die nach ganz Europa ausstrahlten. Florentiner Mosaike, zum Teil aus geschnittenen Halbedelsteinen gefertigt, dienten als kostbare Tischplatten. Lange behielt Byzanz in der Mosaikkunst eine dominierende Wirkung, die auch die islamischen und russischen Arbeiten beeinflusste. Oströmische Künstler waren dabei als Lehrer stets begehrt. Die Azteken fertigten sogar aus farbigen Vogelfedern Mosaike, die sie in Textilien einknüpften oder auf Agavefaserpapier klebten. Wegen ihrer Vergänglichkeit haben sich diese Kunstwerke jedoch kaum erhalten.

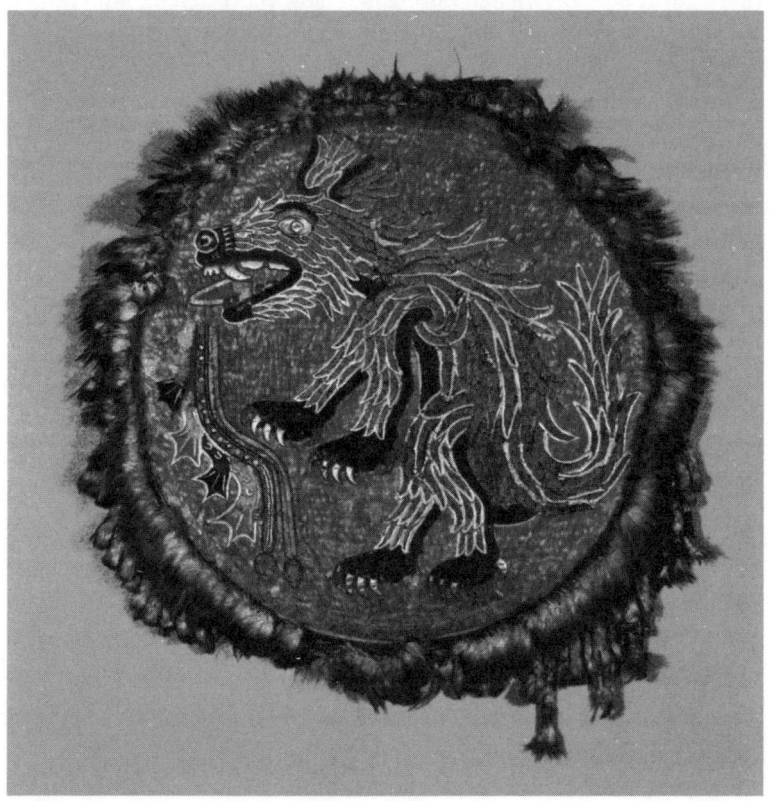

Schild der Azteken mit einem Mosaik aus Federn,
15. Jahrhundert (Mexiko). Durchmesser des
Federschildes: 70 cm.
(Museum für Völkerkunde, Wien)

Der Abstieg in der europäischen Mosaikkunst begann bereits im 7. Jahrhundert n. Chr., als bildliche Darstellungen zugunsten von reinen Dekorationen immer weiter zurückgedrängt wurden. Wandmalereien dominierten von nun an bildliche Darstellungen. Im 19.

Jahrhundert hatte das Mosaik in Verbindung mit dem Jugendstil eine kurze Blüte. Im 20. Jahrhundert blieb es dagegen ohne künstlerische Bedeutung.

Bei Restaurierungsarbeiten ist es oft schwierig, das Material von Mosaiksteinchen zu rekonstruieren, und es sind aufwendige Voruntersuchungen erforderlich. Im Dom von Salerno in Süditalien kamen zum Beispiel neben Steinchen aus natürlichen Materialien auch kunstvolle und in vielfältigen Farben abgesetzte Glassteinchen zum Einsatz. Manchmal waren in die winzigen Glassteinchen sogar dünne Goldfolien eingearbeitet, um über Lichtreflexionen Farbwirkungen noch stärker zu variieren. Bei archäologischen Grabungen werden in allen Gebieten des ehemaligen Römischen Reiches immer wieder Ruinen von Villen mit einem reichen Mosaikschmuck gefunden. Um diese kostbaren Mosaike zu erhalten, muss man sie entfernen. In Abhängigkeit von der Bodenfeuchte werden sie mit unterschiedlichen Klebemitteln bestrichen und danach mit Schichten aus Baumwollgewebe abgedeckt. Sobald sich die Klebemittel verfestigt haben, kann das gesamte Mosaik abgerollt und vom Untergrund abgehoben werden. Anschließend steht die Mörtelunterlage für Analysen zur Verfügung, und das Mosaik selbst kann in einer Restaurierungswerkstatt wieder ausgerollt werden.

Steinobjekte

Für den Menschen hat der Stein eine besondere Bedeutung. Seine ersten dauerhafte Werkzeuge waren aus Stein, aus Steinen baut er fast alle seine Häuser, und Steine sind auch für Künstler ein wichtiges Material. Der Beginn der kulturellen Aktivitäten des Menschen wird als Steinzeit bezeichnet, weil sich aus dieser Zeit nur Relikte aus Stein erhalten haben. Für Steine gibt es eine Fülle von Untersuchungsmethoden, die sowohl der Altersbestimmung dienen, als auch Fälschungen entlarven können. Trotzdem bereitet die Analyse von Steinobjekten beachtliche Probleme. Die Steinbrüche der antiken Bildhauer sind teilweise bekannt, sodass sich Fälscher das originale Material beschaffen können. Eine vergleichende Materialuntersuchung zeigt dann keine Unterschiede zwischen der Fälschung und dem antiken Original. Wenn in solchen Fällen stilkritische Analysen nicht letzte Klarheiten verschaffen, müssen Oberflächenstrukturen und Verarbeitungstechniken genauestens begutachtet werden.

Natursteine werden von den geologischen Wissenschaften in drei verschiedene Grundtypen aufgeteilt: magmatische Gesteine, Sedimentgesteine und metamorphe Gesteine. Die magmatischen Gesteine stammen direkt aus dem flüssigen Erdinneren und sind an der Erdoberfläche erkaltet. Ihre wichtigsten Vertreter sind Granit und Basalt. Für die Archäologie spielen aus dieser Gruppe noch Porphyr und Obsidian eine Rolle. Sedimentgesteine haben sich aus verfestigten Ablagerungen von Gesteinsverwitterungen gebildet und können sowohl an Land als auch im Meer vorkommen. Ihre wichtigsten Vertreter sind die Kalk- und Sandsteine sowie der Feuerstein. Metamorphe Gesteine stellen ein unter Druck und Hitze entstandenes Gemisch aus magmatischen und sedimentären Gesteinen dar. Zu den metamorphen Gesteinen zählt auch das Lieblingsmaterial der Bildhauer, der Marmor.

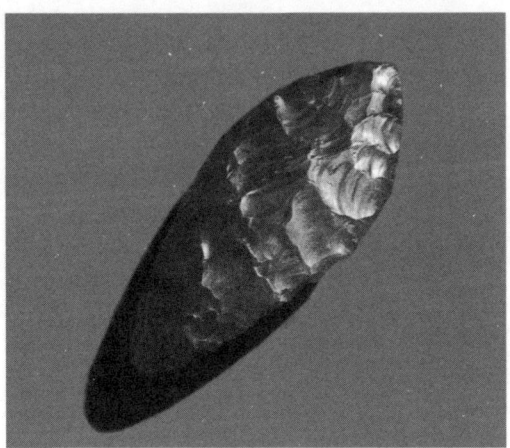

Sorgfältig bearbeiteter Feuerstein aus Mitteldeutschland,
über 30 000 Jahre alt. Der Hersteller musste über große
Erfahrungen verfügt haben, denn es gelang ihm die
Produktion eines formschönen und dünnen Gegen-
standes, der wie ein Blatt aussieht. Seine Verwendung
ist nicht genau geklärt.
(Landesamt für Archäologie Sachsen-Anhalt)

In der Steinbearbeitung und im Steintransport vollbrachten die
Menschen der frühen Kulturen wahre Meisterleistungen. Quarzit-
abbau im Tagebau gab es in der Sahara im heutigen Libyen schon
vor 80 000 Jahren, als die Sahara als Steppe noch bewohnbar war.
Am Ende der Steinzeit wurde in Europa Feuerstein abgebaut. Dabei
wurden mit Hirschgeweihen Stollen gegraben und die aufgeschich-
tete Erde mit den Schulterblättern von großen Tieren wie mit einer
Schaufel weggetragen. Im 3. Jahrtausend v. Chr. wurden in England
die 20 Meter hohen Säulen von Stonehenge von einem heute noch
nachweisbaren Steinbruch über eine Entfernung von 200 Kilometern transportiert. Beim Bau der Cheops-Pyramide wurden etwa 2,6
Millionen Kubikmeter Gestein mit einem Gewicht von ungefähr 6,5
Millionen Tonnen in Form von 2,3 Millionen Blöcken bewegt. Die
Fundamente waren so präzise angelegt, dass sie bei einer Kantenlänge von 230 Metern nur maximal 16 Millimeter von der Ideallinie
abwichen. Die beiden riesigen Memnonskolosse in Theben nahe
dem heutigen Luxor in Ägypten sind jeweils 720 Tonnen schwer
und wurden aus einem einzigen Stein gehauen. Sie wurden im 2.
Jahrtausend v. Chr. über 600 Kilometer nilaufwärts bis zu ihrem

Standort gezogen. Als einer der Kolosse später durch ein Erdbeben beschädigt wurde, waren die Bildhauer allerdings bequemer und ließen das Reparaturmaterial von einem anderen Steinbruch nilabwärts heranschaffen.

Zum Bau der Terrasse von Baalbek im Libanon wurden behauene Gesteinsquader mit einen Gewicht von etwa 1000 Tonnen verarbeitet, ein Riesenquader wog sogar fast 1500 Tonnen und war 22 Meter lang. Es ist ein Rätsel, wie derartig gewaltige Steine einst etwa 6 Meter hoch gehoben wurden. Um einen Stein von 1500 Tonnen Gewicht allein durch Menschenkraft zu bewegen, hätten mehr als 16 000 Arbeiter gleichzeitig ziehen müssen. Ein anderes gigantisches Objekt der Antike kam über die Planungsphase nicht hinaus: Deinokrates, ein Architekt von Alexander dem Großen, wollte zu Ehren des großen Eroberers den gesamten Berg Athos in einen Riesenstatue von Alexander umwandeln. Um 520 n. Chr. wurde beim Bau des Grabmals für Theoderich ein Kalkstein aus Kroatien mit einem Durchmesser von 11 Metern und einem Gewicht von etwa 250 Tonnen 20 Meter hoch gehoben, um das Bauwerk als Kuppel abzudecken.

Viele Arbeitstechniken der Antike sind heute rätselhaft. Auf Samos in Griechenland ließ im 6. Jahrhundert v. Chr. der Ingenieur Eupalinos einen Tunnel von über 800 Meter Länge durch die Felsen eines Berges schlagen, um Wasserleitungen zu verlegen. Die Arbeiten wurden von beiden Seiten des Berges aus gleichzeitig begonnen, und die Arbeiter trafen sich wie geplant und ohne Abweichungen genau in der Mitte.

Zum Bau ihrer Festungen schliffen die Inka Steine mit einem Gewicht von bis zu 200 Tonnen an den Oberflächen völlig glatt und setzten sie anschließend mit anderen genauso sorgfältig bearbeiteten Steinen zu einem fugenlosen Mauerwerk zusammen. Alle Steine waren so exakt bearbeitet, dass kein Mörtel notwendig war und allein die präzise Passform für Stabilität sorgte. Inkamauern überstehen noch heute jedes Erdbeben, während moderne Bauten zusammenstürzen. Im Dschungel von Costa Rica liegen riesige Steinkugeln mit einem Durchmesser von bis zu 2,50 Meter und einem Gewicht von bis zu 16 Tonnen. Die Kugeln sind nahezu perfekt gearbeitet und weichen von der vollkommenen Kugelgestalt nur um höchstens 0,2 Prozent ab. Über den Sinn und die Funktion dieser Kugeln wird noch gerätselt. Auch gibt es keine Hinweise auf die

Herkunft der Kugeln, denn in einem viele Kilometer entfernten Granitfeld sind keine Spuren eines Abbaus nachweisbar. Auf der völlig abgeschiedenen Osterinsel in der Südsee fertigten die Bewohner in einem Zeitraum von 900 Jahren etwa 1000 riesige Steinköpfe mit einem Gewicht von zirka 80 Tonnen und richteten sie an der Küste auf. Ein Steinkopf mit einem Gewicht von 270 Tonnen liegt sogar noch unvollendet im Steinbruch. Zu ihrer Blütezeit lebten auf der Osterinsel etwa 10 000 Menschen, die ständig mit ihren Moai, ihren Steinköpfen, beschäftigt gewesen sein mussten. Bevor die ersten Europäer in der Südsee auftauchten, war ihre Kultur bereits weit gehend erloschen.

Auch wenn Steine einander optisch gleichen, können sie aufgrund unterschiedlicher Entstehungsbedingungen in ihrer chemischen Zusammensetzung erheblich variieren. Steine sind chemisch meist recht heterogen, sodass Spurenanalysen eine vielfältige Auskunft geben. Durch ihre chemischen Eigenarten können Steine eine gewisse Individualität ausdrücken, was eine Zuordnung zu ihren Steinbrüchen erlaubt. Obsidian besteht aus Gesteinsglas und ist ein Produkt von Vulkanausbrüchen. Das Material ist sehr hart und kann leicht als Splitter vor größeren Brocken abgeschlagen werden. Durch seine Härte war Obsidian bereits in der Steinzeit begehrt. In der Antike wurden aus ihm Messer, Klingen, Speere und Pfeilspitzen hergestellt, sodass Gesteinsglas weit verbreitet war. Die 15 wichtigsten Obsidianvorkommen der Antike sind inzwischen bekannt, sie erstrecken sich im Mittelmeerraum von den italienischen Inseln bis in die Türkei. Obsidian aus jeder dieser Lagerstätten zeichnet sich durch einen bestimmten Gehalt an Rubidium und Strontium aus. Funde können deshalb direkt mit einer dieser Lagerstätten in Verbindung gebracht werden. Manche Pfeilspitze wurde nach diesen Analysen über weite Strecken transportiert. Ein Fälscher muss die richtigen Lagerstätten kennen, wenn er antike Waffen oder Werkzeuge kopieren will. Zur Versorgung mit Obsidian wurden schon früh zahlreiche weitverzweigte Handelwege aufgebaut. Bereits im 8. Jahrtausend v. Chr. versorgte eine größere Obsidianlagerstätte in der Türkei den gesamten Nahen und Mittleren Osten mit dem gefragten Rohstoff. Das persische Reich erhielt fünf Jahrtausende lang einen großen Teil seines Obsidianbedarfs über eine Entfernung von mehr als 2000 Kilometer aus türkischen Lagerstätten. In der Südsee transportierten die Polynesier Obsidian über viele tausend Kilometer zwischen den Inseln hin und her, um mit dem für Waffen wichtigen Rohstoff zu handeln. Die Azteken fertigten aus dem sehr harten Obsidian unglaublich sorgfältig gearbeitete Zahnplomben, die nur noch in den Zahn eingesetzt werden mussten.

Die Herkunft von Marmor kann heute anhand des Anteils der Isotope Sauerstoff-18 und Kohlenstoff-13 zugeordnet werden. Dabei zeigten Objektanalysen, dass der Einsatz der verschiedenen Marmorarten früher eher von der politischen Situation als von der Qualität des Materials abhing. Während der Renaissance wurde in Italien mehr griechischer Marmor als Marmor aus den lokalen Lagerstätten verarbeitet. Die einzelnen Fürstentümer waren oft so zerstritten, dass kein direkter Warenaustausch möglich war und der Marmor über große Entfernungen herangeschafft werden musste. Venedig zum Beispiel importierte den Marmor für seine Renaissancepaläste von außeritalienischen Lagerstätten, weil die Nachbarn zu große Handelsschwierigkeiten machten. Erst seit dem 19. Jahrhundert konnte sich der berühmte Marmor von Carrara uneingeschränkt durchsetzen, weil Transportwege nicht mehr behindert wurden.

Die Herkunft des Marmors kann bei zahlreichen antiken Objekten mit recht großer Genauigkeit festgelegt werden. Durch die chemische Analyse lässt sich klären, ob antike Objekte griechischen Ursprungs sind oder ob es sich um römische Kopien handelt. Manchmal zeigt die Materialanalyse auch, dass eine angeblich antike Arbeit in Wirklichkeit aus der Renaissance stammt. Am Tempel des Apollon in Didyma in der heutigen Türkei findet man noch Baupläne, die in den Marmor der Mauern eingeritzt sind. Die Umrisse dienten einst den Handwerkern als Arbeitsvorlage. Da der Tempel nie vollendet wurde, wurde versäumt, die Tempelmauern wie bei anderen Anlagen zu glätten, sodass Anweisungen für Handwerker noch heute nachvollziehbar sind.

Wird eine Marmoroberfläche von einem Elektronenstrahl getroffen, dann ergeben sich Leuchteffekte, die wichtige Informationen liefern. Untersuchungen von mehr als 1000 Marmorproben aus Italien, Griechenland und der Türkei erlauben es, den Marmor aufgrund seines Leuchtverhaltens in drei Hauptgruppen zu unterteilen: Eine Hauptgruppe leuchte orange, eine zweite bläulich und die dritte rot.

Antike Marmorobjekte werden meist im Boden oder im Wasser gefunden. Während der Lagerzeit über Jahrhunderte oder gar Jahrtausende hinweg fand natürlich ein intensiver Kontakt zwischen der Marmoroberfläche und ihrer Umgebung statt. Die sonst glatte Oberfläche einer Marmorstatue wird zum Beispiel im Boden durch chemische Wechselwirkungen aufgeraut und es erfolgt eine Ablagerung verschiedener mineralischer Stoffe: Die Oberfläche versintert. Die Abscheidung von Sinter ist ein Alterungsmerkmal. Frischer Marmor fluoresziert im ultravioletten Licht rotviolett, während natürlich gealterter Marmor bläulich-weiß fluoresziert. Zahlreiche Fälscher versuchen, durch eine Oberflächenbearbeitung eine Versinterung von Marmor vorzutäuschen. Meist werden diese Fälschungsmerkmale jedoch bereits unter dem Mikroskop erkannt. Dazu wird eine Marmorprobe so dünn geschliffen, dass sie lichtdurchlässig wird. Ein natürlicher Sinter wächst aus der Marmoroberfläche heraus, während der künstliche Sinter aufgetragen wirkt. Daneben enthält der künstliche Sinter Inhaltsstoffe, die selbst nicht verwittert sind und dadurch die fehlende Alterung anzeigen.

Der sehr haltbare und witterungsbeständige dolomitische Marmor besteht aus Calcium- und Magnesiumcarbonat. Durch das kalkhaltige Grundwasser wird das Magnesium an der Oberfläche des dolomitischen Marmors mit der Zeit durch Calcium ersetzt, so dass das Objekt nach einem gewissen Zeitraum mit einer Schicht aus Calciumcarbonat überzogen ist. Dieser Umwandlungsprozess ist zeitabhängig und kann durch Manipulationen so gut wie nicht beschleunigt werden. Zusätzlich erzeugt ein Bildhauer durch die Erschütterungen des Meißels bei der Bearbeitung seines Objektes feinste, für das Auge unsichtbare, tief in den Marmor eindringende Risse. In diesen Rissen finden im Laufe der Zeit ebenfalls chemische Veränderungen statt, die bei späteren Analysen hilfreich sind.

Selbst wenn ein Fälscher ein Objekt handwerklich perfekt nachahmen kann und die stilkritische Analyse keine Fehler findet, können naturwissenschaftliche Untersuchungen die Fälschung entlarven. In den sechziger Jahren tauchten in Frankreich sehr wertvolle Kykladenidole aus dem antiken Griechenland auf und wurden zum Verkauf angeboten. Die Kykladenidole enthielten in ihrer Sinterschicht Gips und konnten deshalb trotz ihrer sorgfältigen Herstellung als Fälschung erkannt werden. Eine vergleichende Untersuchung ergab, dass sich bei einer Lagerung im Boden der Kykladeninseln in Griechenland kein Gips in der Sinterschicht hätte bilden können. Die angeblichen Kykladenidole konnten somit nicht von

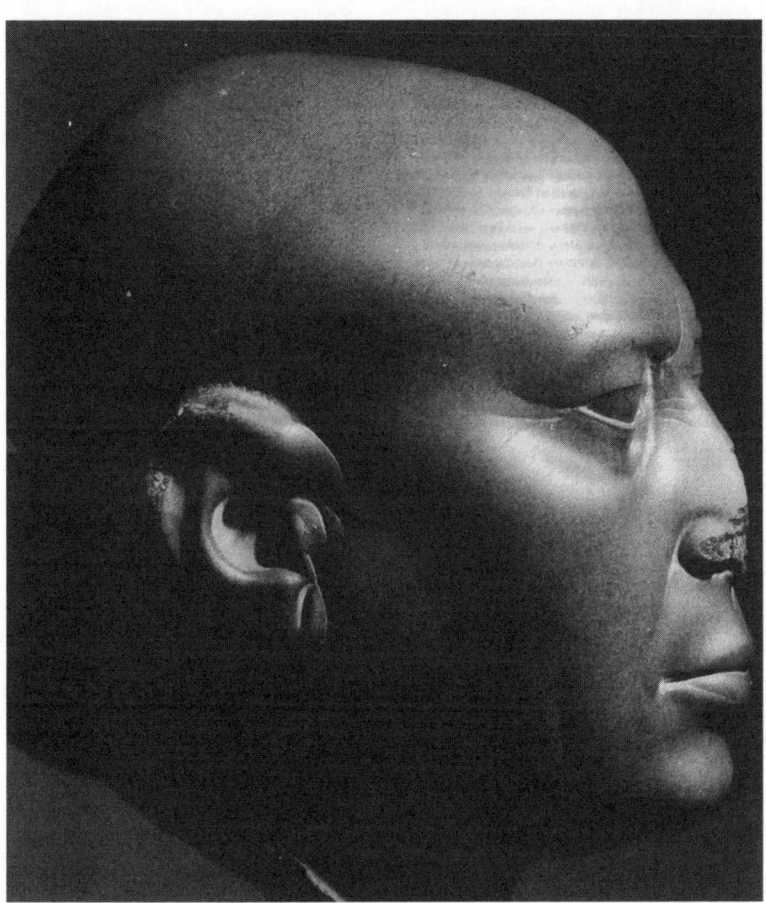

Kopf eines ägyptischen Priesters aus dunkelgrünem
Stein, auch »Grüner Kopf« genannt. Die Steinplastik ist
ein Meisterwerk der Porträtkunst: Der Künstler arbeitete
individuelle Züge heraus, und es gelang ihm eine feine
Oberflächengestaltung. Hergestellt zwischen dem
5. und 1. Jahrhundert v. Chr.
(Staatliche Museen zu Berlin – Preußischer Kulturbesitz,
Ägyptisches Museum)

den Kykladen stammen. Bei einem überlebensgroßen und etwa
2500 Jahre alten griechischen Kuros (Figur eines nackten Jünglings)
des Paul-Getty-Museums in Malibu, Kalifornien, sind letzte Zweifel
an der Echtheit noch nicht beseitigt. Bei der Figur fehlen zwar verschiedene Verwitterungsmerkmale, dennoch konnte bewiesen wer-

den, dass die Sinterschicht natürlich gewachsen ist. Das Problem des Kuros liegt im Typ des Marmors, der sonst in keiner vergleichbaren antiken Figur verwendet wurde. Deshalb liegen keine Vergleichsdaten vor, und verschiedene Fragen bleiben unbeantwortet: Haben die antiken Bildhauer einen völlig unüblichen Marmortyp verwendet, oder liegt eine äußerst geschickte Fälschung vor? Im ersten Fall ist die Figur viele Millionen Dollar wert und im zweiten Fall stellt sie eine wenig wertvolle Kopie nach einem vielleicht antikem Vorbild dar.

Steinobjekte der Neuzeit, die nie im Boden oder im Wasser lagen, bereiten den naturwissenschaftlichen Analysen Schwierigkeiten, da kaum chemische Umwandlungsprozesse nachweisbar sind und die Umweltbelastungen unserer Zeit zu unspezifisch wirken. Wenn es einem Fälscher gelingt, Steine aus der gleichen Lagerstätte wie für das Original zu beziehen, dann kann die naturwissenschaftliche Analyse an die Grenzen ihrer Nachweistechniken stoßen. Moderne Bildhauerarbeiten können deshalb wesentlich schwerer als Fälschung zu entlarven sein als ein antikes Objekt. Schwierigkeiten bereiten auch altägyptische Plastiken aus sehr harten magmatischen Gesteinen, die im trockenen Wüstenboden an ihrer Oberfläche praktisch unverändert blieben.

Frühe Kunststoffe

Zahlreiche Epochen der Menschheitsgeschichte werden nach zentralen Werkstoffen in der Kulturentwicklung benannt. Am Anfang aller kulturellen Entwicklungswege stand die Steinzeit. Während dieser Zeit fertigte der Mensch alle seine Werkzeuge und Geräte nur aus Pflanzen, tierische Materialien und Steinen an. Der Steinzeit folgten auf höheren Entwicklungsstufen die Zeitalter der Metallverarbeitung: die Kupferzeit, die Bronzezeit und die Eisenzeit. Heute kann der Mensch Werkstoffe produzieren, die es in der Natur überhaupt nicht gibt. Im Sinne der Chronologie zentraler Werkstoffe könnte die Gegenwart deshalb auch als das »Kunststoffzeitalter« bezeichnet werden. Dieser Begriff hat sich nicht durchgesetzt, denn künstliche, also in der Natur nicht vorhandene Stoffe hat der Mensch schon immer produziert. Im strengen Sinn der Definition waren gebrannte Tonwaren und Glas die ersten vom Menschen bewusst hergestellten Kunststoffe. Das Zeitalter der Kunststoffe kann deshalb eigentlich bis in die Steinzeit zurückdatiert werden. Aus dieser fernen Zeit haben sich leider nur Jahrtausende alte Steinobjekte erhalten, während die sicher nicht minder wertvollen Holzarbeiten für immer verloren sind. Rekonstruieren lässt sich allerdings ein Einsatz einiger steinzeitlicher Kunststoffe.

Vor etwa 80 000 Jahren fügten Steinzeitmenschen im Vorderen Orient ihre Werkzeuge und Geräte mit einem Klebstoff zusammen, der aus dem Kollagen (einer zellulären Zwischensubstanz) von Tierhäuten und anderen Zusätzen angefertigt worden war. Zu dieser Zeit gab es noch keine Töpferwaren, und mit dem Kleber wurden wahrscheinlich Korbwaren sowie Holz- und Fellbehälter miteinander verleimt oder abgedichtet. In einer steinzeitlichen Höhle am Toten Meer wurden Reste eines solchen Klebstoffes sowohl an alltäglichen Gebrauchsgegenständen als auch an menschlichen Schädeln nachgewiesen, sie konnten sogar chemisch analysiert werden. Das

Kollagen wurde wahrscheinlich aus Tierhäuten abgeschabt oder ausgekocht und anschließend mit Pflanzenmaterialien vermischt. Die Herstellung des Steinzeitklebers konnte noch nicht rekonstruiert werden. Die Prozeduren müssen sich allerdings klar von den Verfahren der Klebstoffherstellung im alten Ägypten unterschieden haben. Die Ägypter erhitzten Tierhäute und behandelten sie dann mit alkalischen Lösungen, um ein Kollagen mit guten Klebeeigenschaften zu isolieren. Die Steinzeitmenschen hingegen vermengten Mischungen aus Pflanzenstoffen und vermutlich unbehandelten tierischen Kollagenen. In Königsaue nahe Aschersleben in Deutschland wurde ein etwa 80 000 Jahre alter Klebstoff aus Birkenrinden gefunden, mit dem nicht moderne Menschen, sondern Neandertaler einst Steinwerkzeuge verklebten. Die Herstellung dieses Klebstoffs erforderte ein beachtliches Wissen und belegt, dass der Neandertaler ähnlich kulturfähig war wie der moderne Mensch und erlernte Erkenntnisse weiter vermitteln konnte. Birkenrinde musste unter Ausschluss von Sauerstoff konstant auf 340 bis 370 Grad Celsius erhitzt werden, damit sich das Birkenpech als Kleber überhaupt bildete. Um den komplizierten Herstellungsprozess den Mitgliedern der Sippe zu erklären, war mit großer Wahrscheinlichkeit eine Sprache notwendig. Bisher wurde den Neandertalern die Fähigkeit zu einer differenzierten Sprache abgesprochen. Das Birkenpech ist ein indirekter Beweis dafür, dass sich Neandertaler auch über komplexe Wissensinhalte verständigen können mussten.

Bei ihren zahlreichen Bauaktivitäten sollen die Ägypter der Pharaonenzeit neben dem Kunststoff Mörtel auf der Basis von Gips auch künstliche Steine verwendet haben. Einige Forscher sind sogar überzeugt, ein Rezept für Kunststeine auf uralten Inschriften nachweisen zu können. Natriumcarbonat und Aluminiumsilicat sollten nach den Anweisungen zuerst mit Wasser zu einem Brei verrührt werden. Anschließend wurden unterschiedliche Mineralien und viel Sand beigegeben, bis das Material zu einem Stein in einem gewünschten Ausmaß geformt werden konnte und nur noch an der Sonne trocknen musste. Zurück blieb nach der Vermutung wohl ein Material mit der Härte und Stabilität von Beton und dem Aussehen eines natürlichen Steines. An den zahlreichen archäologischen Fundorten am Nil konnte bisher jedoch kein nach diesem Rezept produzierter Kunststein überzeugend nachgewiesen werden. Manche Forscher schreiben allerdings einigen Steinfunden mit hohen

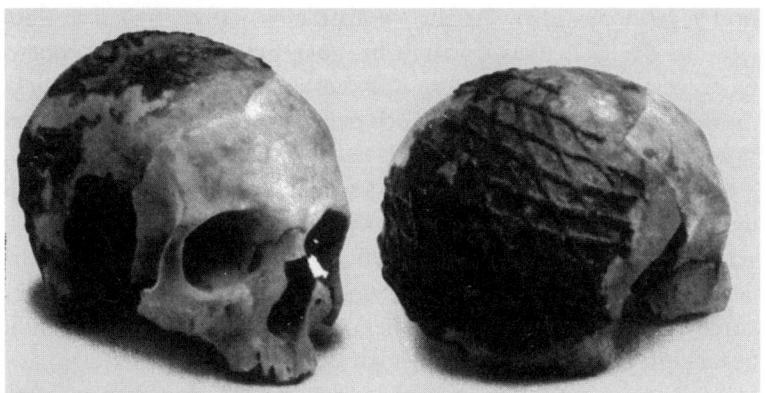

Aus tierischen Materialien haben Menschen schon früh
Klebstoffe hergestellt. Der abgebildete menschliche
Schädel ist über 8000 Jahre als und wurde mit einem
netzartigen Muster aus Klebstoff dekoriert.
Er wurde in der Nähe des Toten Meeres gefunden.
(The Israel Museum, Jerusalem)

Wasseranteilen und zahlreichen Lufteinschlüssen einen künstlichen und keinen natürlichen Ursprung zu. Gestützt wird die Theorie der Kunststeinproduktion durch Haarfunde in angeblich natürlichen Steinen.

Ein bekannter Kunststein aus der römischen Zeit war das »opus caementitium«, der Vorläufer des modernen Betons. Dieser Kunststein begründete die Qualität der römischen Architektur. Er wurde aus gebranntem Kalk und unterschiedlichen grobkörnigen Zusatzstoffen wie Kies oder Schlacken hergestellt. Als Bindemittel wurde Puzzolansand beigemischt, eine vulkanische Asche aus der Gegend von Neapel. In den Provinzen kamen andere Bindemittel zum Einsatz, am Rhein zum Beispiel gemahlener Tuffstein aus der Eifel. Der römische Beton war von hoher Qualität und konnte selbst unter Wasser abbinden. Er wurde vielseitig verwendet und diente zum Mauern, Verputzen und Gießen. Mit ihm wurden aufwendige Gewölbekonstruktionen und die zahlreichen Wasserleitungen errichtet. Um Arbeitsvorgänge zu rationalisieren, gab es sogar verschiebbare Verschalungen für den Betonguss. Der von den Römern benutzte Kalkmörtel war eine Erfindung der Griechen und dem Gipsmörtel der Ägypter überlegen. Hinweise auf den Gebrauch von gebranntem Kalk oder Gips in der Architektur reichen bis in das 6.

und 7. Jahrtausend v. Chr zurück. In Kleinasien wurde ein Fußboden aus der Zeit um 7000 v. Chr. ausgegraben, der aus grobem Quarzgestein und gelöschtem Kalk bestand. In Amerika war Kalkmörtel seit etwa 2300 v. Chr. auch den indianischen Hochkulturen bekannt.

Außer bei Architekten waren die frühen Kunststoffe noch bei bildenden Künstlern beliebt. Diese Kunststoffe hatten meist ästhetische Funktionen und durften durchaus teuer sein, denn an sie wurden hohe künstlerische Anforderungen gestellt. Das Renaissancegenie Leonardo da Vinci hinterließ um 1504 ein Rezept für einen besonders edlen Kunststoff, der an den Edelstein Jaspis erinnern sollte. Glas und Schalen von kleinen Porzellanschnecken wurden fein zerstampft und mit Ruß versetzt. Anschließend wurde, bis sich ein zäher Brei bildete, Eiweiß beigemischt. Unter Sonnenbestrahlung wurde der Brei danach eingetrocknet. Er erreichte die Härte von Stein. Zuletzt wurde der Kunststoff mit Leinöl gereinigt und mit Kieselerde poliert. Ein anderer Kunststoff aus der Mitte des 16. Jahrhunderts wurde aus Käse hergestellt. Magerer Käse wurde in Scheiben geschnitten und einen Tag lang in Wasser gekocht. Nach dem Kochen wurden die Scheiben mit einer warmen Lauge behandelt und anschließend mit kaltem Wasser abgeschreckt. Zuletzt waren die einstigen Käsescheiben hart und spröde wie Glas und ähnelten dem Horn von Tieren. Häufig dienten sie zur Herstellung von Intarsien, aber auch von Platten und Medaillons. Im 18. Jahrhundert war schließlich Kunstmarmor nicht weniger wertvoll als der natürliche Marmor. Er wurde von den Handwerkern so geschickt gefertigt, dass er kaum von natürlichem Marmor zu unterscheiden war. Im Barock und Rokoko war Kunstmarmor aus der Innenarchitektur nicht mehr wegzudenken.

Im 19. Jahrhundert begann dann die große Zeit der Kunststoffentwicklung, wobei aber zunächst noch kein vollsynthetischer Kunststoff hergestellt wurde. Kunststoffe hatten jetzt überwiegend die Aufgabe, kostbare Materialien zu ersetzen und dienten als Rohstoffe kostengünstiger Imitationen. Das gehobene Bürgertum wollte den Lebensstil des Adels kopieren, ohne über die dazu notwendigen finanziellen Mittel zu verfügen. Möbel durften teuer aussehen, aber sie durften aus Kostengründen nicht aus teuren und echten Materialien gefertigt sein. Mobiliar mit komplizierten Schnitzwerken bestand oft aus Papier- oder Pappmaché und täuschte geschickt den schönen Schein vor. Der Rohstoff war meist ein Brei aus Papier- oder Pappmasse, dem unterschiedliche Zutaten wie Leim, Gummi, Farben oder Gips beigemengt wurden. Unter großem Druck wurde diese Masse in eine Form gepresst und ausgetrocknet. Anschließend entsprach das Material in seiner Härte dem Naturholz und war für die Möbelindustrie interessant. Manchmal wurde den Pappmachéstrukturen auch Bronzepulver übergebürstet, und das Auge glaubte anschließend kostbare Bronzen zu erkennen. In Verbindung mit Teer entstanden die nützlichen und wasserdichten Dachpappen, mit denen Häuser gedeckt werden konnten. Die Imitationssucht führte bis zum künstlichen Holz: Edles Palisanderholz wurde zum Beispiel zu Pulver zermahlen und mit getrocknetem Rinderblut aus Schlachthöfen versetzt. Das Gemisch wurde anschließend bei 60 Grad Celsius weiter getrocknet und unter hohem Druck in eine erhitzte Stahlform gepresst. Fertig war das »Palisanderholz« zur Möbelfertigung.

Zahlreiche frühe Kunststoffe entstanden auf der Grundlage der Cellulose von Pflanzen, die chemisch nur modifiziert wurde, um verbesserte Materialeigenschaften zu erzielen. Nach der erfolgreichen Anlagerung von Stickstoff (Nitrierung) an Baumwollfäden (ebenfalls Cellulose) durch C. Schönbein im Jahre 1846 waren beispielsweise die Voraussetzungen zur Entwicklung von Celluloid oder Kunstseide erfüllt. Als Bestandteil des Saftes des Kautschukbaumes ist seit 1751 der Kautschuk bekannt. Aus ihm konnten Chemiker eine Fülle von Derivaten (chemischen Abwandlungen) synthetisieren. Kautschukderivate fanden vielfältige Einsatzmöglichkeiten als Rohstoffe beispielsweise für den wetterfesten Regenmantel und für Hartgummi. Königin Viktoria besaß ein Amulett aus Hartgummi, und sogar Madonnenstatuen wurden aus diesem Material gefertigt. Den ersten vollsynthetischen Kunststoff stellte 1872 der Chemiker A. von Baeyer aus Formalin und Phenol her. Der große Aufschwung in der Produktion vollsynthetischer Kunststoffe setzte allerdings erst nach dem 2. Weltkrieg ein. Heute steht eine kaum noch überschaubare Palette von Kunststoffen auf der Grundlage von Kohlenstoffverbindungen mit den unterschiedlichsten Eigenschaften zur Verfügung. Mit Kunststoffen beschäftigt sich die organische Chemie, die inzwischen viel mehr »künstliche« chemische Verbindungen beschrieben hat als Naturstoffe in der unbelebten Materie bekannt sind.

Erdölprodukte

In zahlreichen Gebieten des Vorderen Orients traten in der Antike Erdöl und seine Begleitstoffe direkt an die Erdoberfläche, weshalb sich der Mensch schon frühzeitig mit diesen Materialien beschäftigte. Alexander der Große wurde auf seinem Feldzug nach Indien auf eine Ölquelle aufmerksam, die Erdöl von der Farbe und den Fließeigenschaften des Olivenöls absonderte. Durch solche Beobachtungen neugierig geworden, besichtigte er im persischen Ekbatana eine brennende Erdölquelle, die unter ohrenbetäubendem Dröhnen wie eine riesige Fackel leuchtete. Berühmt war während der Antike eine Erdölquelle am Kaspischen Meer, die wie ein Sturzbach aus einem Felsen rauschte. Wertvoller als Erdöl waren für den Menschen allerdings zunächst Bitumen und Asphalt, die beide an der Erdoberfläche oder an Seen vorkamen und auch im Meer direkt an den Strand angeschwemmt wurden. Bitumen ist ein Sammelbegriff für natürliche Kohlenwasserstoffe aus Erdöl, die zähe Klumpen bilden. Vermischt mit Mineralien ergibt Bitumen den Asphalt, der schon früh vor allem als Mörtel verwendet wurde. Der älteste schriftliche Hinweis auf die Verarbeitung von Erdölprodukten stammt aus dem Jahrtausende alten Gilgamesch-Epos der Sumerer. In einem Bericht über eine bevorstehende Sintflut wird darin der Auftrag erteilt, eine Arche an den Innen- und Außenwänden mit »Kupru« zu bestreichen. Kupru entsprach dem Bitumen und Asphalt. In frühen Keilschriften wird auch dokumentiert, dass bereits zwischen unterschiedlichen Bitumensorten und Qualitäten differenziert wurde und die Verwertung dieser Materialien dem Menschen bekannt war.

Mit Bitumen wurden Körbe, Flechtwerk und Matten sowie die Planken von Schiffen abgedichtet. Daneben diente es bereits im frühen 3. Jahrtausend v. Chr. gemeinsam mit Füllmaterialien und Faserstoffen als wasserdichter Mörtel. Insbesondere wurde Bitumen zum Abdichten der Fußböden öffentlicher und privater Gebäude eingesetzt. Durch die rege Bautätigkeit war die Bitumennachfrage in Mesopotamien recht groß, sodass es umfangreiche Handelsbeziehungen gab. Einige Herrscher führten regelmäßig viele tausend Kilogramm Bitumen ein und zahlten dafür beträchtliche Summen. Ein sumerischer Kaufmann klagte einmal, Bitumen sei teurer geworden als Datteln. Da Mesopotamien sehr arm an natürlichen Steinen war, wurden Bewässerungskanäle mit Lehmziegeln abgedichtet, die jeweils mit einer Schicht aus Bitumen umgeben waren, was das Versickern des Wassers verhinderte. Babylon besaß eine regelrechte Bitumen-Industrie. Die berühmte 6,35 Meter breite Prozessionsstraße zu Ehren des babylonischen Gottes Marduk war die erste asphaltierte Straße der Welt. Ihr Untergrund bestand aus drei Schichten von Bitumen und Lehmziegeln. Als Pflaster dienten Kalkplatten von jeweils einem Quadratmeter Größe, die sorgfältig mit - Bitumen verfugt und geglättet waren. In Resten hat sich diese Prachtstraße bis in unsere Zeit erhalten, und Ziegeln tragen noch heute erkennbar den Stempel von König Nebukadnezar.

Auch der Benzinanteil des Erdöls fand bereits in der Antike Verwendung und diente als Brennstoff für Lampen. Erdölöfen setzten sich allerdings nicht durch, da es immer wieder zu Unglücksfällen kam und die Öfen explodierten. Das oft sehr brutale assyrische Militär machte mit Strafgefangenen häufig kurzen Prozess und schüttete ihnen einen Behälter mit einer brennenden Mischung aus Bitumen und Erdöl über den Kopf. Mit streichfähigem Bitumen wurden an den Häusern der babylonischen Städten nachts von jungen Burschen Graffitis angebracht. Überliefert ist aus der Zeit um 800 v. Chr. die Wut eines Gouverneurs, der den Missetätern übelste Verwünschungen hinterherschickte. In Ägypten sowie in Griechenland und Rom wurden Erdölprodukte seltener als in Mesopotamien verwendet, denn sie kamen dort kaum vor. Ägypten selbst hatte keine Bitumenvorkommen, sondern führte den Stoff vom Toten Meer ein. Griechische und römische Schriftsteller berichteten vielfach über Erdölprodukte und schrieben ihnen einen medizinischen Wert zu. Bemerkenswert ist eine Vorschrift, Hühner mit einer Mischung aus Kräutern und Erdöl zu bestreichen, damit sie mehr Eier legen. Durch klebrige Bitumenanstriche wurde Ungeziefer von Häusern und Nutzpflanzen ferngehalten. Die römischen Großstädte Antiochia und Cäsarea besaßen im 4. Jahrhundert

Synthetische Farben werden aus Bestandteilen von
Teer und anderen Erdöl- und Kohleprodukten hergestellt.
Abgebildet sind frühe Proben von synthetischen Farben
aus den Laboratorien der BASF, Ludwigshafen. Am
Anfang machte es Schwierigkeiten, blaue und grüne
synthetische Farben zu produzieren. In der Herstellung
von organischen Farben war Deutschland vor dem
Ersten Weltkrieg führend, um 1913 wurden 80 % des
Weltbedarfs an organischen Farben von deutschen
Firmen abgedeckt.
(Deutsches Museum, München)

bereits eine Straßenbeleuchtung, jedoch ist nicht geklärt, ob die
Lampen mit Erdöl oder mit pflanzlichen Ölen gefüllt waren.

Im alten China war die Erdölverarbeitung weit höher entwickelt
als im Mittelmeerraum. Schon vor über 5000 Jahren begannen die
Chinesen, neben Salz auch Erdöl gezielt zu suchen, und schufen
eine sehr effektive Technologie: Sie benutzten einen modern ausse-
henden Bohrturm und kleideten das Bohrloch regelmäßig mit abgedichteten Bambusröhren aus. Zum Bohren wurde ein etwa 200
Kilogramm schwerer Steinmeißel immer wieder hochgezogen und
mit voller Wucht fallen gelassen. Obwohl man pro Tag bei harten Böden nur um 30 bis 100 Zentimeter vorankam, wurden so Bohrtiefen
von über 800 Metern erreicht. In einem Bericht wird geschildert,
wie aus einem 1000 Meter tiefen Bohrloch plötzlich unter großem

Getöse schwarzer Rauch schoss. Durch ein Unglück entzündete sich der »Rauch« (wahrscheinlich Erdöl) und die gesamte Anlage flog in die Luft. Mutige Männer wollten nun einen schweren Stein auf die Feuerstelle legen, doch der Druck war so gewaltig, dass sich der Stein hob und einige Männer verbrannten. Schließlich wurde auf einem nahen Hügel ein großer künstlicher Teich angelegt. Der Teich wurde nach dem Auffüllen angestochen, und das mit großer Kraft ausströmende Wasser konnte zuletzt das Feuer löschen. Die Chinesen hatten eine Erdöl- und Erdgasquelle angebohrt. Bei der Suche nach Salzsolen stießen die Chinesen öfter auf Erdgas. Brannte eine solche Bohrung, wurde sie schon vor über 2000 Jahren »Feuerbrunnen« genannt. Aus abgedichteten Bambusröhren wurden im alten China kilometerlange Pipelines angelegt, um Erdgas oder Salzsolen zu transportieren. Meist diente das Erdgas zur kostengünstigen Salzgewinnung. Ab 200 v. Chr. besaß in China der Staat das Monopol für die Salzgewinnung und Beamte überwachten die einzelnen Bohrstellen.

Aus Erdöl und anderen Zutaten mischten im 7. Jahrhundert n. Chr. die Waffentechniker von Byzanz das gefürchtete »Griechische Feuer«. Während dieser Zeit begannen arabische Heere dem Kaiser in Ostrom erheblich zuzusetzen und eine geheime Wunderwaffe war deshalb hochwillkommen. Die genaue Mischung des »Griechischen Feuers«, auch Napalm des Altertums genannt, ist heute unbekannt, seine wichtigsten Bestandteile sollen Erdöl, Schwefel, Harz und Salz gewesen sein. Es wurde von kleinen wendigen Booten aus mit Pumpen gegen feindliche Schiffe verspritzt und brannte sogar noch auf dem Wasser. Einmal wurde auf diese Weise eine komplette arabische Flotte vernichtet, woraufhin die sieggewohnten Araber 678 n. Chr. um Frieden baten und sogar Tribut an Ostrom entrichteten. Im Jahre 941 n. Chr. ging eine Flotte von etwa 1000 Schiffen, mit der der russische Zar Byzanz angreifen wollte, im »Griechischen Feuer« unter.

Neben dem natürlichen Bitumen aus Erdöl gab es auch frühzeitig schon künstlich hergestellte Teerprodukte. Bei der Analyse von Proben am Rumpf einer Kogge aus der Zeit um 1380 n. Chr. konnte zum Beispiel Nadelholzteer nachgewiesen werden. Holzteer fiel bei der Produktion von Holzkohle an und ist seit dem 2. Jahrtausend v. Chr. bekannt. Er besteht hauptsächlich aus Harzsäuren und fließt beim Schwelen der Holzkohlemeiler aus dem verkohlten Holz ab, um sich am Boden des Meilers zu sammeln. Nadelholzteer hat gegenüber Wasser eine größere Beständigkeit als Laubholzteer und wurde deshalb hauptsächlich im Schiffbau zum Abdichten benutzt. Für den Laubholzteer gab es dagegen kaum eine Verwendung, er war Abfallprodukt.

Wachs

Honig war über Jahrtausende der wichtigste aller Süßstoffe. Schon früh wurden deshalb als Nebeneffekt auch die Materialeigenschaften von Wachs entdeckt. Der Imker war bereits im alten Ägypten ein anerkannter Beruf; neben dem Honig fiel bei seiner Arbeit regelmäßig das Wachs der Honigwaben an. Aus Bienenwachs wurden am Nil schon um 2000 v. Chr. kleine Figuren und Amulette hergestellt. Weit häufiger war Bienenwachs jedoch ein Bindemittel für Farbpigmente und Kosmetika oder diente zum Abdichten von Gefäßen oder sogar Schiffsrümpfen. Mancher Gefäßstopfen wurde aus Wachs gefertigt. Durch den Zusatz von Harzen, Fetten oder Ölen ließen sich die Materialeigenschaften von Wachs immer wieder variieren, insbesondere der Schmelzpunkt konnte erhöht werden. Wachs wurde dabei vielseitiger und auch haltbarer. Römische Familien stellten ihre Hausgötter als Wachsfiguren auf und ließen auch Kinderspielzeug aus Wachs anfertigen. Zahlreiche, zum Teil noch heute gebräuchliche Ziergegenstände wie etwa Früchte oder kleine Tiere waren bei durchschnittlichen römischen Familien aus Wachs, da sich nur die Oberschicht teure Metallobjekte leisten konnte. Totenmasken und Bildnisse von verstorbenen Angehörigen wurden aus Wachs gefertigt.

Neben dem Bienenwachs war schon früh der Walrat aus Walen als weiteres tierisches Wachs bekannt. Erst später kamen die Pflanzenwachse und das Paraffin als mineralisches Wachs hinzu. An Wallfahrtsorten wurden seit dem Mittelalter kleine Weihegaben als Wachsfiguren hinterlassen. In manchen Kirchen waren Wachsfiguren sogar lebensgroß und wuchsen in ihrer Zahl ständig an. In Florenz besaß die Kirche Santa Annunziata im 17. Jahrhundert etwa 600 lebensgroße Wachsfiguren. Antoine Besnoit erhielt Ende des 17. Jahrhunderts das Privileg, bedeutende Persönlichkeiten in Wachs nachbilden zu dürfen. Aus diesem Brauch entwickelten sich später die Wachsfigurenkabinette, die keine religiösen oder künstlerischen, sondern nur noch dokumentarische Absichten verfolgen.

Seine größte Bedeutung erlangte Wachs bereits in der Antike für den Bronzeguss, der meist nach dem Wachsausschmelzverfahren erfolgte. Bei einem Vollguss wurde das gesamte Modell zuerst aus Wachs hergestellt und anschließend von einem Tonmantel umgeben. Folgte nun eine Erwärmung, so schmolz das Wachs und konnte mühelos entfernt werden, sodass der Raum für das Gussmaterial frei wurde. Nach dem Einfüllen des Materials, Abkühlen und Zerschlagen des Tonmantels war die Arbeit beendet. Bei einem Hohlguss wurde das Modell aus Ton gefertigt und anschließend mit einer Wachsschicht überzogen. An dieser Wachsschicht konnte noch eine Feinbearbeitung erfolgen, um die eigentliche Oberfläche des Objektes zu modellieren. Nach diesen Arbeitsschritten wurde das Objekt von einer Tonschale umgeben. Es schloss sich das Ausschmelzen des Wachses an. Das flüssige Wachs floss durch vorgegebene Öffnungen ab und gab einen Hohlraum frei, in den das Gussmaterial eingebracht werden konnte. Durch die Technik des Hohlgusses konnten sehr dünnwandige Objekte hergestellt werden: Die Dicke der Wachsschicht bestimmte die Wandstärke des gegossenen Objektes. Es wurde mit dieser Methode weit weniger Bronze als für einen Vollguss benötigt und das fertige Objekt war deutlich leichter. Wachsmodelle für den Metallguss gab es bereits um 3000 v. Chr. in Mesopotamien. Ein ägyptisches Relief aus der Zeit um 1500 v. Chr. zeigt, wie Metallhandwerker an zahlreichen Schmelzöfen das Gussmaterial mit Hilfe von Blasebälgen schmelzen und anschließend in genau festgelegter Reihenfolge durch viele kleine Trichter in den Mantel um das Objekt einfüllen. Die Technik der Wachsausschmelzung für den Metallguss war auch den indianischen Hochkulturen bekannt. Sie verwendeten Wachs nicht nur zum Aufbau von Gussformen, sondern auch als Klebstoff für Federn oder Mosaiksteinchen. Bei den Maya gehörten Wachslieferungen zu den Tributleistungen der unterworfenen Gegner, Wachs war außerdem ein lohnender Exportartikel.

Römische Töpfer tränkten ihre Keramikgefäße nach dem Brand oft in Wachs, um sie abzudichten. Aus den Scherben solcher Gefäße konnte inzwischen sogar das Wachs isoliert und analysiert werden. Es handelte sich fast immer um Bienenwachs, das oft sogar noch Pflanzenpollen und Reste von Insekten enthielt. Über diese

Pflanzenpollen sind Aussagen zur Pflanzenwelt im Römischen Reich möglich. Es konnte geklärt werden, ob die Bienen den Honig in landwirtschaftlich genutzten Gebieten gesammelt hatten oder ob er überwiegend aus der Naturlandschaft stammte. Auswertungen der Untersuchungen ergaben, dass damals im Landschaftsbild ausgedehnte Getreidefelder mit Nadelwäldern abwechselten.

Wachs war den Römern auch für die Beleuchtung wichtig und trat in Konkurrenz zur Öllampe. Wachskerzen gab es zuerst im Römischen Reich. Sowohl bei den Griechen als auch den Römern diente Wachs als Überzug von Schreibtafeln. Mit einem besonderen Griffel wurde auf dieser Wachsschicht geschrieben. War der Text nicht mehr von Interesse, konnte das Wachs mit dem Griffel geglättet und erneut verwendet werden. Die kleinen Schreibtafeln wurden mit Schnüren verbunden; zwei Schreibtafeln hießen Diptychon und drei Schreibtafeln Triptychon. Diese uralten Begriffe gingen später in die Malerei ein und bezeichnen heute ein Bild aus zwei beziehungsweise drei einzelnen Tafeln. Der Wachsschicht der Schreibtafeln waren meist Zusätze wie Talk oder Harz beigemengt, um Materialeigenschaften zu verbessern. Auch wurden Farbpigmente wie gelber Ocker oder Holzkohlenschwarz zugesetzt, um den Kontrast und damit die Lesbarkeit der Schrift zu verbessern.

In der antiken Literatur gibt es zahlreiche Hinweise auf das Punische Wachs, das für Maler wichtig war und die Grundlage der Wachsfarben bildete. Die Herstellung von Punischem Wachs wurde von Plinius beschrieben. Bienenwachs wurde in Meerwasser mit einem Sodazusatz gekocht, bis es rein weiß war. Danach wurde es abgeschöpft und mit Farbpigmenten versetzt. Künstler trugen ihre Wachsfarben heiß auf und erreichten so nach dem Erkalten eine gute Beständigkeit der Malfläche gegenüber Feuchtigkeit. Die antike Wachsmaltechnik wird Enkaustik genannt und fand bei vielen Mumienporträts Verwendung. Im Katharinenkloster auf Sinai gibt es noch heute auf diese Weise gefertigte, sehr alte Ikonen. Die Medizin war ein weiteres Einsatzgebiet für das Punische Wachs. Es diente beispielsweise als Bindemittel für Arzneistoffe.

Die »Büste der Flora«, die Leonardo da Vinci zugeschrieben wird, ist ein Beispiel für intensive Wachsanalysen in der Kunst. Diese etwas lädierte Wachsbüste war 1909 von einem englischen Sammler zu einem Spottpreis in London gekauft worden und wurde schlagartig berühmt, als sie von Kunstsachverständigen dem großen Leonardo zugeschrieben wurde. Anschließend erwarben die Preußischen Kunstsammlungen in Berlin die Büste für den damals horrenden Preis von 160 000 Mark. Um die Büste entbrannte ein Streit, als der englische Bildhauer Lucas behauptete, er habe die Büste selbst modelliert. Als Beweis gab er Stoffreste in ihrem Inneren an, die ihm bei der Herstellung zur Verbesserung der Stabilität gedient hätten. Diese Stoffreste wurden später tatsächlich gefunden, aber sie wurden als Überbleibsel einstiger Restaurierungsarbeiten und nicht als Beweis einer Fälschung interpretiert. Umfangreiche Wachsanalysen der Büste ergaben, dass sich das Material klar vom Wachs aus anderen Arbeiten im Werk von Lucas unterschied und dass Reste von Pflanzen aus Italien nachweisbar waren. Für eine Herkunft aus der Renaissance sprach außerdem die Bemalung der Büste. Es waren originale Farben aus dieser Zeit verwendet worden, und als Farbträger dienten Flechten, die nachweislich aus Italien stammten. Daneben wurden rote Krappkörner gefunden, die wie in der Renaissance üblich mit der Hand zerkleinert und nicht wie zur Zeit von Lucas maschinell bearbeitet worden waren. Die Technik der Bemalung verriet höchstes Können, insbesondere bei der Gestaltung der Haare musste ein Meister am Werk gewesen sein. Die Farben waren in Schichten aufgetragen worden und ließen Farbeffekte auf verschiedenen Ebenen zu. Der Schöpfer der Büste musste Lucas technisch weit überlegen gewesen sein; zwischen den Arbeiten von Lucas und der Büste gab es klare Qualitätsunterschiede. Studien zur Herkunft der Büste ergaben, dass sie nie Lucas persönlich gehört hatte, sondern ihm von einem Gönner nur leihweise zur Verfügung gestellt worden war. Wäre er Schöpfer der Büste gewesen, dann hätte man sicherlich einen ersten Käufer des Werkes ermitteln können, doch ein solcher ließ sich nie finden. In einem Traktat über die Malerei hatte Leonardo einst berichtet, dass ein Künstler plastische Modelle anfertigen sollte, um für seine Arbeiten Schattenstudien betreiben zu können. Die »Büste der Flora« könnte durchaus ein solches Modell gewesen sein und von Leonardo oder aus seinem Umfeld stammen. Für eine Urheberschaft von Lucas sprach zunächst ein hoher Anteil von Walrat am Wachs der Büste. Walrat war in der Renaissance in Italien noch weit gehend unbekannt und kam vermutlich nicht vor dem 17. Jahrhundert in Europa in den Handel. Diesen Widerspruch zu lösen, halfen Literaturrecherchen. Shakespeare erwähnte in einem seiner Dramen den Walrat, und Pharmazeuten benutzten dieses tierische Wachs schon seit Jahrhunderten zur Salbenherstellung. Walrat muss demnach bereits in der Renaissance bekannt gewesen sein, und einem Genie wie Leonardo kann durchaus zugetraut werden, auch der damals exotischen Substanz experimentiert zu haben.

Büste der Flora. Die Wachsbüste wird insbesondere wegen der exakten Darstellung der Frisur Leonardo da Vinci zugeschrieben. Möglicherweise ist sie jedoch eine Fälschung und stammt aus der Zeit um 1846. (Staatliche Museen zu Berlin – Preußischer Kulturbesitz, Skulpturensammlung)

Der Streit um die Büste der Flora ist noch nicht vollständig abgeschlossen. Insbesondere einige Leonardo-Experten schreiben sie immer noch dem großen Renaissancegenie zu. Nach ihren Vermutungen wurde ein Original aus der Renaissance durch spätere Restaurierungsarbeiten verfälscht. Die Radiocarbonmethode gibt für das Wachs allerdings ein Alter von etwa 250 Jahren an. Das Wachs wäre also für einen Gebrauch durch Lucasviel zu alt und für einen Gebrauch durch Leonardo da Vinci hingegen viel zu jung gewesen.

Harz und Lack

Harz wurde bereits seit dem Beginn der menschlichen Kultur-entwicklung aus Pflanzen extrahiert und diente meist als Klebemate-rial, zum Abdichten oder als Lösungsmittel für andere Substanzen. Seine Gewinnung war recht einfach, denn Pflanzen mussten nur im Bereich ihrer Gefäßsysteme angeschnitten werden. Danach wurde der ausgetretene Pflanzensaft gesammelt und bildete in eingedick-ter oder getrockneter Form den Harz. Chemisch ist Harz ein kom-pliziertes Gemenge aus unterschiedlichen Inhaltsstoffen der Pflan-zen wie etwa Harzsäuren oder Harzalkohole und Phenole. Neben pflanzlichen Harzen gibt es auch tierische Harze wie den Schellack, ein Ausscheidungsprodukt der weiblichen Tiere der Lacklaus Coc-cus lacca. Bei der Terpentindestillation fällt als kristalliner Rück-stand das Kolophonium an, ein Naturstoff mit Eigenschaften des Harzes. Mitte des 19. Jahrhunderts wurden schließlich die ersten Kunstharze produziert, die inzwischen die natürlichen Harze weit gehend verdrängt haben. Weihrauchharz ist eines der frühesten für den Menschen wichtigen Harzprodukte und findet von Urzeiten an bis zur Gegenwart bei kirchlichen Zeremonien Verwendung. Es stammt von dem ursprünglich in Südarabien heimischen Weih-rauchbaum. Aus dem Weihrauchharz entsteht beim Verbrennen Weihrauch, der aus den verschiedensten religiösen Kulten nicht mehr wegzudenken ist. In der Antike wurde in jedem Tempel Weih-rauch in großen Mengen verbraucht, und bereits die Ägypter bauten weite Handelswege auf, um an das kostbare Gut zu gelangen. Das beste Weihrauchharz stammte von der arabischen Halbinsel und sein Handel war höchst lukrativ. Auf besonderen Weihrauchstra-ßen, die ab dem 3. Jahrtausend v. Chr. belegt sind, waren ständig Ka-rawanen unterwegs, um die städtischen Zentren mit ihren Tempeln zu versorgen. Weihrauch erfüllte auch medizinische Aufgaben.

Bis in das 17. Jahrhundert lassen sich in Nordeuropa Funde von dünnen Harzscheiben zurückverfolgen. Beim Verbrennen verbreiten diese Scheiben einen angenehmen Geruch, sie werden deshalb auch als Räucherkuchen bezeichnet. Der Ursprung dieser kleinen Scheiben blieb lange ungeklärt, vielfach wurden sie für verfestigte Brotstücke aus der Antike gehalten. Erst 1845 wurde endgültig bewiesen, dass sie aus einem Gemisch von Birkenharzen und klein geriebener Birkenrinde bestehen. Sie dienten einst als Dichtungsmaterial für Gefäße aus Holz oder Rinde und blieben als letzte Zeugen von längst untergegangenem Geschirr aus ebenfalls bereits verschwundenen menschlichen Behausungen übrig, sodass sie heute völlig isoliert gefunden werden. Mit Hilfe von Harz wurden auch zerbrochene Tongefäße repariert oder Pfeilspitzen an ihrem Schaft befestigt. In der Bronzezeit wurde meist Birkenharz verarbeitet, während Harz aus Nadelhölzern zunächst noch weniger verbreitet war. In einem Bergwerkschacht aus der Hallstattzeit (700–500 v. Chr.) wurde in Niederbayern Kolophonium gefunden, das zahlreiche biologische Einschlüsse enthielt, mit deren Hilfe vielfältige Aussagen zur Vegetation in der Nachbarschaft des Bergwerkes getroffen werden konnten.

In Mexiko mischten die Azteken aus Baumharzen und Pflanzensäften eine Art Kaugummi, der bald so beliebt war, dass er, um den Gebrauch einzudämmen, in der Öffentlichkeit nicht mehr gekaut werden durfte. Nur Prostituierten war gestattet, ihn auch auf der Straße zu kauen, um Freier auf sich aufmerksam zu machen. In Südschweden wurde ein 9000 Jahre altes gummiähnliches Birkenharz gefunden, das Spuren von Zahnabdrücken besaß. Aus diesen Zahnabdrücken konnte sogar noch auf die Qualität der Zähne geschlossen werden. Es waren die Zähne eines Menschen im Teenageralter, der das Birkenharz als Kaugummi benutzt hatte. Birkenharz enthält verschiedene desinfizierende Substanzen, die die Vermutung zulassen, dass es in der Steinzeit hauptsächlich der Zahnpflege diente.

Lacke sind eine Erfindung der Chinesen und wurden erstmals vor etwa 3500 Jahren hergestellt. Das Grundmaterial dazu war der Saft des Lackbaumes Rhus vernicifera, der nach einer besonderen Bearbeitung auf den verschiedensten Unterlagen eine durchscheinende und wasserdichte Schicht bilden kann. Durch Zusatzstoffe wurde der Lack aus ästhetischen Gründen überwiegend rot oder schwarz gefärbt. Zur Verdünnung und besseren Streichbarkeit wurden Pflanzenöle beigemischt. Meist wurden Gegenstände aus Holz oder Bambus mit einer Lackschicht überzogen, seltener gab es einen Lacküberzug von Metallen, Keramiken oder Leder. Durch die wasserabstoßenden Eigenschaften von Lack waren lackierte Gegenstände als Grabbeigaben beliebt, denn sie konnten dank ihrer Widerstandsfähigkeit die Zeiten überdauern. Von China aus verbreiteten sich die Techniken der Lackierung auch nach Korea und schließlich nach Japan, wo sie einen weiteren Höhepunkt erlebten. Mit einem modernen physikalischen Messverfahren, der Kernresonanzspektroskopie, kann inzwischen sogar anhand der Materialzusammensetzung zwischen dem chinesischen und dem japanischen Lack unterschieden werden.

Chinesische Handwerker erreichten mit ihren Lackierungstechniken hohe künstlerische Qualität. Bei einem »Pingtuo« wurden Folien aus Edelmetallen in die Lackschicht eingearbeitet, um besondere Glanzeffekte zu erzielen. Auch Gold- und Silberpulver wurde in Lackschichten eingestreut und anschließend mit einem Transparentlack überzogen. Höchste Präzision verlangte der Schnitzlack. Mit großer Geduld wurde ein Gegenstand immer wieder mit Lackschichten überzogen, bis diese so dick waren, dass sie durch Schnitzereien verziert werden konnten. Winzige Dosen bis hin zu wuchtigen Möbeln erhielten bis zu 30 und mehr Lackschichten. Die sorgfältig ausgeführten Schnitzereien stellten meist florale Elemente oder komplette Landschaften mit Menschen und Tieren dar. Eigene Techniken gab es für die Herstellung von Kleinplastiken aus Lack: Eine Form wurde mit Stoff bespannt, der anschließend mit zahlreichen Lackschichten überzogen wurde, sodass er eine große Festigkeit und Stabilität erreichte. Nach dem Trocknen und der abschließenden Bearbeitung wurde der Stoff mit den Lackschichten von der Grundform abgehoben und bildete nun eine stabile Kleinplastik aus Stoff und Lackschichten. Neben dem Porzellan waren Lackarbeiten in Europa beliebte Importartikel aus dem alten China.

Der Klang der Geigen von Antonio Stradivari (1644-1737) begeistert jeden Musikfreund. Es wurde immer wieder vermutet, dass bestimmte Lackierungstechniken für die überragenden Klangqualitäten der Instrumente eine Rolle spielen. Mit verschiedenen Methoden der Röntgenanalyse wurde dies bestätigt und nachgewiesen, dass Stradivari auf das Holz seiner Geigen eine hauchdünne Lackschicht auftrug, die Spuren von vulkanischer Asche enthielt und nach dem Trocknen sehr hart wurde. Auf diese Lackschicht kam die eigentliche Deckschicht aus einem orangeroten Lack. Die verwendete vulkanische Asche wird in Italien Pozzolana genannt und findet heute noch bei der Produktion von hochwertigem Zement Verwendung. Stradivari mischte seine geheimnisvolle Lackschicht wahrscheinlich aus Wasser, Pozzolana und Eiweiß.

Eine höchst bemerkenswerte Verwendung fand Lack bei einigen taoistischen Mönchen im China des 5. und 6. Jahrhunderts n. Chr. Nach langen religiösen Übungen strebten diese Mönche die Unsterblichkeit an und schritten zur Selbstmumifizierung. Durch Meditationstechniken hatten sie die verschiedenen, sonst kaum beeinflussbaren körperlichen Funktionen unter Kontrolle des eigenen Willens und konnten sie bis zum beabsichtigten Tod immer weiter abschwächen. Einige Zeit vor dem gewünschten Todeszeitpunkt stellten sie ihre Ernährung um und aßen nur noch Nüsse, Kieferrinden und Graswurzeln. Kurz vor dem Tod tranken sie dann ausschließlich den Saft des Lackbaumes, der den Verdauungsbereich und die inneren Organe durch Oxidationsvorgänge wie mit einer Panzerung versiegelte. Dabei trat der Tod ein. Anschließend wurden die Körper durch Dämpfe getrocknet und erneut mit Lack versiegelt. Der irdische Leib war nun sowohl nach innen als auch nach außen konserviert und wurde im Kloster verehrt. Noch heute sind lackierte Mumien aus dieser Epoche in chinesischen und japanischen Klöstern und Tempeln erhalten. Der bewusst inszenierte, psychogene Tod der Mönche trat ohne entscheidende äußere Gewalteinwirkung ein und ist ein Ausdruck für die Kraft der inneren Bilder eines Menschen. Er kommt in allen Kulturkreisen sogar bis zur Gegenwart vor. Durch Suggestion und Meditationsübungen können Menschen die Kraft ihrer inneren Bilder verstärken und auch körperliche Funktionen, die nicht dem Bewusstsein unterliegen, beeinflussen. Die Mönche hatten zum Beispiel jeden Brechreiz unter Kontrolle und ihr Körper wehrte sich dadurch nicht gegen Gifte.

Bernstein und Elfenbein

Bernstein ist das fossile Harz von Nadelhölzern aus dem Zeitalter des Tertiär. Das Material ist von einer gelben bis braunen Farbe und wird in Klumpen von bis zu mehreren Kilogramm Gewicht gefunden. Die wichtigsten Bernsteinlieferanten waren Kiefern, die im Tertiär vor rund 50 Millionen Jahren in einer größeren Artenvielfalt als in der Gegenwart vorkamen. Chemisch stellt der Bernstein ein kompliziertes Stoffgemisch aus Harzsäuren und Alkoholen dar, das sich im Verlauf der Jahrmillionen steinartig verfestigen konnte. Die Bernsteinsäure ist der zentrale Inhaltsstoff des Bernsteins und spielt bei den Analysen eine große Rolle. Verschiedene Einschlüsse wie kleine Tiere oder Pflanzenteile können den Wert eines Bernsteines erheblich steigern. Häufig enthalten Bernsteinfunde vollständig konservierte Insekten. Sogar das Erbmaterial von einigen dieser Insekten, die vor vielen Millionen Jahren eingeschlossen worden waren, konnte erfolgreich analysiert werden. Bernstein ist deshalb nicht nur für die Kunst und das Kunstgewerbe, sondern auch für die Wissenschaft von Interesse.

Bernstein wurde bereits in der Steinzeit künstlerisch bearbeitet und auch gehandelt. Das Material ist leicht zu schneiden und regt die Phantasie an, allerdings neigt es bei der Bearbeitung zur Splitterbildung. Bei Lichteinfall besticht der Bernstein durch ein Feuerwerk an Farbtönen. Antike Völker hielten ihn deswegen für eine »im Wasser erstarrte Sternschnuppe«. Herodot glaubte, die Heimat des Bernsteins liege am Fluss Eridanus, der »weit hinter Europa in das Nordmeer fließt«. Inzwischen wird vermutet, dass mit dem Fluss Eridanus die Elbe gemeint war. Die wichtigsten Fundgebiete für Bernstein waren zu allen Zeiten die Küsten der Nordsee und insbesondere der Ostsee. Außerhalb vor Europa gibt es heute in der Karibik bedeutende Bernsteinfunde. Für die Azteken gehörte Bernstein zu den Tributleistungen der unterworfenen Völker. Es wurde etwa ab 1000 n. Chr. vielfach als Schmuck und für Nasenstäbe verarbeitet. In der heutigen mexikanischen Provinz Chiapas befand sich während der Aztekenzeit ein Zentrum der Bernsteinverarbeitung. Für die Chinesen war Burma ein wichtiger Lieferant für Bernstein. Die bedeutendsten Bernsteinlagerstätten sind noch heute im Baltikum und an der Küste des Samlandes in Ostpreußen zu finden.

Bereits in frühester Zeit können vier Bernsteinstraßen nachgewiesen werden, über die das kostbare Transportgut von der Ostsee aus mehr als 5000 Kilometer weit in die antike Welt des Mittelmeeres exportiert wurde. Durch den Bernsteinhandel mit den Hochkulturen am Mittelmeer und im Vorderen Orient wurde die erste leistungsfähige Nord-Süd-Verbindung auf dem Gebiet von Deutschland aufgebaut. Bernsteinschmuck wird immer wieder in altägyptischen Grabanlagen gefunden. Im Landkreis Memel wurde einmal eine hethitische Bronzefigur aus der Zeit um 1200 v. Chr. ausgegraben, die über die Bernsteinstraße in den Norden gelangt war. Umgekehrt fanden sich im Niltal Waffen aus Skandinavien. In der Argonautensage benutzten die griechischen Helden nach dem Raub des Goldenen Vlieses vermutlich eine der Bernsteinstraßen als Fluchtweg. Im heutigen Sinn waren die Bernsteinstraßen allerdings keine Straßen, sondern glichen mehr Trampelpfaden, die sich durch die dichten Wälder von Mitteleuropa schlängelten.

Der Fernhandel der antiken Hochkulturen wurde erst durch die Materialanalysen von Bernsteinfunden sicher belegt. Bernstein aus dem Baltikum besitzt charakteristische chemische Eigenschaften, die eine genaue geographische Zuordnung ermöglichen. Der Danziger Apotheker Helm behauptete deshalb schon um 1870, dass die Bernsteinfunde Schliemanns in Mykene aus dem Baltikum stammten. Weitere Auskünfte können Einschlüsse im Bernstein geben. Blütenpollen, kleine Pflanzenteile und verschiedene Insekten weisen stets auf Nordeuropa hin. Funde von Bernsteinobjekten aus der Bronzezeit im ehemaligen Jugoslawien bestätigten ebenfalls die Herkunft von der Ostseeküste und zeigten gleichzeitig, dass der Fernhandel in Europa vermutlich älter ist als bisher angenommen. Trotz aller kriegerischen Auseinandersetzungen blühte der Bernsteinhandel über Jahrtausende hinweg. Er stellt in den klassischen Fundgebieten auch heute noch einen wichtigen Wirtschaftszweig dar.

Die Infrarotspektralanalyse ist für die naturwissenschaftliche Bernsteinuntersuchung das Mittel der Wahl. Die für das menschliche Auge unsichtbare Infrarotstrahlung kann leicht den trüben Bernstein durchdringen und Innenstrukturen zur Untersuchung freilegen. Verschiebungen im Infrarotspektrum, also im Wellenlängenbereich der Infrarotstrahlung, können auf altersabhängige Veränderungen im Bernstein hinweisen. Einzelne Absorptionsbanden im Infrarotspektrum charakterisieren bestimmte Bernsteinarten und machen eine Herkunftsbestimmung anhand von Vergleichsproben möglich. Andere Untersuchungen beschäftigen sich mit der Auftrennung der zahlreichen chemischen Bestandteile des Materials. In Abhängigkeit vom Fundort verschiebt sich die chemische Zusammensetzung der Proben. Bei dieser Analyseform wird allerdings Material verbraucht, sodass die Methode für wertvolle Objekte nicht angewendet werden kann.

Sowohl für die Griechen als auch für die Chinesen hatte Bernstein noch einen wissenschaftlichen Wert, denn die elektrostatischen Eigenschaften, die das Material nach einer Reibung an Wollstoffen entwickelt, erregten bei Naturforschern größtes Interesse. Den Griechen war bekannt, dass sich die Anziehungskräfte des Bernsteins deutlich von den vergleichbaren Kräften eines Magnetsteins unterscheiden. Um 83 n. Chr. wurde sogar beschrieben, wie mit Bernstein Senfkörner eingesammelt werden können. Es gibt Hinweise, dass griechische Philosophen die Kraft des Bernsteins mit der Kraft von Blitzen verglichen und damit unmittelbar vor der Entdeckung der Elektrizität standen. Aus dem griechischen Wort für den Bernstein, »electron«, leiteten Forscher der späteren Jahrtausende 1646 n. Chr. den Begriff »Elektrizität« ab.

Elfenbein ist, genau wie Bernstein, biologischen Ursprungs. Es stammt meist aus den Stoßzähnen von Elefanten aus Afrika oder Vorder- und Hinterindien. Von Sibirien und Alaska kommt das einige zehntausend Jahre alte Elfenbein des ausgestorbenen Mammuts in den Handel. Eskimos verwenden für ihre künstlerischen Arbeiten auch Elfenbein aus den Zähnen des Walrosses. Auch Narwale, Flusspferde und sogar Bären sind Lieferanten von Elfenbein. Unter dem Mikroskop zeichnet sich das Elfenbein der Elefanten im Querschnitt durch charakteristische rhombenförmige Strukturen aus. Diese Musteranalyse genügt häufig, um Elfenbeinimitationen aus Kunstharzen deutlich von echten Materialien zu unterscheiden.

Infolge des strengen Artenschutzes zum Erhalt der Elefanten wird heute in Deutschland nur noch das fossile Elfenbein des Mammuts verarbeitet.

In Afrika ist der Bestand der Elefanten durch Wilderei stark gefährdet. Es wurden deshalb Methoden entwickelt, um das wenige legale Elfenbein sicher von den Waren der Wilderer abzugrenzen. Die Methoden bedienen sich der Verteilung von Isotopen der chemischen Elemente Kohlenstoff, Stickstoff und Strontium im Elefantenzahn. Unterschiede in der Isotopenverteilung ergeben sich aus den Ernährungsgewohnheiten der Tiere. In Afrika ist der Elefant ein typischer Bewohner der weiten Steppen und Savannen. Die klimatische Situation ist dort jedoch nicht einheitlich und es gibt Gebiete, in denen nur spärlich Gras gedeiht, während in anderen Gebieten Baumbestand vorherrscht. Gräser sowie das Laub der Bäume und Sträucher lagern das Isotop Kohlenstoff-13 während der Photosynthese in unterschiedlichem Ausmaß in die Zellen ein. Frisst ein Elefant überwiegend Gras, dann nimmt er in seinen Knochen und damit auch in den Stoßzähnen mehr Kohlenstoff-13 auf als bei einer Ernährung durch Laub von Bäumen. Ergänzt werden die Befunde noch durch Stickstoff-Isotope. Bei einer Stoffwechselanpassung an trockene Gebiete ist der Anteil an Stickstoff-15 verglichen mit Stickstoff-14 höher als bei einer Stoffwechselanpassung an feuchte Gebiete. Abgerundet werden diese Untersuchungen durch die Analyse der Strontium-Isotope. In geologisch jungen Gebieten liegen diese in anderem Verteilungsmuster vor als in geologisch alten Gebieten. Von Pflanzen werden die Strontium-Isotope des Bodens aufgenommen und über die Nahrungskette an die Elefanten weitergegeben.

Bisher konnten die Messdaten von zahlreichen Elfenbeinproben aus den verschiedensten Gegenden von Afrika eindeutig dem Lebensraum der untersuchten Elefanten zugeordnet werden. Es gelang sogar, Proben von zwei Reservaten, die nur 150 Kilometer voneinander entfernt liegen, deutlich zu unterscheiden.

Die Alterung des Elfenbeins ist mit der Alterung von Knochen vergleichbar. Es können deshalb zahlreiche gerichtsmedizinische und anthropologische Techniken zur Materialanalyse eingesetzt werden. Altert Elfenbein, so nimmt der Gehalt an Kohlenstoff, Stickstoff und Wasserstoff ab, weshalb bei einer Verbrennung von Probenmaterial der Anteil der verbleibenden Asche ansteigt. Antike Bodenfunde aus Elfenbein zeigen in den Analysewerten klare Unterschiede zu frischem Elfenbein. Sehr feine Elfenbeinschnitzereien sind aus der Steinzeit bekannt, sodass genaue Altersbestimmungen wichtig sind. Großartige Elfenbeinarbeiten wie etwa ein Pferdekopf oder die Darstellung eines jungen Mädchens stammen aus Frankreich und sind ungefähr 15 000 Jahre alt.

Bei einer Lagerung im Boden ist stets zu beachten, welches Material aus der Umgebung in das Elfenbein eindringen konnte. Der Fundort hat deshalb auf chemische Analysen von Elfenbein einen großen Einfluss. Gleichzeitig hilft er auch, mögliche Fälschungen zu erkennen, denn Elfenbeinschnitzereien aus der Steinzeit sind oft einfach gestaltet und können mit modernen Werkzeugen leicht kopiert werden. Elfenbeinimitationen werden heute meist bereits durch eine mikroskopische Analyse identifiziert. Durch die Röntgenfeinstrukturanalyse lassen sich die mineralischen Bestandteile zerstörungsfrei nachweisen, und es kann unterschieden werden, ob das Material von indischen oder afrikanischen Elefanten stammt. Afrikanisches und indisches Elfenbein unterscheiden sich unter anderem im Kohlenstoffgehalt. Bestehen Elfenbeinarbeiten der frühen indischen Hochkulturen aus afrikanischem Elfenbein, ist sicherlich Skepsis angebracht. Elfenbein fluoresziert im ultravioletten Licht. Verantwortlich dafür sind die organischen Bestandteile des Materials, die sich mit der Zeit verändern und damit auch zeitabhängig die Fluoreszenz beeinflussen. Während der Antike entwickelten sich insbesondere in Mesopotamien verschiedene Schnitzzentren, und es kann zwischen dem phönizischen, syrischen und assyrischen Stil unterschieden werden. Daneben gab es noch Schnitzzentren in Ägypten, wo oft Zähne des Flusspferdes verarbeitet wurden. Vom Vorderen Orient aus gelangte die Elfenbeinschnitzkunst schließlich nach Mykene und zuletzt in den griechisch-römischen Raum. In der frühchristlichen Kunst waren Elfenbeinschnitzereien weit verbreitet, Byzanz wurde zu einem Mittelpunkt. Haupterzeugnisse waren Reliefplatten, Bucheinbände sowie Kästen für Reliquien. Wegen ihrer guten Transportfähigkeit kannte man Elfenbeinerzeugnisse bald in ganz Europa. Im mittelalterlichen deutschen Reich waren Reliefplatten aus Elfenbein bedeutende Kunstwerke.

Der Eiweißanteil am Elfenbein bietet einen weiteren Ansatzpunkt für eine Altersanalyse durch den Nachweis einer Racemisierung der Aminosäuren, der Bausteine der Eiweiße im Körper. Die Knochenzellen der Stoßzähne können wie alle anderen Körperzellen nur so

Buchdeckel des Codex Aureus Epternacensis,
Trier 983–991. Die Elfenbeinschnitzerei in der Mitte gilt
als ein Meisterwerk der ottonischen Elfenbeinschnitz-
kunst. Umrahmt wird die Schnitzerei von einem
Goldblech mit Reliefs sowie Rahmenornamenten.
(Germanisches Nationalmuseum, Nürnberg)

genannte linksdrehende Aminosäuren verarbeiten. Alle Eiweiße in einem lebenden Organismus bestehen deshalb aus linksdrehenden Aminosäuren. Diese sind jedoch nach dem Tod des Organismus nicht stabil, sondern wandeln sich teilweise in rechtdrehende Aminosäuren um, bis ein Gleichgewicht erreicht ist. Dieser Prozess heißt Racemisierung. Bleiben Materialien organischen Ursprungs wie etwa Elfenbein lange erhalten, kann aus dem Verhältnis zwischen links- und rechtsdrehenden Aminosäuren auf das Alter geschlossen werden.

Horn und Schildpatt

Stichwaffen oder Kopfschmuck zahlreicher Tierarten bestehen aus massiven Hornsubstanzen. Sie sind damit zur Herstellung von unterschiedlichen Alltagsgegenständen oder auch Kunstwerken geeignet. Im Gegensatz zum Knochen setzt sich Horn ausschließlich aus hochmolekularen organischen Stoffen zusammen, die ihm eine hohe Stabilität und Belastungsfähigkeit verleihen. Beim Horn der Tiere muss zwischen Gehörn und Geweih unterschieden werden. Das Gehörn der Rinder, Antilopen, Ziegen, Schafe und Gemsen wird nicht abgeworfen. Es wächst durch die Bildung von Hornringen und sitzt auf einem Knochenzapfen am Schädel auf. Nur beim Nashorn fehlt der Knochenzapfen und das Horn ist direkt auf dem Schädel verankert. Bei schwangeren Kühen ist das Hornwachstum reduziert, es verstärkt sich erst wieder nach der Geburt des Kalbes. Auf diese Weise bilden sich unterschiedlich dicke Hornringe, an denen die Zahl der Geburten abgelesen werden kann. Das Geweih wird im Gegensatz zum Gehörn regelmäßig abgeworfen und wächst dann jeweils wieder nach. Beim Elch und Damhirsch sind die Geweihe schaufelförmig und beim Hirsch, Reh und Ren stangenförmig. Meist tragen nur Männchen ein Geweih, eine Ausnahme ist das Ren.

Seit frühesten Zeiten wurden Hörner von vielen Völkern als Abwehrmittel gegen böse Mächte eingesetzt. Die Menschen hofften, dass durch den Besitz von Hörnern die Kraft der Tiere auf sie übergehen werde. Helme und Waffen waren deshalb oft mit Hörnern geschmückt. Für Jagdfreunde symbolisieren präparierte Geweihe und Hörner noch heute Jagderfolg und Prestige. Als Gefäße waren Hörner ein Symbol für die Fülle: Das sprichwörtliche »Füllhorn« versiegt nicht. Germanen tranken aus Hörnern ihren Met. Über Jahrhunderte hatten besonders dekorative Trinkgefäße die Form eines Horns.

Aus Hörnern wurden auch erste Musikinstrumente gefertigt. Dabei wurde an der Spitze eines Horns ein Loch gebohrt, sodass durch kräftiges Blasen im Horninneren eine Luftsäule zum Schwingen gebracht wurde und ein Ton entstand. Bei vielen Naturvölkern werden durch das Blasen in ein Horn noch heute Signale übermittelt oder rituelle Handlungen eingeleitet. Aus Rinderhörnern wurden im Laufe der Zeit kompliziertere Musikinstrumente entwickelt. Meist hatten sie wie das Posthorn oder Jagdhorn Signalfunktion, auch beim Militär waren sie weit verbreitet. In einem Orchester wird heute unter einem Horn das Waldhorn verstanden, das allerdings nur noch entfernt an das Horn eines Rindes erinnert.

Aus dem Horn der Tiere werden Hornwaren hergestellt. Dabei wird das Material auf unterschiedliche Weise vorbehandelt und dann zu Knöpfen, Kämmen, Bestecken, Dosen und vielen anderen Gegenständen verarbeitet. Rinderhorn kommt heute meist aus großen Zuchtgebieten wie Argentinien, Antilopenhorn aus Afrika und Büffelhorn aus dem indischen Raum. Hornspäne lassen sich zu Horntafeln pressen, die danach vielseitig verwendet werden können. Zahlreiche Schnitzereien und Kleinfiguren bestehen aus Horn. Aus abwechselnd verleimten Lagen von Horn und Tiersehnen fertigten asiatische Reitervölker bereits in der Antike einen sehr wirkungsvollen Kompositbogen, der als Waffe den Holzbögen der Europäer weit überlegen war. Die Skythen konnten mit ihren Bögen vom Pferd aus bei vollem Galopp schießen. Jagdfreunde lieben Hornwaren ohne weitere Vorbehandlung. Lampen zum Beispiel bestehen häufig aus noch rohen Teilen von Geweihen, an Bestecken weisen die Griffe auf eine direkte Herkunft aus Geweihen hin.

Eine besondere Bedeutung hatte das Horn für die Medizin. Jahrhunderte lang glaubte man, durch Material aus Tierkörpern könnten bestimmte menschliche Erkrankungen oder Defekte geheilt werden, die zu dem Tiermaterial in einer symbolischen Beziehung stehen. Der Stier galt schon immer als kraftvoll und sexuell vital. Zur Förderung der Potenz von Männern wurden früher in Europa Stierhörner zermahlen und mit Honig vermischt eingenommen. Für die chinesische Volksmedizin ist das Nashorn noch heute wichtig, denn sein Horn dient in Pulverform als ein Mittel gegen Impotenz und als Aphrodisiakum. Trinkgefäße wurden sogar aus dem kompletten Horn hergestellt, um durch die regelmäßige Benutzung stets potent zu sein. Die große Nachfrage nach dem Horn des Nashorns fördert natürlich die Wilderei und bedroht inzwischen den Bestand der Nashornarten.

Wie Hörner und Geweihe besteht auch das Schildpatt der Schildkröten aus Hornsubstanzen. Insbesondere die Panzer der großen Meeresschildkröten wie etwa der Karettschildkröte wurden zu Schildpatt verarbeitet. Schildpatt besitzt eine dekorative gelbe, braune oder dunkle Maserung. Es lässt sich in Platten geschnitten unter Hitze gut handhaben und für zahlreiche Zwecke verwenden. Bei Hitze können die Platten leicht zerteilt, gebogen oder miteinander verschweißt werden. Schon in der griechischen und römischen Antike waren Produkte aus Schildplatt ein Zeichen für großen Luxus. Reiche Römer verzierten insbesondere ihre Betten mit Dekorationselementen aus Schildpatt. Kleinere Objekte konnten komplett aus Schildpatt gefertigt sein und stellten Reichtum zur Schau.

Im 17. und 18. Jahrhundert wurden mit Schildpatt kostbare Möbel sowie religiöse Objekte wie Kruzifixe verkleidet. Das Material wurde zuerst in dünne Scheiben geschnitten und diente dann für Intarsienarbeiten oder zur Fertigung von Furnieren. Bei der sehr aufwendigen Boulletechnik wurden Furniere für Luxusmöbel zuerst aus Schildpatt, Messing und anderen edlen Materialien zusammengesetzt, um anschließend Muster oder Bilder herauszusägen. Oft wurde helles Messing mit dunklem Schildpatt zu Bildelementen kombiniert. Bei der nicht weniger aufwendigen Piquétechnik wurden in dünne Platten aus Schildpatt, Horn und anderen weicheren Materialien feine Streifen oder Punkte aus Silber und Gold eingebettet, um etwa auf Möbeloberflächen oder Uhrgehäusen dekorative Wirkungen zu erzielen und Luxus zu demonstrieren. Bei Hofe und in den Häusern vornehmer Adelsfamilien waren zahlreiche Toilettengegenstände, noble Galanterien oder persönliche Luxusobjekte mit Schildpatt dekoriert.

Die große Nachfrage nach Schildpatt brachte insbesondere die große Karettschildkröte an den Rand des Aussterbens. Als die Tiere durch eine zu intensive Jagd immer seltener wurden und der Schildpattbedarf dennoch weiter anstieg, waren deshalb Ersatzstoffe gefragt. Findige Handwerker bedienten sich anderer tierischer Hornsubstanzen, färbten Elfenbein oder versuchten mit Lacken einen Schildpatteffekt nachzuahmen. Es entwickelten sich nach und nach Schildpatt-Imitationen. Bevorzugt wurden wie in den Fürstenhäusern Tafelgeschirr und kleine Figuren. Noch heute können in Archiven aus dem 18. Jahrhundert Rezepte für Lacke zur Kopie einer Schildpattwirkung gefunden werden. Oft wurden auch Cobalt-, Mangan- und Kupferoxide gemischt und während des Brandes mit einer Bleiglasur verbunden, um die Schildpattwirkung zu erzielen.

Der Panzer von Schildkröten hatte schon in den antiken Kulturen eine besondere Bedeutung, die natürlich auch auf Gegenstände aus einem Schildkrötenpanzer übertragen wurde. Im alten Ägypten wurde die Unterseite eines Schildkrötenpanzers oft als Schminkpalette verwendet, und bei den Griechen fertigte der Gott Hermes aus einem Schildkrötenpanzer die erste Lyra. In der griechischen Stadt Ägina wurden Münzen mit Schildkröten geschmückt. Im alten China sowie in Indien half nach der Mythologie die Schildkröte bei der Erschaffung der Welt, sie war gleichzeitig ein Symbol für das lange Leben. Japaner schufen aus Schildkrötenpanzern Kunstwerke, denn die Schildkröte war Dienerin des Meeresgottes und konnte ihn gnädig stimmen. Für indische Hindu war die Fähigkeit der Schildkröte sich völlig in ihren Panzer zurückzuziehen eine Zeichen für die vollkommene Meditation. Bei den Maya bildete der Schildkrötenpanzer die Grundlage für zeremonielle Musikinstrumente wie etwa Rasseln oder Trommeln, und für nordamerikanische Indianer entstand die Erde aus einem Schildkrötenpanzer, der einst auf einem Urmeer schwamm.

Wissenschaftliche Leistungen der Antike

Die Bibliothek von Alexanderia

In der hellenistischen Welt war die Stadt Alexandria an der Mündung des Nils kulturelles Zentrum und Motor jeden Fortschritts. Die Stadt besaß während ihrer Blütezeit etwa 700 000 Einwohner, nur Rom, der größte Handelsplatz der damaligen Welt, war noch bevölkerungsreicher. Auf einer vorgelagerten Insel stand der berühmte Leuchtturm mit einer Höhe von vermutlich zwischen 120 und 180 Metern. Alexander der Große hatte die Stadt einst gegründet, und die griechische Dynastie der Ptolemäer baute sie später zu einer glänzenden Metropole aus. Alexandria war im Grundriss schachbrettartig angelegt. Eine der Hauptstraßen war über 30 Meter breit und rund 6 Kilometer lang; bei Dunkelheit gab es eine Straßenbeleuchtung.

Geistiges Zentrum der Stadt war das Museion mit seiner Filiale, dem Serapaion. Das Museion war eine der erfolgreichsten Gelehrtenakademien aller Zeiten, die Bibliothek war legendär und bestand aus etwa 900 000 Schriftrollen. Unterteilt war das Museion in die Hauptabteilungen Literatur, Astronomie, Mathematik und Medizin. Etwa 14 000 Studenten sollen hier Physik, Ingenieurwissenschaften, Astronomie, Medizin, Mathematik, Geographie, Biologie, Philosophie und Literatur studiert haben. Für Forschungszwecke gab es einen eigenen Zoo und einen botanischen Garten, ein Chemielabor, ein Observatorium und einen großen Anatomiesaal. Nicht nur das Wissen des Museions war einmalig, sondern auch die Qualität seiner Gelehrten; sie zählen noch heute zur Elite der Wissenschaftsgeschichte.

Das Schicksal der Bibliothek war tragisch: Sie verschwand, ohne nennenswerte Spuren zu hinterlassen. Bei einem Angriff der Legionen Cäsars brannte ein großer Teil ihrer Bestände ab. Zu weiteren Verlusten kam es 391 n. Chr. durch religiöse Eiferer. Das endgültige Ende der Bibliothek leiteten dann die Moslems ein. Kalif Omar ließ 642 n. Chr. die restlichen Bücher verbrennen, um die Bäder der Stadt zu heizen. Er vertrat die Meinung, dass Bücher, die dem Koran widersprechen, vernichtet werden müssen und Bücher, die dem Koran entsprechen, nicht notwendig sind und ebenfalls vernichtet werden können. Das Drama des Verlustes lässt sich bereits in der Theaterliteratur ermessen, wenn man bedenkt, dass die Bibliothek 123 Tragödien von Sophokles, 90 Tragödien von Aischylos, 88 Stücke von Euripides und 40 Komödien von Aristophanes hütete.

Die Erde ist eine Kugel

Für exakte geographische Vermessungen muss heute ein riesiger Aufwand getrieben werden. Satelliten werden in den Weltraum geschossen, immens teure Messgeräte beginnen zu arbeiten und zu dokumentieren. Dank ihres genialen Verstandes haben manche Forscher der Antike mit ganz einfachen Mitteln Erkenntnisse gewonnen, die noch in unserer Zeit höchstes Erstaunen erwecken.

Der Grieche Eratosthenes (273-192 v. Chr.) war Leiter der Bibliothek von Alexandria und ein Mann mit außergewöhnlichen Fähigkeiten. Er war Mathematiker, Astronom, Geograph, Philosoph sowie Dichter und Literaturkritiker in einer Person und auf allen Gebieten ein Meister. Zur Höchstform lief er auf, als er exakt den Umfang der Erde berechnete.

Am Tag der Sommersonnenwende stand die Sonne genau senkrecht über einem tiefen Brunnen in Südägypten. An diesem Tag hatte Eratosthenes in einem genau definierten Abstand zu diesem Brunnen Stäbe senkrecht in die Erde gesteckt und den Winkel der Schatten vermessen. Danach begann die Rechenarbeit: Er ermittelte aus seinen Messungen, dass die Erde eine Kugel ist und einen Umfang von 38 000 Kilometern besitzt. Nach heutigem Wissen beurteilt war die Zahl erstaunlich exakt. Als Mathematiker erfand Eratosthenes Methoden, um Primzahlen zu identifizieren und als Philologe betrieb er Studien über die attische Komödie, daneben entwickelte er die chronologische Geschichtsschreibung. Ein weiteres Meisterwerk waren seine drei Bücher »Geographia«, mit denen er die physikalische Geographie begründete. Später geriet sein Wissen in Vergessenheit, und die Menschen betrachteten die Erde als Scheibe, um die sich die gesamte Welt bewegt.

Dass sich die Erde um die Sonne bewegt, war bereits um 280 v. Chr. Aristarchos von Samos aufgefallen. Er wusste auch, dass sich Tag und Nacht durch die Rotation der Erde um die eigene Achse ergeben. Das Größenverhältnis zwischen der Erde und dem Mond errechnete er aus dem Schattenwurf der Erde bei einer Mondfinsternis. Ein anderer antiker Astronom, Hipparchos von Nikaia (etwa 190-120 v. Chr.), erstellte einen Katalog von über tausend Fixsternen und wusste durch genaueste Auswertungen sogar, dass die Erdachse pendelt, was erst viele Jahrhunderte später bestätigt wurde. Bei seinen Berechnungen zur Dauer des Mondmonats wich das Ergebnis nur um eine Sekunde von der heute akzeptierten Zahl ab.

Die Dampfmaschine des Heron

Archimedes und Heron waren sicherlich die bekanntesten Erfinder der Antike. Während der noch heute bekannte Archimedes seine Ideen in Sizilien verwirklichte, arbeitete der mittlerweile fast vergessene Heron in der Denkfabrik der antiken Welt, Alexandria. Dort hatten Ingenieure bereits in den Jahrhunderten vor Christi Geburt hochkomplizierte Automaten konstruiert. Heron, der im 1. Jahrhundert n. Chr. in Alexandria lebte und von dessen Biographie wenig überliefert ist, betrat mit seinen Plänen absolutes Neuland. Er setzte die Kraft des Wasserdampfes in Bewegung um und erfand die Dampfmaschine. Dazu konstruierte er eine um eine Achse drehbare Kugel mit Düsen an der Außenfläche. Wurde unter Druck Wasserdampf in die Kugel geleitet, dann trat er wieder an den Düsen aus und versetzte die Kugel durch den Rückstoß in eine Drehbewegung. Bei einem Nachbau von Herons Dampfmaschine wurden bis zu 1500 Umdrehungen pro Minute erreicht. Damit waren die Voraussetzungen für einen Motor gegeben. Konstruiert wurde dieser »antike Motor« allerdings nie. Sklaven waren einfach zu billig, als dass es sich gelohnt hätte, teure Maschinen zu bauen.

Textilien

Textilien sind häufig Bestandteile archäologischer Objekte oder Kunstwerke, ob es sich nun um Teppiche, Bekleidung, Fahnen oder Möbelbezüge handelt. Gemälde wurden meist auf Leinwand gemalt, weshalb Gewebeanalysen hier auch zum Methodenrepertoire gehören. Textilien sind fast immer pflanzlichen oder tierischen Ursprungs. Kunststoffe haben erst in der jüngsten Vergangenheit in der Textilproduktion an Bedeutung gewonnen. Sie werden trotzdem gelegentlich zur Fälschung »alter« Objekte eingesetzt, fallen dann allerdings sehr schnell auf. Für Textilien gelten die Untersuchungsmethoden für organische Materialien, wobei unterschieden werden muss, ob das Textilobjekt selbst oder der Textilfarbstoff analysiert werden soll.

Eine erste Aussage zur Herkunft von Textilien kann mit Hilfe eines Mikroskops getroffen werden. Dabei genügt ein einziger Faden als Untersuchungsmaterial. Mit einer besonderen Form des Elektronenmikroskops, dem Rasterelektronenmikroskop, wird dieser Faden dann vergrößert und räumlich abgebildet. In der Vergrößerung wird klar, ob eine Pflanzenfaser oder ein Tierhaar vorliegt. Vor diesen Untersuchungen wird der Faden mit einer feinen Goldschicht bedampft und anschließend mit einem Elektronenstrahl beschossen. Der Elektronenstrahl fährt über die Goldschicht und setzt aus den Atomen Elektronen frei, die registriert werden können. Infolge der Raumstruktur des Fadens werden die austretenden Elektronen in unterschiedliche Winkel gestreut. Das entstehende, enorm vergrößerte und räumliche Bild erlaubt eine präzise Feinanalyse. Bei Fasern kann die Pflanzenart bestimmt werden, und bei Wolle ist eine Auskunft über die Tierart möglich. Bei Stoffen der altamerikanischen Kulturen konnte geklärt werden, ob die Wolle etwa vom Alpaka, Lama, Guanaco oder Vicuna stammte. Ist die Oberfläche der Haare stark beschädigt, gelingt die Zuordnung allerdings nur selten.

Bei der Untersuchung der Bekleidung von europäischen Moorleichen in Norddeutschland und Skandinavien war es unmöglich zu unterscheiden, ob Haare aus den Stoffen von Reh, Hirsch, Elch oder Rentier stammten; Haare von Schafen und Ziegen konnten dagegen voneinander abgegrenzt werden. Obwohl Moore organische Materialien gut konservieren, waren Feinstrukturen bereits zerstört. Im Moor veränderte sich auch die Farbe der Bekleidung, dennoch gelangen nach Feinanalysen der Farbträger Rekonstruktionen. Bereits in der Bronzezeit scheint es eine modische Farbenvielfalt gegeben zu haben.

Bei der Leiche des Mannes aus der Jungsteinzeit, die im September 1991 in den Ötztaler Alpen gefunden und als »Ötzi« berühmt wurde, war die Kleidung noch gut erhalten und erlaubte umfangreiche Aussagen. Sie bestand aus Fellstücken von Hirsch und Ziege und war mit Fäden aus Sehnen, Lederstreifen und gezwirbeltem Gras vernäht. Ötzi trug ähnlich wie die nordamerikanischen Indianer Beinkleider aus Leder sowie Fellschuhe, die dick mit Gras ausgepolstert waren. Der Kopfbedeckung diente eine Fellmütze, um die Schulter hing ein regendichtes mattenartiges Gebilde aus Gras und Binsen, wie es bis in die jüngste Vergangenheit auch manche europäischen Hirtenvölker trugen (siehe das Kapitel »Gras, Blätter und Rinden«). Vermutlich hatte der Mann wegen der Kälte in großen Höhen auf gewebte Stoffe als Kleidung verzichtet (in der Steinzeit beherrschte der Mensch bereits die Webkunst) und dafür Felle angelegt. Auf eine gut sitzende Kleidung wurde schon früh großen Wert gelegt, Knochennadeln mit einem Öhr waren bereits vor 20 000 Jahren in Gebrauch. Schnittspuren an Hundeskeletten zeigten, dass Hundefelle vermutlich oft zu Kleidungsstücken verarbeitet wurden. Aus der Zeit des 7. Jahrtausends v. Chr. stammen Gewebereste aus Flachs und Leinen, die im Vorderen Orient gefunden wurden. Wollfäden aus der Bronzezeit weisen auf eine ausgeprägte Schafzucht hin, denn die Qualität der Wolle hat sich im Laufe der Jahrtausende kontinuierlich verbessert. Feinwolle gab es dagegen erst mit dem Beginn der antiken Hochkulturen. An frühen Lederbekleidungsstücken fällt auf, dass Leder aus Rinderhäuten mit der Zeit immer beliebter wurde und die Verwendung von Leder aus Häuten von Hirsch, Reh oder Ziege dagegen stetig abnahm.

Zusätzlich können mit dem Rasterelektronenmikroskop Abbauvorgänge in den Fäden von Textilgeweben beobachtet werden. Vom

Gut erhaltener Mantel aus der Bronzezeit in
Skandinavien (über 3500 Jahre alt). Der gute Zustand
kommt durch eine Lagerung im Moor zustande. In Nordeuropa gab es in dieser Zeit noch keine Hosen, sondern
es wurden Lendentücher mit Umhängen getragen.
(Dänisches Nationalmuseum, Kopenhagen)

zeitlichen Verlauf solcher Vorgängen liegen inzwischen Beschreibungen vor, sodass auch Altersabschätzungen möglich sind. Moderne Kunststofffäden können noch so sorgfältig präpariert werden,
ihre Oberflächenstrukturen erreichen nie das Aussehen von Pflanzenfasern oder Tierhaaren; Oberflächen von Kunststofffäden sind
stets verräterisch glatt und kaum strukturiert.

Eine weitere Untersuchungsmethode antiker Textilien beschäftigt sich mit zeitabhängigen chemischen Veränderungen an den Fäden. Pflanzenfasern, Wollfäden von Tieren sowie Fäden der Seidenraupe sind aus einer großen Zahl von einzelnen Bausteinen aufgebaut, die sich untereinander verknüpfen und auf diese Weise den Faden bilden. Für die durch chemische Reaktionen ausgelöste Verknüpfung gibt es den Fachausdruck Polymerisation, und der Grad der Verknüpfung von Einzelbausteinen heißt Polymerisationsgrad. Mit dem Alter von Textilien nimmt der Polymerisationsgrad in den Fäden ab, diese reißen leichter. Der Rückgang des Polymerisationsgrades verläuft linear. Für Flachsfasern wurde unmittelbar nach der Ernte ein durchschnittlicher Polymerisationsgrad von 6000 bis 9000 berechnet. Bei modernem Leinen liegt der entsprechende Wert nach der Bleiche zwischen 2200 und 3600, bei 100 Jahre altem Leinen zwischen 2000 und 2400. Fasern von Leinenproben im Alter von 4000 Jahren weisen dagegen nur noch Werte zwischen 186 und 318 auf. Sehr alte Textilien sind wegen ihrer geringen Reißfestigkeit äußerst bruchempfindlich und müssen mit großer Sorgfalt behandelt werden.

Alle frühen Hochkulturen brachten Meister der Webtechnik hervor. Bei den Sumerern in Mesopotamien war der Weber bereits ein eigener Berufsstand, und drei sumerische Frauen sollen in der Lage gewesen sein, einen Stoff von 3,20 Meter Breite und 3,90 Meter Länge innerhalb von acht Tagen zu spinnen und zu weben. Vom Spinnen und Weben berichten im alten Ägypten zahlreiche Wandmalereien. Als Rohstoffe für Textilien kannten die Menschen am Nil Leinen, Wolle, Baumwolle, Hanf und sogar Seide, die jedoch über die Seidenstraße aus China importiert wurde. Spitzenarbeiten der ägyptischem Leinenstoffe weisen pro Quadratzentimeter 540 Kettfäden und 110 Schussfäden auf. Griechen und Römer griffen bei ihrer Textilproduktion auf die Erfahrungen der Ägypter zurück und verfeinerten sie, allerdings waren Wollstoffe für sie wichtiger als Leinen. Hoch entwickelt war die Webkunst auch in China und in Peru. In Gräbern der Inka wurden Stoffe gefunden, die in einem Stück gewebt 4 Meter breit und 20 Meter lang waren. Feinste Stoffe erreichten eine Dichte zwischen 100 und 200 Fäden pro Quadratzentimeter. In Stoffen der Inka können bis zu 190 verschiedene Farben nachgewiesen werden, ein einziger Luxusstoff war sogar mit 22 verschiedenen Farben gefärbt. In einem chinesischen Grab aus der

Han-Zeit fand man Brokatstoffe mit 176 bis 224 Längsfäden und 41 bis 50 Querfäden je Quadratzentimeter Fläche. Ein Schleier war so fein gewebt, dass er bei einer Länge von 100 Kilometern nur etwa 1 Gramm gewogen hätte. Auf einem bedruckten Stoff brachten es chinesische Textilkünstler fertig, pro laufendem Meter bis zu 430 Figuren präzise darzustellen.

Die Herstellung von Seide war in China ein streng gehütetes Staatsmonopol. Erst 552 n. Chr. konnten Seidenraupen nach Ostrom geschmuggelt werden. Dort erblühte bald eine eigenständige Seidenproduktion, die später von den islamischen Eroberern übernommen wurde. Christliche Reliquien wurden oft in wertvolle Seidenstoffe aus dem Orient verpackt und anschließend verehrt. Dabei stellte sich einmal heraus, dass muslimische Weber ausgerechnet in einen Stoff die arabischen Worte »La Ilaha illa Allah« (Es gibt keinen Gott außer Allah) eingewebt hatten, mit dem – in Unverständnis des Textes – eine christliche Reliquie verhüllt worden war.

Einzelne Seidenfäden belegen die hohe Kunstfertigkeit der chinesischen Weber. Es gelang im Reich der Mitte schon früh, textile Verbundmaterialien zu schaffen, wie sie erst in unserer Zeit allgemein üblich sind. In kostbarem chinesischen Seidegewebe aus dem 16. und 17. Jahrhundert wurden Seidenfäden gefunden, die mit gold- oder silberbeschichteten Papierstreifen spiralförmig umwickelt waren. Die Streifen waren aus hauchdünnen Bambuszellstoff geschnitten und nur 0,4 Millimeter breit. Sie vermittelten den Eindruck, der Faden bestehe aus reinem Silber oder Gold. Die Herstellungstechnik war einmalig, in Europa gab es nichts Vergleichbares.

Die Verbreitung der Baumwolle gibt der Nachwelt manches Rätsel auf und verweist auf frühe weltweite Handelsbeziehungen. Durch Differenzierung der Chromosomen können auf der Erde drei Typen Baumwolle unterschieden werden. In Mesopotamien und Ägypten wurde Baumwolle angebaut, deren Zellen 13 große Chromosomen enthielten. In Amerika gibt es einen wild vorkommenden Baumwolltyp mit 13 kleinen Chromosomen, der allerdings für eine Textilproduktion nicht geeignet ist. Die altamerikanischen Kulturen vor Kolumbus bauten einen Baumwolltyp an, dessen Zellen 13 kleine und 13 große Chromosomen enthielten. Es handelte sich also um einen Hybriden (Mischung) aus der wilden orientalischen und der wilden altamerikanische Baumwolle, der vermutlich künstlich erzeugt worden ist. Vor vielen tausend Jahren muss deshalb Baum-

Das Spinnen von Garn auf ägyptischen Wandmalereien (oben) und auf griechischen Vasenbildern (unten). (J. Riederer, Rathgen-Forschungslabor der Staatlichen Museen zu Berlin – Preußischer Kulturbesitz)

wolle auf noch unbekannten Wegen aus dem Vorderen Orient nach Amerika gelangt sein.

Neben der Fadenanalyse erlauben Untersuchungen der Textilfarbstoffe wichtige Aussagen. Aus schriftlichen Überlieferungen der griechischen und römischen Antike sind zahlreiche Details über tierische und pflanzliche Farbstoffe bekannt. Begehrt waren die tierischen Farbstoffe Purpur aus der Purpurschnecke sowie Scharlachrot aus der Kermesschildlaus. Im Libanon wurde eine große phönizische Produktionsstätte für die Purpurfarbe gefunden; sie hinterließ eine Abfallhalde aus Purpurschneckengehäusen, die 120 Meter lang und 8 Meter hoch war. Der deutsche Chemiker Friedländer produzierte 1910 die Purpurfarbe nach dem Originalrezept und benötigte für 1,4 Gramm des Farbstoffs etwa 12 000 Schnecken. Purpur war wegen dieses enormen Aufwandes und der damit verbundenen Kostbarkeit die Farbe der Kaiser und höchsten Würdenträger. Unter Nero wurden Personen, die sich unbefugt in echtes Purpur kleideten, mit dem Tode bestraft. Wegen der unerhörten Wertschätzung des originalen Purpurs wurde nach einem kostengünstigen Ersatz gesucht. Der »sardische Purpur« enthielt zum Beispiel keinen Schneckenextrakt, sondern wurde aus billigeren Färbesubstanzen hergestellt. Allerdings durfte die Purpurersatzfarbe niemals die hochgeschätzte, originale Tönung des kaiserlichen Purpurs erreichen, der ausschließlich den Göttern und dem römischen Kaiser vorbehalten war.

Von Pflanzen wurden Wurzeln, Blätter und Staubfäden, aber auch Rinden, Schalen und Galläpfel zur Farbstoffgewinnung verarbeitet. Einen schönen blauen Farbton brachte Indigo, ein Pflanzenfarbstoff aus dem Strauch Indigofera tinctoria, den die Europäer importieren mussten und später aus ihren Kolonien bezogen. Als Alternative war die blaue Pflanzenfarbe Waid aus den Blättern des Färberwaids beliebt, der einigen Gegenden von Thüringen Wohlstand brachte. Aus den Staubfäden des wilden Krokus stammte der gelbe Farbstoff Crocin, zu dessen Gewinnung viele hunderttausend Blüten verarbeitet werden mussten. Schwarze Textilfarben waren schwierig herzustellen. Häufig ließ man Eisensalze mit pflanzlichen Gerbstoffen reagieren.

Bei modernen Farbstoffanalysen von antiken Textilien hilft die Chromatographie weiter: Die Untersuchungssubstanz und Vergleichssubstanzen werden zunächst in gleicher Höhe auf eine senkrecht stehende Trägerplatte aufgetragen. Danach steigt eine Trennlösung an der Platte aufwärts und nimmt die Untersuchungssubstanz sowie die Vergleichssubstanzen mit. In Abhängigkeit von der molekularen Struktur und der Molmasse wird jede Verbindung über eine definierte Strecke mitgenommen und dann abgelagert. Die zurückgelegte Strecke wird vermessen und den Laufstrecken der Vergleichssubstanzen gegenübergestellt. So ergeben sich Identifizierungsmöglichkeiten. Nach dem gleichen Prinzip können aus Stoffgemischen einzelne Substanzen abgetrennt werden.

Das Grabtuch von Turin ist vermutlich eines der bekanntesten historischen Textilobjekte. Nach der Legende soll Christus in diesem Leinentuch bestattet worden sein. Das Tuch wurde mit verschiedenen naturwissenschaftlichen Methoden eingehend untersucht und erbrachte überraschende Befunde.

Fotografische Untersuchungen und eine Verstärkung von Hell-Dunkel-Kontrasten zeigen auf dem Tuch die Abbildung eines Menschen. Genaue gerichtsmedizinische Analysen belegen, dass es sich um einen toten Mann im Alter von etwa 30 bis 35 Jahren handelt. Der Mann wurde gefoltert und gekreuzigt, die Haut zeigt Verletzungen durch Geißelung, und dem Kopf muss eine Dornenkrone übergestülpt worden sein. Die Abbildung wurde nicht auf das Tuch aufgemalt, denn es waren keine eindeutigen Farbreste zu finden. Das Bild ist förmlich eingebrannt: An der Oberfläche des Leinens ist eine dünne Schicht durch Oxidation verändert. Solche Reaktionen waren nur möglich, nachdem das Leinen von Blut durchtränkt worden war. Alle Flecken stammen von menschlichem Blut. Die Abbildung ist ungewöhnlich scharf und zeigt sogar Haare, die durch einen direkten Körperkontakt auf das Leinen übertragen worden sein müssen. Die Veränderungen an der Zellulose des Leinens können nicht durch Hitze entstanden sein; wahrscheinlicher ist eine Energieübertragung durch Einwirkung von Strahlung. Auf den Augen des toten Mannes konnten zwei Münzen nachgewiesen werden, die ein Bild von Pontius Pilatus zeigen und etwa 30 n. Chr. geprägt wurden. Mit dem Mikroskop wurden im Leinen Blütenpollen von Pflanzen gefunden, die in Palästina vorkommen. Das Tuch könnte somit in Palästina gewebt worden sein. Interessant ist der Vergleich des Gesichts des toten Mannes mit Regeln zur Abbildung Gottes in der Ikonenmalerei. Bei Ikonen ist der Künstler angewiesen, das Gesicht von Christus auf bestimmte Weise darzustellen, und das Gesicht des toten Mannes auf dem Grabtuch von Turin entspricht genau diesem Gesichtstyp.

Wegen des Materialverbrauchs hatten die Forscher lange gezögert, das Alter des Turiner Grabtuches mit der Radiocarbonmethode zu bestimmen, die wegen dessen organischen Ursprungs auch bei Leinen eingesetzt werden kann. Mittlerweile wurden die Nachweisverfahren extrem verfeinert und kommen jetzt mit minimalen Materialmengen aus. Vom Grabtuch genügten winzige Proben aus einer unwichtigen Stelle. Dem Ergebnis zufolge wurde das Grabtuch in der Zeit zwischen 1260 und 1380 n. Chr. hergestellt; es kann also nicht aus der Zeit von Christus stammen. Die Radiocarbondatierung wurde von verschiedenen Labors bestätigt, dennoch bleiben mehrere Rätsel um das Grabtuch von Turin zurück. Bakterien sollen nach Ansicht mancher Forscher den Kohlenstoffgehalt durch Ablagerungen verfälscht haben, weshalb das Tuch dennoch aus der Antike stammen könnte. Außerdem wurde das Tuch in der Vergangenheit bei einem Brand beschädigt. Es konnte erst gerettet werden, als es schon in dichtem Rauch lag, was sich ebenfalls auf den Kohlenstoffgehalt des Gewebes ausgewirkt haben kann, sodass das tatsächliche Alter verfälscht wurde. Die überlieferte Geschichte des Grabtuches selbst kann bis in das Jahr 1353 n. Chr. dokumentiert werden.

Mode im alten Ägypten

Die Mode der alten Ägypter zeichnete sich durch eine relative Gleichförmigkeit aus. Schnitte wurden oft über Jahrhunderte hinweg nicht verändert. Kalte Jahreszeiten gab es nicht, sodass für die Garderobe nur wenige Kleidungsstücke erforderlich waren. Im alten Ägypten liegt der seltene Fall vor, dass die Herrenmode aufwendiger gestaltet war als die Damenmode. Es wurden bevorzugt Leinengewebe verarbeitet, daneben gab es Wollstoffe für Mäntel und grobe Stoffe aus Rindenbast. Die Weber konnten bereits hauchdünne und durchscheinende Leinenstoffe herstellen, die für exklusivere Kleidungsstücke sorgfältig plissiert wurden. Im Alten Reich trugen Männer einen Schurz, der in etwa einem Wickelrock glich und an einem Gürtel befestigt war. Der Oberkörper blieb unbedeckt. Die Form des Schurzes konnte variieren, manchmal war er lang und dann wieder kurz, manchmal unförmig weit, manchmal eng. Im

Mittleren Reich gab es einen inneren und einen äußeren Schurz gleicher oder verschiedener Länge, die übereinander getragen wurden. Der äußere Schurz war durchscheinend und erlaubte Faltendrapierungen. Im Neuen Reich kam in der Herrenmode zum doppelten Schurz noch ein hemdartiges Übergewand, das meist am Gürtel endete. Insgesamt konnte die Mode höchstens in der Länge der Kleidungsstücke, in der Faltendrapierung oder in der Körperbetonung variieren. Die Kleidung des Pharao grenzte sich zu allen Zeiten klar von der Bekleidung des Volkes ab. Priester und Militär besaßen eine eigene Tracht. Im Verlauf der Geschichte kopierten die unteren Stände regelmäßig den Kleidungsstil der Oberschicht, sodass die Oberschicht stetig Änderungen vornahm, um ihren Rang zu betonen.

Die Kleidung der Frau blieb während der langen ägyptischen Geschichte recht eintönig. Sie bestand aus einem langen faltenlosen Hemd, das unterhalb der Brust ansetzte und über den Knöcheln endete. Das Hemdkleid wurde an den Schultern von zwei Tragbändern gehalten, die Modeströmungen unterlagen. Manchmal wurden die Brüste durch die Bänder bedeckt, manchmal blieben sie frei. Hemdkleid und Tragbänder hatten stets die gleiche Farbe, meist weiß, selten rot, gelb oder grün, noch seltener mit Streifenmustern. Über dem Kleid konnten umhangartige Mäntel und Netze aus Perlen getragen werden. Im Neuen Reich verschwand das rechte Tragband, und das Kleid wurde nur noch über ein Tragband an der linken Schulter gehalten. Über dem Hemdkleid gab es während dieser Zeit ein weit geschnittenes Obergewand, das vor der Brust zusammengefasst wurde. In die Stoffe waren meist Faltenmuster eingearbeitet, und Festkleider wurden so fein gewebt, dass der Körperumriss hindurchschimmern konnte. Wichtig war nicht die Farbenpracht der Stoffe, sondern ihre Reinheit. Stoffe waren fast immer weiß und mussten stets wie frisch gewaschen aussehen.

Variabler als das Kleid war in der Damenmode die Perücke. Sie konnte nicht aufwendig genug gestaltet sein. Im Neuen Reich konnte die Haarpracht der Perücken bis zum Gesäß reichen. Bei gesellschaftlichen Auftritten zeigte sich die Dame überreich mit Schmuck aus edelsten Materialien ausgestattet. Schmuck sollte nicht nur schmücken, sondern auch als Amulett vor Krankheiten schützen. Die Ehefrauen und Töchter des Pharao hätten bei solchen Anlässen mühelos jede Filmdiva unserer Zeit in den Schatten stel-

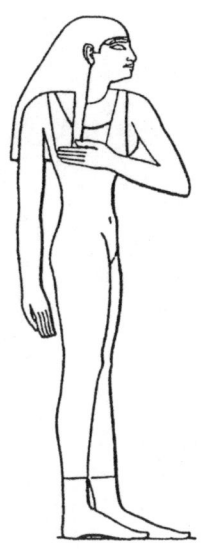

Mode im alten Ägypten:
1. Damen- (oben) und Herrenmode (unten) aus dem
Alten Reich. Unten rechts ist die Festtracht des Mannes
dargestellt. Die Damenmode blieb recht einheitlich und
variierte meist im Schmuck sowie in der Perücke.

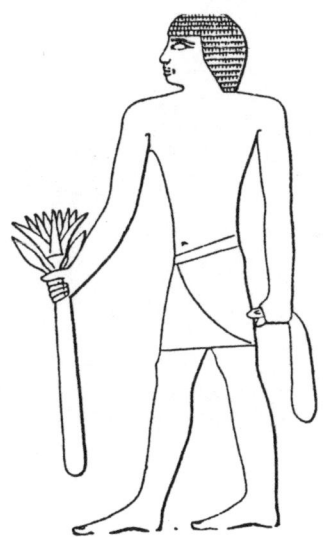

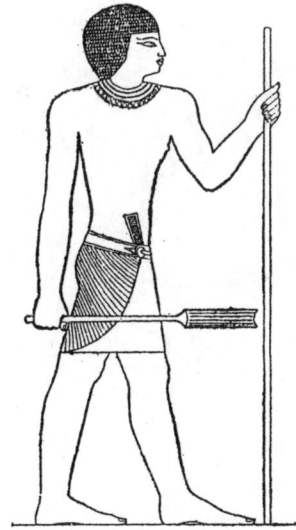

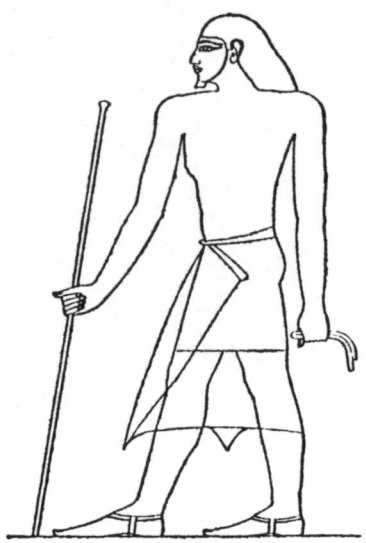

2. Herrenmode im Mittleren Reich. Es setzte sich ein
doppelter Schurz durch (oben). Im Neuen Reich trugen
Herren zum doppelten Schurz noch ein Hemd (unten).
Die Damenmode blieb wenig variabel.

3. Festliche Damenmode im Neuen Reich. Die Kleidung
war häufig durchscheinend gewebt und aufwendig
plissiert. Schmuck und Perücke waren großzügig
gestaltet, oft gehörte bei besonderen Anlässen noch ein
Duftkegel zur Perücke.
Die Skizzen wurden nach Darstellungen auf
Grabmalereien und an Tempeln gefertigt.

len können. Halsketten konnten zu breiten Halskragen werden, hinzu kamen Diademe, Fingerringe, Armringe, Fußringe sowie Ohrringe. Männer hielten als Zeichen ihrer Würde zepterartige Stäbe in den Händen. Von der 19. Dynastie an war Ohrschmuck bei Männern verpönt und nur noch der Pharao trug Ohrringe. Zur Damenmode gehörte schließlich noch das stets perfekte Make-up mit einer sorgfältigen Augenschminke, für das vornehme Ägypterinnen eigene Dienerinnen beschäftigten. Viele Frauen hatten reich bestückte Schminktischchen, die häufig mit ins Grab gegeben wurden.

Mode im antiken Griechenland

Griechenland ist ähnlich wie Ägypten von der Sonne verwöhnt, sodass von der Mode keine ausgesprochene Winterkleidung verlangt wurde. Die Kleidung wurde an die Temperaturen angepasst und Luxus gab es überwiegend im Detail. Dennoch war die Mode der alten Griechen gleichzeitig einfach und hochkompliziert. Noch stärker als heute verkörperte die Kleidung Sozialprestige und dokumentierte den gesellschaftlichen Stand. Es gab geschneiderte Kleidungsstücke, die Endymata genannt wurden, sowie Kleidung aus verschlungenen Stoffbahnen. Nicht geschneiderte Kleidungsstücke hießen Epiblemata oder Periblemata. Ihr Gebrauch war einfach: Lange Stoffbahnen wurden effektvoll um den Körper geschlungen und dann in dekorativen Falten drapiert. Die Stoffe der Kleidung waren oft bunt, häufig in Mustern gewebt und mit Dessins geschmückt. Luxuskleidung konnte sogar bemalt sein.

Bei Männer und Frauen war zunächst der Chiton in Gebrauch (3. auf der Abbildung, Seite 183). Zu seiner Herstellung wurden zwei Stoffbahnen zu einem Schlauch vernäht. An der oberen Schmalseite wurde der Chiton im Bereich der Schulter ebenfalls zusammengenäht, sodass insgesamt drei Öffnungen für den Kopf und die beiden Arme verblieben. Ein Chiton konnte ärmellos sein, aber auch Ärmel oder so genannte Scheinärmel besitzen. Die Länge des Chitons war ein Ausdruck für Sozialprestige. Reiche und gebildete Griechen trugen den Chiton lang wie die Götter, allerdings durfte der Stoff nicht auf dem Boden schleifen; dies galt als dekadent und neureich. Handwerker oder Sklaven trugen den Chiton kurz. Er war bei ihnen nur über einer Schulter zusammengenäht, sodass der

Mode im antiken Griechenland:
1. Der Peplos der Frauen war nicht genäht, sondern Stoffbahnen wurden kunstvoll um den Körper gelegt und mit Ziernadeln befestigt.
2. Tracht einer Priesterin vom griechischen Festland, um 1200 v. Chr. Die Kleidung war sehr aufwendig und maßgeschneidert.
3. Chiton eines Mannes; das Kleidungsstück wurde auch von Frauen getragen. Das Himation (Schultertuch) musste in einer besonderen Technik drapiert werden.
(aus: Forschung Frankfurt, 1/1991)

Oberkörper eine größere Bewegungsfreiheit hatte. Über den Chiton wurde das Himation geworfen, ein großes Tuch, das kunstvoll drapiert sein musste. Das Himation von rechts nach links über die Schulter zu werfen war ein unentschuldbarer Fauxpas; das Himation ging immer von der linken Schulter aus über den Oberkörper. Größte Sorgfalt wurde von den Männern auf den Verlauf der Faltenbildung gelegt, denn an diesem Muster waren Beruf und sozialer Status zu erkennen. Frauen kannten andere Faltenwürfe und schätzten zusätzlich dekorative Stoffmuster.

Den Peplos (1. auf der Abbildung, Seite 183) trugen nur Frauen. Das Kleidungsstück war nicht genäht, sondern bestand aus verschlungenen Stoffbahnen, wodurch immer wieder andere Tragevarianten möglich waren. Die Trägerin schlug die Stoffbahnen phantasievoll um den Körper und befestigte sie mit dekorativen Nadeln. Auf der rechten Körperseite blieb der Peplos bis zum Oberschenkel offen. Zur Frauenkleidung gehörte auch aufwendiger Schmuck, der den Reichtum der Trägerin dokumentieren sollte. Manchmal waren Goldplättchen aufgenäht. Dem Schmuckbedürfnis der Frauen in der Öffentlichkeit wurden immer wieder gesetzliche Grenzen auferlegt, meist jedoch ohne Erfolg. Der Staatsmann Solon (um 640 v. Chr.) schlug sogar vor, die Mitgift an Kleidern von Töchtern aus reichem Hause zu beschränken. Nur Hetären – heute wohl als Edelprostituierte bezeichnet – durften sich zu allen Zeiten in vollem Putz auf der Straße zeigen.

Hohe Schneiderkunst war für die Herstellung der Trachten von Priesterinnen notwendig (2. auf der Abbildung, Seite 183). Diese Kleidung bestand aus einem weiten Rock und einem körperbetonten Jäckchen mit Gürtel und Schurz. Die Brust blieb dabei unbedeckt. Die Kleidung wurde auf den Körper der Trägerin zugeschnitten und betonte insbesondere die Taille. Für die Herstellung der Volants und Drapierungen des langen und weiten Rocks war höchstes handwerkliches Können erforderlich. Die Wirkung der Kleidung sollte die Priesterin zur Göttin erheben.

Für prestigeträchtige Luxuskleidung gaben reiche Griechen ein Vermögen aus. Dionysos, Tyrann von Syrakus (430–367 v. Chr.), ließ sich eine legendäre Garderobe für den Preis von 150 Talenten schneidern und beschäftigte dafür den im ganzen Land gerühmten Weber Alkimedes aus Sybaris (Süditalien). Der Politiker und Feldherr Alkibiades zeigte sich bei offiziellen Anlässen in teurer purpurfarbener Kleidung mit einem feinen milesischen Mantel, dazu trug er hohe Lederstiefel mit vergoldeten Riemen. Über den attischen Redner Demosthenes wurde nicht nur wegen seiner Rhetorik, sondern auch wegen seiner eleganten Kleidung geredet. Im Gegensatz dazu stand der bescheidene Philosoph Sokrates. Er bot seiner Frau Xanthippe einmal an, zu einer Prozession einen Mantel von ihm anzuziehen. Als sie sich weigerte, meinte er nur, sie würde doch ausgehen, um zu sehen und nicht, um gesehen zu werden.

Leder

Als der frühe Mensch von Afrika aus erstmals Europa besiedelte, störten ihn sicherlich bald die extremen Temperaturschwankungen zwischen den Jahreszeiten. Gerade während der Eiszeit war Europa recht kalt und bot eigentlich nur in den südlichen Gebieten einen annehmbaren dauerhaften Lebensraum. Felle erjagter Tiere bildeten einen gewissen Schutz vor der Kälte, und schon bei den Neandertalern war Fellkleidung üblich. Doch Felle waren, nachdem sie von der Beute abgezogen worden waren, nur schwer haltbar zu machen. Sie wurden steif und drohten zu verrotten. Bereits Neandertaler kauten vermutlich Tierfelle Zentimeter für Zentimeter ab, um sie geschmeidig und damit tragbar zu machen. Bei der frühen Fellbearbeitung zu Kleidungszwecken wurde intensiv experimentiert, und die Kunst des Gerbens von Tierfellen zu Leder gelang schon in der frühen Steinzeit. Die Felle wurden mit Fetten und Hirnmasse von Tieren eingerieben und dann in der Sonne konserviert. Felsbilder der mittleren Steinzeit zeigen Menschen mit einer gut sitzenden Fellkleidung, und aufgefundene steinzeitliche Schaber belegen, dass die Felle auch enthaart worden waren. In Leder kleidete sich auch Ötzi, die 5000 Jahre alte Mumie aus den Ötztaler Alpen. Der Mann trug Unterwäsche und Beinkleider aus Ziegenleder sowie Schuhe mit Sohlen aus Bärenleder.

Der überwiegende Teil der heute üblichen Gerbtechniken zur Lederproduktion wurde in seinen Vorstufen bereits in der Steinzeit erfunden. Bei besonders frühen Techniken wurden die rohen Felle eingeölt und im Rauch konserviert. Um die Haare leichter zu entfernen, wurde eine Schwitzmethode entwickelt. Die Felle wurden erhitzt, und die Haare ließen sich anschließend leicht abschaben. Ähnliche Methoden sind noch heute bei einigen Naturvölkern üblich: Frische Felle werden mit Asche, Fetten oder Urin konserviert und anschließend geräuchert. Da Eskimos früher kein Feuer entzünden konnten, kauten sie ähnlich wie Neandertaler die vorbehandelten Felle weich.

Bereits in der Vorantike wurden die rohen Felle zuerst eingeweicht und anschließend gespannt, um Fleischreste an der Innenseite abzuschaben. Danach wurden sie erhitzt und die Haare auf der Außenseite mit einem Schabmesser entfernt. Zuletzt wurden die rohen Häute gegerbt und damit haltbar gemacht. Versuche, mit pflanzlichen Materialien zu gerben, gab es schon im 7. Jahrtausend v. Chr. Bei der Weißgerberei, die bereits im 4. Jahrtausend v. Chr. in Ägypten nachgewiesen werden kann, wurden verschiedene Salze oder Alaun zugesetzt, bei der Sämischgerberei unterschiedliche Öle und Fette. Die Loh- oder Rotgerberei wurde vermutlich zuletzt erfunden. Sie arbeitete mit Gerbstoffen aus Pflanzen und verbreitete sich erst in der Bronzezeit. Gute Ergebnisse erbrachten zuletzt Kombinationen aus allen drei Methoden.

Materialanalysen alter, noch erhaltener Lederobjekte sind kaum üblich, sie lassen nur begrenzte Rückschlüsse auf Gerbtechniken zu. Das Wissen zur frühen Lederherstellung stammt hauptsächlich aus schriftlichen Quellen oder aus alten Bilddarstellungen. Auch das Färben von Leder wird in antiken Quellen beschrieben: Schwarz wurde Leder durch Zusätze von Eisenmineralien, gelb durch Extrakte aus Granatäpfeln und rot durch zermahlene Blattschildläuse. In Niedersachsen wurden Reste einer ledernen Dolchscheide aus der Steinzeit gefunden und in den Alpen Ledersäcke zum Salztransport während der Bronzezeit.

Im alten Ägypten war die Lederherstellung hoch entwickelt. Es gab spezialisierte Handwerker, denen zum Gerben pflanzliche Stoffe, Öle und Alaun bekannt waren. Auf Grabmalereien können noch heute ihre einzelnen Arbeitsgänge nachvollzogen werden. Als Bekleidung schätzten die Ägypter Leder nur während der Frühzeit, später bevorzugten sie fein gewebte Leinenstoffe. Aus Leder stellten sie hauptsächlich Schuhe, verschiedene Behälter und Taschen sowie Ausrüstungsgegenstände für das Militär und Pferdegeschirr her. Ein vorzüglich erhaltenes, großes und prächtiges Totenzelt aus gefärbten und bemalten Lederstücken kann im Ägyptischen Museum von Kairo bewundert werden, es stammt aus der Zeit um 990 v. Chr. Der Lederbedarf der Hochkultur am Nil war recht groß und es mussten auch rohe Felle importiert werden. Rinderfelle kamen aus der Gegend um das Schwarze Meer und Gazellenfelle aus den südlicheren Gebieten von Afrika. Die Sumerer bezogen die Räder ihrer Wagen schon um 3000 v. Chr. mit Leder. In Mesopotamien erfolgte die Gerbung zunächst mit Salzen sowie Alaun und erst später mit Eichenlohe. Aus aufgeblasenen und wasserdichten Lederhäuten wurden dort sogar Flöße und Schiffe angefertigt. Assyrische Kampfeinheiten waren mit aufblasbaren Tierhäuten ausgerüstet, um rasch Flüsse überqueren zu können.

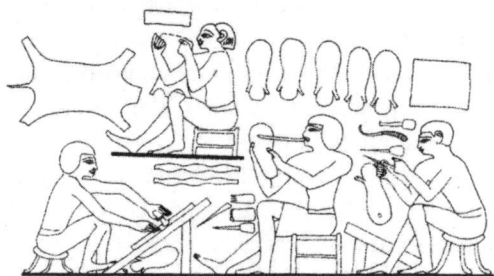

Einblick in eine altägyptische Schusterwerkstatt; Skizze nach einer Grabmalerei um 1450 v. Chr., Theben. In der Werkstatt herrschte bereits eine Arbeitsteilung.
Ein Arbeiter durchlöchert gerade die zugeschnittenen Ledersohlen, ein anderer befestigt den Zehenriemen.
Oben ist ein enthaartes und gegerbtes Fell zu erkennen.
(nach einer Grabmalerei, Theben-West)

In den antiken Staaten des Mittelmeerraums wurde Leder an fast jedem größeren Ort produziert und es gab Spezialisten mit handwerklicher Arbeitsteilung. Meist war für die ersten Arbeitsschritte am Rohmaterial bis zum Endprodukt ein einziger Betrieb zuständig, der wegen der enormen Geruchsbelästigungen außerhalb der Wohngebiete lag. Manche Völker benutzten zum Gerben sogar Hundekot und Taubenmist, sodass der Beruf der Gerbers zwar notwendig, aber nicht begehrt war. Bevorzugt wurde im Laufe der Zeit die Lohgerberei mit pflanzlichen Extrakten aus Galläpfeln, Eicheln und Rinden; für weiches Leder gab es eine Gerberei mit Alaun und für Waschleder mit Ölen. Der athenische Politiker Kleon war Besitzer einer Großgerberei für Schuhleder. Homer erwähnte in seinen Berichten Schuhwerk aus Rindsleder, das ein gewisser Eumaios hergestellt hatte. Gerühmt wurde auch ein Schild von Aias, das mit sieben Rindslederschichten überzogen war. Agamemnon trug ein präpariertes Löwenfell als Umhang und Paris das Fell eines Panthers. In Rom kleideten sich Senatoren in Pelzmäntel, und die Damen schätzten feines Pelzwerk. Für das Schuhwerk hatten die Römer strenge Richtlinien. Nur Mitglieder des Magistrates durften beispielsweise Schuhe in einer bestimmten roten Farbe tragen. Zur Ausrüstung jeder Legion gehörten Lederzelte und andere widerstandsfähige Materialien aus Leder. Wichtig war auch der große Lederbedarf zur Pergamentproduktion. Zahlreiche Betriebe waren auf besondere Produkte spezialisiert, und es gab Gilden der Gerber, Lederarbeiter sowie Häutehändler. In Pompeji sind noch heute Ruinen einer antiken Gerberei erhalten und auch Werkzeuge zur Fell- und Lederbearbeitung wurden gefunden.

Im alten China mussten die Felle von toten Rindern in staatlichen Magazinen abgeliefert werden, und es wurde sogar eine »Rindshautsteuer« erhoben. Einen enormen Lederbedarf hatte die Armee des Kaisers, denn es gab nicht nur Lederausrüstungen für den einzelnen Soldaten und ledernes Pferdegeschirr, sondern auch großflächige und stets nass gehaltene Lederabdeckungen zum Schutz vor Brandangriffen sowie transportable Brücken mit Schwimmkörpern aus Leder. Daneben war Leder das Trägermaterial für Lackarbeiten, die von der Oberschicht sehr geschätzt wurden. Ab dem 7. Jahrhundert n. Chr. kannte man in China nachweislich luftgefüllte Lederbälle für sportliche Betätigungen. Den Indianerkulturen in Amerika war Leder ebenfalls bekannt, und es gab bei den nomadischen Stämmen feinste Wildlederkleidung. In Mexiko hielten manche indianische Völker kaum Haustiere, sodass sie anfangs mit Mischungen aus Menschenkot und Urin Felle von Wildtieren zu Leder gerbten.

Lederarbeiten wurden im Verlauf der Geschichte immer kunstvoller und stiegen im Preis. Kästen, Truhen, Futterale und Möbel wurden im Mittelalter aufwendig mit verziertem Leder geschmückt und entwickelten sich zu ausgesprochenen Statussymbolen. Im 13. Jahrhundert setzten sich hauptsächlich in England Schuhe mit aufgebogenen und bis zu 30 Zentimeter langen Spitzen durch, die im Extremfall an den Knien festgebunden wurden. Mit diesen Schuhspitzen nahmen bei Gastmählern Herren erste Kontakte zu ihren Tischnachbarinnen auf. Später wetterte die Kirche über den Verfall der Sitten, und die Schuhspitzen durften nur noch 15 Zentimeter lang sein.

Nach der Erfindung des Buchdrucks boten prächtige Lederein-
bände reiche künstlerische Entfaltungsmöglichkeiten. Aus verschiedenfarbigen Lederstücken wurden insbesondere im Orient Leder-
mosaike für Bucheinbände gefertigt. Bei einem Lederschnitt wurden zu Dekorationszwecken Vorzeichnungen in das Leder eingeritzt
und anschließend unter anderem durch Farbzusätze kunstvoll bearbeitet. Von hinten konnte Leder noch unterlegt werden, um Reliefstrukturen zu erzielen. Der Oberflächenbearbeitung von Leder
diente auch die Punzierung, ein Verfahren, bei dem mit speziellen
Stempeln dekorative Muster oder Ornamente eingeprägt wurden.
Aus dem Orient kamen über Venedig schließlich Techniken, um
Leder zu vergolden. Adelsfamilien und reiche Kaufleute schätzten
Ledertapeten und Lederpolsterungen von Möbeln. Ledertapeten aus
feinem Kalbs-, Schaf- oder Ziegenleder stammten ursprünglich
ebenfalls aus dem Orient. Im frühen Mittelalter wurden sie von den
Mauren in Spanien eingeführt und ab dem 16. Jahrhundert haupt-
sächlich in Italien, Holland und Frankreich hergestellt. In den
Palästen gab es für sie ab dem 17. Jahrhundert einen großen Bedarf.
Sie waren aufwendig gestaltet, konnten mit Gold- oder Silbereinla-
gen sowie Reliefstrukturen verziert sein, enthielten zum Beispiel bei
Chinoiserien Bilddarstellungen oder erzählten sogar komplette Bild-
geschichten. Im 18. Jahrhundert wurden Ledertapeten aus Kostengründen immer stärker von Stoff- sowie Papiertapeten verdrängt.

Farbpigmente

Die Malerei ist so alt wie die Kultur der Menschheit. Ihre ältesten Spuren reichen über weit mehr als 40 000 Jahre zurück und können an verschiedenen Stellen der Erde nachgewiesen werden. In Europa belegen Höhlenmalereien in Nordspanien und Südfrankreich einen erstaunlich hohen künstlerischen Stand. Bisher sind in Europa aus fast 150 Höhlen steinzeitliche Malereien bekannt, und insbesondere die Höhle von Lascaux lässt bereits in der Zeit vor etwa 25 000 Jahren ausgeprägte stilistische Entwicklungsrichtungen erkennen. Der schöpferischen Kraft der frühen Künstler waren allerdings Grenzen gesetzt, denn es fehlten geeignete Farben, um die ganze Vielfalt der Natur darzustellen. Meist konnten nur farbige Erden aus der Umgebung, Blut oder zerriebene Holzkohle und Ruß zusammengetragen werden, um die Palette zu füllen. Dabei herrschten gelbe, braune, rote und schwarze Farbtönungen vor, die noch heute die prähistorischen Höhlenmalereien auszeichnen. Farbige Erden sind jedoch oft sehr empfindlich und es ist nur besonderen Umweltsituationen zu verdanken, wenn sich frühe Malereien der Menschheit bis heute erhalten konnten. In der schwarzen Farbe von Höhlenmalereien finden sich noch heute Spuren von verkohltem Holz einiger Nadelhölzer wie etwa Wacholder.

Mit der Entwicklung der Stadtkulturen gewannen die Künstler ein breiteres Farbenspektrum und konnten immer häufiger auf farbige Mineralien zurückgreifen, die haltbarer als Erden sind. Hauptsächlich in Verbindung mit der Kupfergewinnung fielen zahlreiche farbige Mineralien an. Meist handelte es sich um mineralische Verwitterungsprodukte oder auffallende Naturstoffe wie das grüne Mineral Malachit. Im Laufe der Jahrtausende stieg die Nachfrage nach dauerhaften Farben immer weiter. Bald benötigten Heiligtümer und Palastanlagen große Mengen davon. In größeren Siedlungsgebieten kam es in der Folge zu Engpässen und es zahlte sich aus, weite Handelswege zu erschließen. Rohstoffe für Farben mussten meist teuer erworben werden. Ein Tontafelarchiv aus Babylon berichtet über kostspielige Lieferungen. Da solche Geschäfte lohnend waren, stieg das Angebot. Bald standen den Künstlern weiße, gelbe, rote, grüne, blaue, schwarze und braune Farbpigmente zur Verfügung, die heute mit zerstörungsfreien Analysetechniken untersucht werden können. Alte Farben sind meist anorganischen Ursprungs und enthalten komplizierte Mineralienmischungen. Sie unterscheiden sich damit klar von den modernen organischen Farben. Fälscher von alten Meistern müssen ihre Farben nach alten Rezepten selbst herstellen, anstatt in Fachgeschäften übliche Malerfarben zu erwerben.

Im alten Ägypten wurde zur Kostensenkung schon früh mit örtlich vorhandenen Mineralien experimentiert, um dauerhafte künstliche Farbpigmente zu gewinnen. Diese Versuche ermöglichten eine breites wirtschaftliches Betätigungsfeld und machten kostenintensive Handelsbeziehungen überflüssig. Der Durchbruch gelang bereits im Alten Reich mit der Erfindung von »Ägyptisch Blau«, das sogar für eine Großproduktion geeignet war und das erste bekannte künstliche Farbpigment darstellte. Um Tempel und Grabanlagen auszumalen, Gebrauchsgegenstände zu schmücken oder Papyri zu kolorieren, musste Ägyptisch Blau in riesigen Mengen produziert werden. Es wurde zu einem Massenprodukt und verdrängte bald die natürlichen Blaupigmente wie Ultramarin oder Azurit. Zur Herstellung von Ägyptisch Blau wurden Quarzsand, Kalk und Soda gemischt und auf etwa 800 Grad Celsius erhitzt. Die blauen Farbtönungen lieferten Kupferverbindungen wie die Mineralien Malachit, Atacamit oder Chrysokoll, aber auch Bronze. Das Gemisch wurde geschmolzen, wobei eine genaue Temperaturregulation sehr wichtig war. Ägyptisch Blau entsteht nur bei Temperaturen zwischen 850 und 1050 Grad Celsius. Ist die Temperatur zu niedrig, tritt keine Verschmelzung ein. Ist sie dagegen zu hoch, werden die Kupferverbindungen chemisch verändert und die blaue Farbe geht verloren. In Abhängigkeit von der Mischung sowie den Schmelz- und Temperaturbedingungen konnten die Ägypter unterschiedliche Blautönungen erzielen. Die Temperatur wurde dabei meist über den Aschenanteil reguliert. Die Rohstoffmischung von Ägyptisch Blau wurde zuerst vollständig geschmolzen und dann rasch abgekühlt. Zurück blieb ein Farbpigment mit sehr vorteilhaften Eigenschaften, das zusätzlich noch preiswert herzustellen war. Erst in der jüngsten

Vergangenheit gelang der Nachweis, dass Ägyptisch Blau dem natürlich vorkommenden Mineral Cuprorivait entspricht.

Aus der ägyptischen Zeit können aus Unterlagen über Tributzahlungen und Tempelinventar Hinweise auf die Farbpigmente der Künstler gewonnen werden. Dabei treten neben den gelben, roten und braunen Tönen der Erdfarben verstärkt grüne und blaue Farbpigmente in Erscheinung; neben dem Ägyptisch Blau wurde auch Ägyptisch Grün künstlich hergestellt. In der griechischen und römischen Zeit wurde die Farbpalette immer reichhaltiger. Antike Autoren hinterließen zahlreiche Beschreibungen von Farben, die heute auf archäologischen Objekten nachgewiesen werden können. Im Jahr 1847 wurden bei Grabungen an einer römischen Villa in Frankreich Gefäße mit 80 verschiedenen, noch originalen Farbproben gefunden, und 1898 tauchten in einem römischen Grab in Belgien über 100 verschiedene Farbwürfel auf. Aufgrund der Analyse dieser Proben konnten Informationen gewonnen werden, die bei der Interpretation von heutigen Funden hilfreich sind.

Ägyptische Malerin bei der Arbeit an der Figur einer Göttin. In der Hand hält sie ein kurzes Holzstück mit einer Rinne zum Mischen der Farben. Die nur unvollständig erhaltene Skizze der Wandmalerei ist ergänzt.
(nach einer Grabmalerei, Theben-West)

Der Handel mit Farbpigmenten machte auch vor kulturellen Grenzen nicht halt und erreichte die gesamte bekannte Welt. In der Antike gelangten Farbpigmente aus China bis in den Mittelmeerraum. Ultramarin oder der organische Farbstoff Indigo kamen oft aus Indien und Afghanistan zu den Hochkulturen am Mittelmeer, während Zinnober aus Spanien bis nach China geliefert wurde. Bei den zentralasiatischen Malereien der Turfan-Kultur wechselten sogar die Kulturkreise der Lieferanten: In manchen Zeitabschnitten wurden Farben überwiegend aus dem Westen importiert, dann wieder hauptsächlich aus China.

Bei Grabungsarbeiten am Aphaia-Tempel auf Ägina in Griechenland wurden auf unterschiedlichen Architekturen Farbreste gefunden. Eine genaue Analyse wies dabei unter anderem Ägyptisch Blau nach. Zur Zeit des Tempelbaues war Ägyptisch Blau allerdings bereits ein Massenprodukt, es durfte demnach nur zum Bemalen von großflächigen Tempelfassaden verwendet werden. Bei den Arbeiten an den wertvollen Statuen griffen die Künstler auf die teuren Naturfarben aus Mineralien zurück: Für die Darstellung der Götter waren nur edelste Materialien gut genug.

Bleiweiß war viele Jahrtausende lang das klassische weiße Pigment der Malerei und bereits den Künstlern der Antike bekannt. Nach Ägyptisch Blau war Bleiweiß das zweite künstliche Farbpigment in Großproduktion. Zu seiner Herstellung wurden Bleiplatten in mit Essig gefüllte Tontöpfe eingelegt. Anschließend wurden die Töpfe fest verschlossen und in Pferdemist vergraben. Im Pferdemist sind zahlreiche Mikroorganismen aktiv, die Wärme produzieren und die Töpfe über eine lange Zeit erhitzten. Durch die dauerhaft hohen Temperaturen wandelte sich das Blei über Bleiacetat in das Endprodukt Bleicarbonat um. Bleiweiß ist giftig und seine Verwendung für den Künstler gesundheitsschädlich. Im 19. Jahrhundert wurde es deshalb durch Zinkweiß ersetzt. 1928 begann die Farbenindustrie, Titanweiß als ungiftiges weißes Farbpigment zu produzieren. Dieses genau bekannte Datum half später, manches Kunstwerk »alter Meister« als Fälschung zu entlarven, indem Titanweiß nachgewiesen werden konnte, das es zu Zeiten des Meisters ganz sicher noch nicht gegeben hatte.

Ähnlich wie Bleiweiß wurde Grünspan durch die Behandlung von Kupferplatten mit Essig hergestellt. Grünspan gab es als Farbe schon in der Antike, das grüne Pigment wurde in Pompeji gefunden. Karmin ist seit der Antike als rotes Farbpigment bekannt, es wird aus zermahlenen Schildläusen hergestellt. Nach der spanischen Eroberung von Südamerika stammten die Schildlausarten zur Produktion von Karmin für den europäischen Markt überwiegend aus Mexiko. Diese Schildläuse lebten auf Kakteen und Inhaltsstoffe aus Kakteen können demzufolge bei einer Zuordnung helfen. In Europa kam im 18. Jahrhundert Indisch Gelb in Gebrauch, es bewährte sich insbesondere bei Buchmalereien. Das Farbpigment stammte aus Indien und wurde dort aus dem Urin von Kühen hergestellt, die regelmäßig mit Mangoblättern gefüttert wurden. Das in der Aquarellmalerei sehr beliebte Sepia wurde aus dem Farbstoff des Tintenfisches gewonnen, und im frühen 19. Jahrhundert wurde sogar mit zerkleinerten altägyptischen Mumien experimentiert, um Farbpigmente herzustellen.

Manche bewährten Farbpigmente aus der Antike und dem Mittelalter erwiesen sich später als giftig und mussten nach und nach aufgegeben werden. Es ist deshalb verwunderlich, dass noch um 1800 das giftige Schweinfurter Grün in den Handel kam und eine weite Verbreitung fand. Beim Schweinfurter Grün handelt es sich um ein Kupferarsenacetat. Nachdem die Giftwirkung allgemein bekannt geworden war, stellten die Hersteller die Produktion nicht sofort ein, sondern gaben der Farbe zur allgemeinen Verwirrung mehr als 50 verschiedene Handelsnamen. Die Kundentäuschung hatte Erfolg, denn Schweinfurter Grün verschwand erst zu Beginn des 20. Jahrhunderts endgültig vom Markt.

Bei Farbpigmenten sind Altersbestimmungen ähnlich aufwendig und schwierig wie bei Metallen. Enthält ein Farbpigment Blei, kann die Blei-210-Methode eingesetzt werden. Dieses radioaktive Blei-Isotop hat eine Halbwertszeit von nur 22,3 Jahren, sodass uralte Farbproben nicht mehr radioaktiv sein dürfen. Auch die Verwendungsgeschichte von Farbpigmenten kann die zeitliche Zuordnung erleichtern. Manche Farben wurden schnell populär und vielfältig verwendet, um ebenso rasch wieder aus der Mode zu kommen. Durch solche Vorlieben in der Farbenproduktion können Bilder datiert werden, oder ein Sammler wird bei Kaufentscheidungen durch das Vorhandensein einer zeitlich »falschen« Farbe misstrauisch.

Da früher viele Künstler ihre Farben selbst produziert haben, spielen auch individuelle Variationen in den Herstellungsprozessen zur Beurteilung von Farbpigmenten eine Rolle. Heute können Farbpigmente im alten Stil praktisch nicht mehr hergestellt werden, denn die Rohstoffe kommen in einer zu großen Reinheit in den Handel. Am früher weit verbreiteten Bleiweiß hat sich deshalb schon mancher Fälscher die Zähne ausgebissen. Modernes Bleiweiß liefert andere Analysedaten als das Bleiweiß der alten Meister. Arbeitet ein Fälscher mit originalen alten Holztafeln als Bildträger, dann unterstützt ihn zwar die Holzanalyse, aber nicht die Farbanalyse. Alte Holztafeln enthalten oft feine Wurmlöcher, in die Farbpigmente eindringen können und dort nachweisbar sind. Alte Meister dagegen haben nie auf wurmstichige Holztafeln gemalt, denn die Bretter für ihre Tafeln stammten aus ihrer Zeit und waren sorgfältig vorbehandelt worden. Finden sich auf bemalten Holztafeln Spuren von Farbpigmenten in Wurmlöchern, ist das Bild meist gefälscht. Daneben überprüften alte Meister oft mit den Fingerspitzen die Farbschicht ihrer Bilder um zu kontrollieren, ob die Farbpigmente angetrocknet waren, und hinterließen dabei Fingerabdrücke. Mit viel Spürsinn sind diese noch heute zu erkennen. Ein Gemälde wurde beispielsweise einmal Leonardo da Vinci zugeschrieben, weil der Meister auf der Malfläche einen Fingerabdruck zurück gelassen hatte. Unsicher wird eine solche Zuordnung nur, wenn ein Meister Arbeiten von Schülern korrigierte.

Durch die Atombombenversuche der Nachkriegszeit sind seit den sechziger Jahren zahlreiche Materialien für Farben radioaktiv belastet, sodass über Messungen zeitliche Zuordnungen möglich sind. Werden anorganische Farben mit modernen Rohstoffen nach alten Rezepten hergestellt, dann ist die Farbe schwach radioaktiv und damit datierbar. Eine sehr gelungene Fälschung eines Selbstporträts von Rembrandt konnte allein durch die Farbanalyse erkannt werden. Das Original des Gemäldes aus dem Jahr 1634 gehört einer berühmten Berliner Galerie. In den siebziger Jahren des vergangenen Jahrhunderts behauptete nun ein Mann, er besitze das vorübergehend in den Kriegswirren verschollene Gemälde als Original, während die Galerie nur eine im Auftrag der Nationalsozialisten gefertigte Kopie ausstelle. Bei der Analyse von kleinsten Farbspuren des angeblichen Originals erwies sich allerdings, dass die Farben des Gemäldes nicht zu einem Werk der Rembrandt-Zeit passten. Gelbe Farbtönungen gingen nach den Mikroanalysen auf Cadmiumgelb zurück, weiße Farbtönungen auf Zinkweiß und grüne Farbtönungen auf Chromoxidhydratgrün. Alle diese Farben konnten erst nach

1800 produziert werden und waren demzufolge Rembrandt noch nicht bekannt. Für Grün benutze dieser das kupferhaltige Mineral Malachit, für Weiß das Bleiweiß und für Gelb ein Blei-Zinn- oder Blei-Antimon-Gemisch. Die Kopie des Mannes konnte deshalb nicht vor dem 19. Jahrhundert gemalt worden sein. Bei der Fälschung moderner Malereien lassen sich die Tücken der Materialanalyse leichter umgehen. Benutzt ein Fälscher die gleichen modernen und organischen Farben wie der Maler des Originals, dann müssen weitere Analysekriterien herangezogen werden, um die Fälschung zu entlarven.

Farbpigmente können heute auf kleinsten Flächen mit verschiedenen Techniken der Fluoreszenzanalyse beurteilt und auch sicher identifiziert werden. Aufgrund von Kristallbildungen in den Farbpigmenten lassen sich sogar Herstellungsprozesse rekonstruieren. Beim Ägyptisch Blau wurde gezeigt, dass die Mineralien Tridymit und Cristobalit verschmolzen waren und die Ägypter demnach auch die entsprechende Schmelztemperatur erreicht haben mussten. Die Ägypter konnten sogar ihre Keramiken mit Cobaltblau bemalen und anschließend erfolgreich brennen. Ihre Arbeitstechnik ging später verloren und wurde erst ab dem 18./19. Jahrhundert wieder entdeckt, als Porzellanmaler immer häufiger Cobaltblau verwendeten. Mit dem Rasterelektronenmikroskop lassen sich in Farbpigmenten auch Spuren der Herstellungsmaterialien identifizieren. In altem Pflanzenschwarz wurden zum Beispiel Spuren von Traubenkernen gefunden. Damit konnte bewiesen werden, dass das Farbpigment aus Weinrebenholz hergestellt worden war.

Materialanalysen von historischen Objekten können sogar moderne Entwicklungen in der Farbherstellung beeinflussen. Das Maya-Blau der alten Mayakultur zeichnet sich trotz der inzwischen vergangenen Jahrhunderte noch heute durch eine intensive Leuchtkraft aus. Genaue Analysen des Pigmentes konnten belegen, dass beim Maya-Blau der Farbträger Indigo in einen Käfig aus winzigen farblosen Tonkristallen eingeschlossen ist, was das Ausbleichen verhindert. Zusätzlich enthält das Maya-Blau winzige Metallteilchen, die den Farbeffekt verstärken. Durch Mischungen von Farbträgern mit speziellen Begleitsubstanzen lassen sich nicht nur Farbwirkungen intensivieren, sondern der Farbträger bleibt auch länger haltbar. Bei modernen Jeanshosen bleicht der Farbträger Indigo aus, im Maya-Blau dagegen nicht. Mit dem Wissen der Maya könnten Jeans

Rembrandt (1606–1669), Selbstbildnis im Samtbarett und einem Mantel mit Pelzkragen, 1634. Von diesem Selbstbildnis tauchte einmal eine sehr gut gelungene Fälschung auf, die sich nur aufgrund der Farbanalyse identifizieren ließ. Die Farben stammten nachweislich aus der Zeit nach Rembrandt, denn während der Rembrandt-Zeit konnten sie noch nicht hergestellt werden.
(Staatliche Museen zu Berlin – Preußischer Kulturbesitz, Gemäldegalerie)

dauerhafter gefärbt werden. Maya-Blau wurde sogar auf Malereien in Kuba Jahrhunderte nach dem Untergang der Maya gefunden. Es lässt sich nicht nachvollziehen, wie das Produktionswissen nach Kuba gelangte, denn gute Seefahrer waren die Maya nicht.

Edelsteine

Edelsteine sind Mineralien, die mit ausdruckvollen Farben und filigranen Strukturen schon früh das Schönheitsempfinden der Menschen angesprochen haben. Sie fanden bereits in den ersten Kulturen eine vielfältige Verwendung, und es wurden ihnen auch magische Eigenschaften zugeschrieben. Aus Edelsteinen wurden nicht nur Schmuckstücke hergestellt, sondern sie waren auch Material für Siegel, Gemmen und sogar für Werkzeuge und Waffen. Überwiegend dienten sie allerdings zur Verzierung von Luxusgegenständen und Statussymbolen. Mit den Untersuchungen von Edelsteinen beschäftigt sich das eigenständige Forschungsgebiet der Gemmologie. In ihrer chemischen Zusammensetzung sind Edelsteine oft erstaunlich einfach. Der Diamant besteht zum Beispiel ausschließlich aus Kohlenstoff, Rubine und Saphire sind ungeachtet ihrer unterschiedlichen Farben prinzipiell gleich aus Aluminium- und Sauerstoffatomen (Al_2O_3) aufgebaut. Viele optisch sehr verschiedene Halbedelsteine bestehen wie gewöhnlicher Sand aus Silicium und Sauerstoff. Die breite Farbenpracht der Edelsteine wird häufig durch eingeschlossene Spurenelemente hervorgerufen.

Der heute so geschätzte Diamant wurde erst in den vergangenen Jahrhunderten im Abendland zum Inbegriff des wertvollen Edelsteins. In der Antike wurde er zwar beschrieben, allerdings ist kein wertvolles Diamantobjekt bekannt, das mit Sicherheit aus dieser Zeit stammt. Hoch angesehen war im alten Orient dagegen der Lapislazuli. Diamanten konnten früher noch nicht zu Brillanten geschliffen werden. In der Kaiserkrone des Deutschen Reiches aus dem Mittelalter sind die Edelsteine nur sorgfältig poliert und nicht geschliffen.

Edelsteine werden heute mit zerstörungsfreien Methoden untersucht, wobei Fluoreszenz- und Feinstrukturanalysen im Vordergrund stehen. Weitere spezifische Untersuchungen sind die Be-

Krone des Heiligen Römischen Reiches Deutscher
Nation aus dem Mittelalter. Sie besteht aus einem
22 cm weiten Reif aus acht Goldplatten sowie einem
Hochbügel, die Vorderseite schmückt ein Kreuz.
Die einzelnen Platten sind mit Schanieren verbunden
und tragen einen reichen Schmuck aus Edelsteinen,
Goldverzierungen und Perlen. Da die Kaiser viel reisten,
war die Reichskrone auf diese Weise auseinander zu
nehmen. Von allen Kronen des Abendlandes hatte die
Reichskrone den höchsten Stellenwert. Zu den
Edelsteinen gehören Saphire, Amethyste, Smaragde
und Rubine. Sie sind nicht geschliffen, sondern nur
poliert. Die Sitte, Edelsteine zu schleifen, kam erst
später auf.
(Kunsthistorisches Museum, Wien)

stimmung des Brechungsindexes von Licht sowie die Messung der Härtegrade. Diamant ist das härteste Material, das es auf der Erde gibt. Bei Rohedelsteinen gelingen die Untersuchungen meist leichter als bei bearbeiteten Objekten, die etwa in Schmuckstücke gefasst sind. Edelsteine wurden schon früh gefälscht, allerdings kann keine Fälschung die Materialanalyse überlisten.

Edelsteine, die heute nur noch eine untergeordnete Bedeutung haben, genossen in den frühen Hochkulturen den höchsten Stellenwert und wurden über weite Handelwege beschafft. Babylon war wegen seiner zentralen Lage ein wichtiger Zwischenhändler, obwohl das Land selbst kaum Edelsteinvorkommen besaß. Der beliebte Lapislazuli stammte fast immer aus Afghanistan und musste teuer eingekauft werden. Entlang der Handelsstraßen blühte eine reiche Schmuckindustrie, die in vielen Städten für Wohlstand sorgte. Insbesondere in Ägypten waren Perlen aus Lapislazuli begehrt. Sie wurden aus sorgfältig geschnittenen Lapislazuliblöcken geformt und mit Feuersteinbohrern mit einer Spitze von etwa einem Millimeter Durchmesser bearbeitet. Die wichtigen Skarabäen mit ihrer Funktion als Amulett wurden meist aus Amethyst, Karneol, Lapislazuli, Türkis und Jaspis gefertigt. In Südägypten gab es sogar Amethystminen. Aus Kostengründen wurde allerdings immer wieder auf Edelsteinimitationen aus Glas zurückgegriffen. Türkise gehörten zu den wenigen Edelsteinen, die auch in Ägypten vorhanden waren, sodass aus ihnen sogar Statuen gefertigt wurden. Aus Quarzsteinen wurden in Ägypten schon um 3600 v. Chr. Perlen und Gefäße hergestellt. Der Hohepriester der Israeliten trug ein Ephod, ein miederähnliches Kleidungsstück mit einem dichten Edelsteinbesatz, wobei jede der zwölf Edelsteinsorten einen der Stämme Israels symbolisierte. Bedeutende Lagerstätten für den Türkis gab es am Aralsee, wo noch heute Türkisbergwerke nachgewiesen werden können, die vom 3. Jahrtausend v. Chr. bis zum Mittelalter in Betrieb waren. Opale kamen während der Antike aus Ungarn, Smaragde aus den Gebieten der Skythen und der Topas sogar aus Indien. Während der Völkerwanderungszeit war Granatschmuck sehr angesehen. Chemische Spurenanalysen konnten belegen, dass die Granate in den Schmuckstücken der Franken und der Goten aus unterschiedlichen Lagerstätten stammten. Steine, die in der Antike als »sapheiros« bezeichnet wurden, waren vermutlich keine Saphire im heutigen Sinn. Die gleiche Vermutung gilt auch für den »smaragdos«, der in der Literatur der Antike häufig erwähnt wurde, aber nicht dem Smaragd entspricht. Unter einem »antrax carbunculus« verstanden die alten Griechen wahrscheinlich den Rubin. In der Antike und im Mittelalter hatten Edelsteine auch eine medizinische Bedeutung. Da sie nach Meinung der Menschen magische Eigenschaften besaßen, wurden aus Edelsteinpulver auch Arzneimittel hergestellt. Hildegard von Bingen nennt in ihrem Werk »Physica« zwanzig Edelsteine, die ihrer Meinung nach für Medikamente geeignet sind. In besonderen Steinbüchern, den Lapidarien, wurde im Mittelalter die Macht der Edelsteine beschrieben. Nach manchen Vorstellungen konnten Edelsteine sogar Gift anzeigen, sodass Trinkgefäße mit ihnen besetzt wurden, um den Zecher vor möglichen Anschlägen zu warnen.

Bei den Azteken im heutigen Mexiko war der Türkis nicht nur ein Luxusgut, sondern erfüllte auch religiöse Funktionen. Der Türkis war ein Symbol für den Federschlangengott Quetzalcoatl und gleichzeitig ein Wirtschaftsfaktor. Der große Türkisbedarf brachte für die Reiche der mittelamerikanischen Indianervölker beachtliche Probleme mit sich, denn in Mittelamerika gab es keine nennenswerten Türkislagerstätten. Der Türkis der Azteken wurde aus den südlichen Gebieten der heutigen USA importiert, wo er auch noch in unserer Zeit abgebaut wird. Mit modernen Analyseverfahren konnten die einzelnen Türkissteine der Azteken jeweils bestimmten Türkisminen zugeordnet werden, sodass sich Handelswege rekonstruieren lassen.

Im Bereich des Chaco Canyon in New Mexico (USA) kam es durch den Türkishandel zu Stadtentwicklungen. Die größten bekannten Türkiswerkstätten auf dem nordamerikanischen Kontinent gab es einst bei Alta Vista in Mexiko. Der Rohtürkis wurde dort in kleine Plättchen zerschnitten, die an den Kanten sorgfältig abgefeilt wurden. Mit einem Gemisch aus Holzkohle und Ölen konnten diese Plättchen auf Unterlagen aufgeklebt werden. Die Plättchen waren so fein geschnitten, dass die abgeflachten Ränder direkt aneinander stießen und ein Türkismosaik mit einer glatten Oberfläche entstand. Kontaktzonen zwischen den Plättchen waren nur als feine Linien zu erkennen. Neben Mosaiken wurden auch Ringe, Perlen und Anhänger aus Türkis hergestellt und mit Kieselerde poliert. Grabfunde belegen immer wieder das Geschick der Handwerker. In Arizona (USA) fanden Archäologen eine Türkisperlenkette von 10 Metern Länge aus etwa 15 000 Einzelperlen. Die Bohrungen an den Perlen waren ungewöhnlich präzise und wurden mit Stacheln von Kakteen durchgeführt. Es wird geschätzt, dass zur Herstellung einer solchen Perlenkette etwa 480 8-stündige Arbeitstage notwendig waren.

Die große Nachfrage nach dem Türkis sorgte an den Handelswegen regelmäßig für Unruhe, denn viele Staaten wollten sich an den einträglichen Geschäften beteiligen. Die bequemste Transportroute zog sich entlang der Pazifikküste hin, wo auch ein Straßennetz existierte. An der Küste gab es allerdings viele Kleinstaaten, die am Handel verdienen wollten und die Preise hoch trieben. Später wurden deshalb Handelswege in Zentralmexiko entlang der östlichen Ausläufer der Sierra Madre Occidental erschlossen. Ein dritter Handelsweg führte am Golf von Mexiko entlang. Hier erwarben die Türkishändler auch die Gehäuse von Meeresschnecken, aus deren rosafarbenen Perlmutt Schmuck hergestellt wurde. Der Handel mit dem Türkis war so lukrativ, dass auch Kriege die Geschäfte nur wenig behindern konnten. Wenn die Truppen der Azteken in benachbarte Staaten einfielen, gingen die Türkistransporte ungestört weiter. Die Nachfrage nach dem Türkis orientierte sich an religiösen Notwendigkeiten, denn bei bestimmten Zeremonien zu Ehren der Götter mussten Türkissteine unbedingt zur Verfügung stehen. In Tenochtitlan, der Hauptstadt der Azteken, gab es Märkte und Handelsviertel für den Türkis, wo wohlhabende Privatpersonen bedient wurden. Der Aztekenherrscher dagegen erhielt seinen Türkis aus dem Tribut der unterworfenen Völker. Reicher Türkisschmuck war ein Staatsgeschenk des Herrschers und wurde auch zum Empfang der spanischen Eroberer überreicht.

Der Abbau von Türkis ist ein mühsames Geschäft, da der Edelstein meist in harten Gesteinen eingeschlossen ist. Heute sind etwa 120 Türkisminen aus vorspanischer Zeit bekannt, die sich auf 29 Fördergebiete verteilen. Lag der Türkis in der Nähe der Oberfläche, lohnte sich der Tagebau, ansonsten mussten Stollen gegraben werden. Noch heute gibt es an den Decken dieser Stollen Feuerspuren. Das Gestein wurde dort erhitzt und dann mit Wasser abgeschreckt, bis sich kleine Risse bildeten. Mit schweren Hämmern wurde das Gestein anschließend zerschlagen, um an den kostbaren Türkis zu gelangen.

Über das Aztekenreich kamen der Türkis aus dem Südwesten der USA und dem nördlichen Mexiko nicht hinaus. Die Türkissteine der Inka unterscheiden sich in der chemischen Spurenanalyse von dem

Türkis der Azteken und haben deshalb eine andere Herkunft. Die Minen der Türkissteine der Inka sind noch nicht gefunden worden. Einige Steine aus dem heutigen Bolivien kamen vermutlich aus dem chilenischen Ort San Pedro de Atacama, wo Türkis seit etwa 1500 Jahren abgebaut wird.

Ähnlich wie der Türkis für die Azteken hatte die Jade für die Chinesen göttlichen Stellenwert und war für das Weiterleben der Verstorbenen im Jenseits von Bedeutung. Jadeplättchen kamen in den Mund der Toten, da sie angeblich eine Verwesung verhindern konnten. Bereits im 2. Jahrtausend v. Chr. wurden in China rituelle Gegenstände wie Messer, Klangsteine und Tafeln aus Jade hergestellt. Chinesische Künstler schufen aus Jade beachtliche Werke, sie waren Meister in der Kunst des Steinschneidens. Prinz Liu Sheng wurde zum Beispiel in einem kostbaren Totengewand aus 2690 hauchdünnen Jadeplättchen bestattet. Die Plättchen waren mit feinen Golddrähten vernäht, und es wird vermutet, dass an dem kostbaren Schmuckkleid bis zu 10 Jahre lang gearbeitet worden ist. In den Augen der Chinesen brachte Jade Gesundheit und ein langes Leben, sodass sich die Reichen gerne mit Kunstwerken aus Jade umgaben. Beachtliches Können bewiesen chinesische Handwerker, die während der Han-Zeit aus den wegen ihrer Brüchigkeit gefürchteten Jadesteinen zu rituellen Zwecken große in Bronze gefasste Jadeklingen schufen.

Weitere Meister in der Steinschneidekunst brachten die Olmeken im alten Mexiko hervor. Sie schufen aus Edelsteinen rätselhafte Röhrenperlen und konnten fast 40 Zentimeter lange, exakte, dünnste Bohrungen ausführen. Aus Bergkristall fertigten sie einen hauchdünnen Lippen- und Ohrenschmuck. Rätselhaft ist noch heute die Herstellungstechnik eines menschlichen Schädels aus Bergkristall, dessen Oberfläche ungemein sorgfältig geschnitten und poliert ist, sodass keine Werkzeugspuren zu erkennen sind. Olmeken schnitten auch Jade, wobei immer noch nicht geklärt ist, von wo sie den Rohstoff überhaupt bezogen, denn in ihrem Staatsgebiet gab es keine Vorkommen.

In Europa sind Schmuckgegenstände aus Jaspis seit der Bronzezeit bekannt. Schon während der Antike wurden zahlreiche Edelsteine zu wertvollen Gemmen verarbeitet, sie stellten in Reliefs meist Situationen aus dem Leben von Göttern dar. Staatsgemmen mit Abbildungen der Kaiser waren im Römischen Reich verbreitet.

Die Mineralien Hämatit und Magnetit zum Beispiel waren wegen ihrer schwarzen Farbe kaum als Schmuckstein geeignet, lieferten aber dafür schon früh wertvolles Gemmenmaterial, ebenso der blassgrüne Stein Olivin und andere Halbedelsteine. Die Gemma Augustea aus dem Kunsthistorischen Museum in Wien zählt zu den großen Meisterwerken der antiken Steinschneidekunst. Sie besteht aus einem streifig gefärbten Sardonyx, und der Künstler hat es auf geniale Weise verstanden, in den Farbkontrast zwei perfekte Bildfriese einzuarbeiten. Während der Renaissance waren antike Gemmen der ganze Stolz aller bedeutenden Sammler, und ein Mann von Welt ließ sich auf Gemälden mit einer Gemme abbilden. Gemmen wurden allerdings auch häufig aus künstlichen Materialien wie Glas oder Glasimitaten gefertigt. In Ägypten hatten kunstvolle Imitationen von Edelsteinen den gleichen Stellenwert wie echte Edelsteine, und im Grab des Tut-anch-Amun gab es deshalb auch Schmuck aus sorgfältig gearbeiteten Edelsteinimitationen auf der Grundlage von Glas. Der ägyptische Name »khesebed« bezeichnet zum Beispiel sowohl den begehrten Lapislazuli als auch die Imitation des Steines.

Die Bearbeitung von Edelsteinen erfolgte schon zu Beginn der ägyptischen Hochkultur meist auf Drehbänken, die mit einem Bogen oder einer Schnur angetrieben wurden. Die Juweliere von Mesopotamien lieferten Arbeiten von höchster Qualität, die in fast alle damals bekannten Kulturen exportiert wurden. Schleif- und Bohrmaschinen arbeiteten in der Antike teilweise bereits mit Zahnrädern und Übersetzungen. Als Schleifmittel und zum Schneiden dienten wahrscheinlich oft Mischungen aus Diamantstaub und Öl. Das heute so beliebte kunstvolle Schleifen von Edelsteinen war in der europäischen Antike und sogar noch im Mittelalter kaum verbreitet. Der Stein selbst wurde verehrt, und Versuche, durch geschicktes Schleifen besondere Lichteffekte zu erzielen, blieben beschränkt. Edelsteine wurden höchstens »gemugelt«: Die Schauseite wurde poliert und die Ecken für eine Fassung abgerundet. Auf kostbaren Machtinsignien des Mittelalters wie etwa Kronen, Zeptern oder besonderen Waffen waren Edelsteine blank poliert und präsentierten sich in der Regel unbearbeitet. In Indien und in den altamerikanischen Kulturen wurden Edelsteine im Gegensatz zu Europa schon früh geschliffen. Insbesondere der Diamant war für indische Fürsten eine Zeichen von Macht, ihm wurde ein Zauber zur Abwehr von Feinden zugeschrieben.

Perlen und Perlmutt

Dringen in Muscheln Fremdkörper wie etwa Parasiten oder kleine Sandkörner ein, dann versuchen viele Arten diese Fremdkörper abzukapseln, um den Organismus zu schützen. Nach und nach werden sie mit Kalkschichten und organischen Substanzen wie Conchiolin überzogen, bis zuletzt eine Perle entstanden ist. Chemisch besteht eine Perle zu etwa 92 % aus Calciumkarbonat, etwa 6 % aus organischen Stoffen und etwa 2 % aus Wasser. Bis eine Perle die Größe einer Erbse erreicht hat, vergehen 10 bis 50 Jahre. Perlen können am Inneren der Schale festsitzen, aber auch frei im Organismus des Tieres liegen. Muscheln schützen sich mit vielfältigen Mechanismen gegen das Eindringen von Fremdkörpern. Zur natürlichen Perlenbildung kommt es deshalb nur bei ganz wenigen Tieren, und es müssen viele Muscheln geöffnet werden, bis eine Perle gefunden wird. Da Muscheln schon lange zu den Nahrungsmitteln des Menschen gehören, wurden die Bewohner am Meer und an Flüssen dennoch früh auf den für das Tier störenden »Unglücksfall« Perle aufmerksam und verwerteten die abgekapselten Fremdkörper als Schmuck.

Perlen waren bereits in der Antike hoch begehrt. Sie stammten damals meist aus dem Persischen Golf und aus Indien. Assyrer und Perser stellten aus Perlen ganze Schmuckkollektionen her. Zur Römerzeit wurden Perlen zu einer geschätzten Handelsware, die meist von Alexandria aus vermarktet wurde. Reiche Römerinnen schmückten sich nicht nur den Hals und die Handgelenke mit Perlenketten, sondern steckten sich zusätzlich möglichst viele Perlen in die Haare. Der römische Autor Sueton berichtete, dass der Perlenreichtum der Muscheln in den Flüssen von Britannien für Rom ein wichtiger Grund war, um das Land zu erobern. Der römische Naturforscher Plinius machte sich bereits Gedanken, wie Perlen entstanden sein könnten. Kleopatra besaß Ohrringe mit ausgesucht großen und kostbaren Perlen. Sie wettete einst mit Mark Anton, für ein einziges Gastmahl mehr Geld ausgeben zu können als er. Danach warf sie eine ihrer größten Perlen in ein Glas Wein, löste sie auf und trank das wahrscheinlich teuerste Glas Wein der Weltgeschichte. Da natürliche Perlen in der Antike teuer waren, gab es bereits im 3. Jahrhundert v. Chr. in Griechenland Unternehmen, die sich mit der Produktion von Perlenimitationen beschäftigten. Oft wurde versucht, Perlen aus trübem Glas zu kopieren. Sehr begehrt waren Perlen auch in den Kulturen der Neuen Welt. Vor der Küste von Venezuela soll es bereits vor der spanischen Eroberung eine rege Perlenfischerei gegeben haben. In Nordamerika schätzten die Indianer Schmuck aus Perlen der Flussmuscheln. In einem einzigen Depot in Ohio wurden einmal 48 000 Flussmuschelperlen gefunden, die zu Ketten und Halskragen verarbeitet worden waren und auch als Augen für Tierfiguren dienten. Im Mittelalter waren Perlen ein Symbol für die Liebe Gottes, sie wurden oft zur Dekoration von Reliquien oder Kruzifixen verwendet.

Arbeiter bohren Steinperlen und reihen sie zu einer Kette auf. Skizze nach einer altägyptischen Malerei aus der 18. Dynastie.

Aus einem Eingeborenendorf auf den Philippinen wird berichtet, Perlentaucher hätten einmal einen Kameraden gefunden, dessen Hand in der zugeklappten Schale einer Riesenmuschel steckte. Die rund 160 Kilogramm schwere Muschel hatte ihn festgehalten und er musste ertrinken. Die Taucher holten den Toten mitsamt der Muschel an die Oberfläche und öffneten die Schale. Sie fanden eine riesige, 7 Kilogramm schwere Perle, die wie ein menschliches Gesicht aussah. Die Perle wurde später als Ebenbild des Propheten Mohammed verehrt. Große und regelmäßig geformte Perlen kommen selten vor und sind entsprechend wertvoll. Nach alten Berichten wurden als besondere Rarität manchmal taubeneiergroße Perlen gefunden. Sehr große Perlen hatten sogar einen eigenen Namen, wie die »La Peregrina« aus dem Besitz des spanischen Königs Philipp II. Im 16. Jahrhundert waren in Europa Barockperlen sehr beliebt. Sie hatten eine unregelmäßige Form und regten damit die Phantasie der Künstler zur Weiterverarbeitung an. Meist bildeten Barockperlen die Grundlage für den Körper eines Fabelwesens oder eines Gesichts. Beim Canning-Schmuck besitzt die Barockperle die Gestalt eines Wassermannes und ist in weitere kostbare Materialien gefasst. Das Schmuckstück stammt aus der Renaissance und wurde einst von den Medici einem indischen Fürsten geschenkt. Später erwarb es Lord Canning und überließ es dem Victoria-und-Albert-Museum in London.

In China waren Perlen wertvoller als Gold und Silber, sodass sich schon frühzeitig hauptsächlich in der Provinz Kuangtung der Betrieb großer Perlenfarmen lohnte. Die Perlenfischerei war Staatsmonopol, und die Perlenfischer waren für ihre Zeit höchst modern ausgerüstet. Sie ließen sich mit Hilfe eines schweren Steins in die Tiefe sinken und wurden bereits im 8. Jahrhundert über Schläuche mit Atemluft versorgt. Die Atemmaske hatte eigene Schläuche für das Ein- und für das Ausatmen. In anderen Gegenden der Welt mussten zum Perlentauchen eine Nasenklemme und Ohrverschlüsse genügen. Durch intensives Training konnten die Taucher und Taucherinnen in bis zu 40 Metern Tiefe einige Minuten lang arbeiten und pro Tag über 40 Tauchgänge erledigen. Allerdings waren diese Unternehmungen gesundheitlich extrem belastend und konnten nur über wenige Jahre ausgehalten werden. Nach einer zeitgenössischen Quelle kam 1086 n. Chr. der chinesische Beamte Hsieh Kung-yen auf die Idee, Perlen zu züchten. Er führte in Muscheln gezielt Fremdkörper ein, gab sie wieder ins Meer zurück und konnte viele Jahre später in den Zuchtgebieten Perlen »ernten«. Jahrhunderte nach dieser Entdeckung verbesserten die Japaner die Methoden zur künstlichen Perlenproduktion bis zur Routine, sodass in unserer Zeit fast alle Perlen künstlichen Ursprungs sind. Heute kann nur noch ein Fachmann Naturperlen von Zuchtperlen unterscheiden.

Farben und Glanz der Perlen sind vielfältig und reichen vom reinen Weiß bis zu pastellfarbenen und dunklen Tönen. In Europa werden rein weiße Perlen geschätzt, während in anderen Weltgegenden auch die matten Färbungen begehrt sind. Sehr wertvoll sind heute die schwarzen Perlen der Südsee. Ein Collier aus olivengroßen derartigen Exemplaren kann weit über hunderttausend Euro kosten. In Französisch-Polynesien ist die Zucht der schwarzen Perlen ein wichtiger Wirtschaftszweig und folgt als Devisenbringer gleich nach dem Fremdenverkehr. Pro Jahr werden dort etwa sechs Tonnen Perlen produziert.

Die Innenseiten der Muschelschalen sind mit Perlmutt oder auch Perlmutter ausgekleidet, das wie eine Perle ebenfalls durch sehr ästhetische Farben auffällt und die Schale in allerlei Schattierungen glänzen lässt. Die Perlmuttschicht ist in Abhängigkeit von der Muschelart unterschiedlich dick und besteht aus Aragonit sowie anderen Modifikationen des Minerals Calciumcarbonat. Alle Farbeffekte entstehen durch sehr dünne und feine Kalklamellen, an denen sich das Licht farbig bricht. Da bei der Perlenfischerei Muschelschalen stets in großen Mengen anfielen, wurde Perlmutt bald zu einem begehrten Material für das Kunstgewerbe. Bereits in der Antike war Perlmutt bekannt als beliebter Werkstoff für Mosaike oder Einlegearbeiten. In der byzantinischen Kunst wurden Bildbereiche auf Mosaiken, die Lichtfülle darstellen sollten, aus Perlmuttsteinchen gefertigt. In der Renaissance waren Möbelstücke besonders kostbar, wenn sie Einlegearbeiten aus Perlmutt enthielten. An den Innenschichten der Muschelschalen wurden auch Reliefschnitzereien ausgeführt, bei denen die Künstler die unterschiedlichen Farbeffekte geschickt berücksichtigen konnten. Dekorative farbige Muschelschalen und Schneckenhäuser gehörten auch zu den Naturalienkabinetten der Fürsten und wurden als Zeichen höherer Bildung gewertet. Häufig glichen die Gehäuse von Muscheln und Schnecken tatsächlich dem edlen Porzellan der herrschaftlichen Tafeln, oder sie standen im Mittelpunkt geschätzter Kunstwerke, wie sie noch heute in Sammlungen zu bewundern sind. Aus Perlmutt wurden später auch Alltagsgegenstände wie Knöpfe, Stockgriffe, Fächer oder das Dekor von kleinen Dosen gefertigt. Vom 16. bis zum 18. Jahrhundert gehörte Perlmutt in Europa zur Produktion von Luxusmöbeln. Aus dünnen Perlmuttplättchen wurden aufwendige Intarsien hergestellt, um Schränke oder Truhen zu verzieren. Erst mit dem Aufkommen der Kunststoffe wurde Perlmutt nach und nach verdrängt.

Gras, Blätter und Rinden

Gras, Blätter und Rinden gehörten sicherlich zu den ersten Materialien, aus denen der frühe Mensch Gegenstände seines Alltages fertigte und mit denen er zaghafte Schritte in Richtung einer Kultur unternahm. Pflanzliche Produkte dienten ihm nicht nur der Ernährung, sondern lieferten seinem Erfindungssinn auch wichtige Rohstoffe zur Herstellung von einfachen Werkzeugen, Waffen, Bekleidungsstücken oder primitiven Behausungen. Nicht nur Steine, sondern auch Pflanzen waren die Materialien der Steinzeit. Sie wurden gebraucht und verbraucht, hatten aber den entscheidenden Nachteil, viel zu rasch zu verrotten und sich nicht wie etwa Steinklingen bis in die Gegenwart zu erhalten. Parallel zur Steinzeit gab es eine »Pflanzenzeit«, die kaum Spuren hinterließ und auf die nur indirekt geschlossen werden kann. Noch heute sind Pflanzen für zahlreiche Naturvölker wie die Ureinwohner von Australien oder die Buschmänner in Südafrika die wichtigsten Lieferanten zur Herstellung von Alltagsgegenständen, und es ist wahrscheinlich, dass auch der Kulturmensch vor Jahrtausenden auf dieser Stufe seine rasante Entwicklung begann.

Im Grenzgebiet zwischen Thüringen und Sachsen-Anhalt fanden Forscher bei dem kleinen Ort Bilzingsleben rund 370 000 Jahre alte Spuren eines Lagers des Homo erectus, des ersten Menschen in Europa überhaupt. Diese Menschenform unterschied sich anatomisch noch deutlich vom Menschen der Gegenwart. Aus ihr entwickelte sich wahrscheinlich später der Neandertaler. An diesem Lagerplatz des Homo erectus konnten Hinweise auf runde Wohnbauten mitsamt Feuerstellen identifiziert werden. Die Behausungen im Durchmesser von bis zu 4 Metern ähnelten wahrscheinlich zeltartigen Zweiggeflechten, die mit Rinden und Gras abgedeckt wurden, denn Tierhäute wären zu schnell verschimmelt. Stabilisiert wurden die Stangengerüste mit massiven Tierknochen und an den Fundamenten mit Steinen. Gefunden wurden daneben auch Reste von Aktivitäten zur Herstellung von allerlei nützlichen Geräten aus Knochen, Geweihen, Steinen oder Holz.

Homo erectus lebte noch in einer Art Vorsteinzeit, aus der kaum Dokumente überliefert sind. Der moderne Mensch Homo sapiens dagegen machte durch seine Hinterlassenschaften auf bedeutende Entwicklungsschübe in der späteren Steinzeit aufmerksam. Er fertigte aus Gras, Blättern und Rinden Alltagsgegenstände wie Matten, Kleidungsstücke oder auch Seile und erste Gefäße. Von allen diesen Produkten blieb zwar nichts erhalten, doch kleine figürliche Darstellungen aus der Steinzeit sind manchmal von schachbrettartigen Einkerbungen überzogen, die wahrscheinlich die Bekleidung symbolisieren sollten. Kleine Fellstücke und auch pflanzliche Matten wurden zu einem Flickenwerk zusammengenäht, um eine passende Garderobe zu schneidern. Feine Nähnadeln mit Ösen aus Knochenstücken sind noch heute erhalten. Aus Höhlenmalereien gibt es Hinweise auf flickenartig zusammengesetzte Tücher oder Matten, mit denen der Mensch seine Umwelt verschönerte und sich wahrscheinlich auch gegen Kälte oder Regen schützte. Da Tierhäute zunächst noch nicht gut konserviert werden konnten, wurde vor der Erfindung der Gerbung von Fellen sicher oft auch auf pflanzliche Materialien zurückgegriffen.

Direkte Hinweise auf die Kleidung und Ausrüstung von Menschen aus der Jungsteinzeit lieferte 1991 der schon mehrfach erwähnte Fund in den Ötztaler Alpen von Südtirol. Die in über 3000 Meter Höhe entdeckte, über 5000 Jahre alte und auf natürliche Weise mumifizierte Leiche eines Mannes trägt noch Reste einer Bekleidung. Wegen der Kälte in alpiner Höhe waren die Fellschuhe des Mannes mit Gras ausgepolstert und mit Grasschnüren umwickelt. Sein mattenartiges Schultercape bestand aus Gras oder Binsen und sollte ihn sicherlich vor Schnee und Regen schützen. Ansonsten bestand seine Bekleidung aus kleinen Fellstücken von Hirschen und Ziegen, zusammengenäht mit Hilfe von Fäden aus gezwirbeltem Gras, dünnen Fellstreifen sowie Sehnen. Später wurden sogar noch Reste einer Fellmütze entdeckt. Ein Dolch, aus einer Feuersteinklinge mit Holzgriff gefertigt, steckte noch in einer Dolchscheide aus Grasgarn, zwei mitgeführte Tragetaschen bestanden aus Birkenrinden. In einer Tragetasche befand sich noch ein Glutbehälter, wo glühende Holzkohle zwischen frischen und feuchten Blättern aufbewahrt werden konnte, um später ohne großen Zeitaufwand Feuer zu machen. Aus anderen Funden ist bekannt, dass es in der Steinzeit auch Birkenrindenschuhe gab.

In der Steinzeit wurden bereits zahlreiche Flechttechniken entwickelt, bei denen Schnüre aus Rindenbast, Gras, Schilf, Ruten oder andere pflanzlichen Materialien verarbeitet wurden. Durch den Einsatz von unterschiedlichen Materialien mit wechselnden Farben war es sogar möglich, Ornamente und Muster herzustellen. Die ersten Hinweise auf geflochtene Körbe sind etwa 6000 Jahre alt und führen in den Vorderen Orient. Frühe Flechttechniken können in verschiedene Stufen unterteilt werden. Bei der Halbflechterei wurden Bündel aus Gräsern oder Schilf spiralförmig mit Pflanzenfasern umwickelt und dann miteinander verbunden. Aus dieser Vorstufe entwickelte sich die echte Flechterei, bei der geschnürtes Pflanzenmaterial zu Matten oder Körben miteinander verknotet wurde. Eine weitere Flechttechnik für pflanzliche Materialien diente mit Hilfe von zigarrenförmigen Strukturelementen dem Bau von Hauswänden oder Schiffen. Noch heute werden in manchen Teilen der Erde Häuser und Schiffe aus Schilf geflochten. Schilfboote gab es in Ägypten seit dem 4. Jahrtausend v. Chr. Mit hochseefähigen Schilfbooten wurden vor Jahrtausenden im Indischen und Pazifischen Ozean über große Entfernungen hinweg wichtige Entdeckungsfahrten unternommen. Das Schilfrohr, das heute auf der einsam im Pazifischen Ozean liegenden Osterinsel wächst, stammt zum Beispiel aus Südamerika und wurde wohl bereits in der Zeit vor den Inka von mutigen Seefahrern eingeführt.

Bambus ist ein Gras, das allerdings so mächtig wachsen kann, dass es in Höhe und Stabilität mit Bäumen konkurriert. Insbesondere im asiatischen Raum wurde und wird Bambus vielseitig verwendet. Junge Sprossen dienen der Ernährung, und die massiven Halme liefern das Material für Häuser, Schiffe und Alltagsgegenstände. Manche Bambusarten wachsen so schnell, dass früher in einigen asiatischen Ländern Verbrecher über Bambussprossen gefesselt wurden und die Halme dann wie Dolche in den Körper eindrangen. Im alten China begann der Schiffbau mit dem Bambus. Aus mächtigen, bis zu 30 Meter langen Bambusstämmen wurde zunächst eine Art Floß hergestellt, dessen Bug und Heck nach oben gebogen wurde. Aus den rechteckigen Schiffen mit einem nur geringen Tiefgang entstand später ein Hohlkörper, der mit der Zeit

Getrocknetes Pflanzenmaterial wurde schon früh zu Alltagsgegenständen verarbeitet, konnte sich allerdings nur unter besonderen Glücksumständen bis heute erhalten. Die Zeichnung zeigt einen Binsenkorb der altägyptischen Negade-Kultur (um 3400 v. Chr.). Pflanzenfasern wurden zunächst zu Strängen gedreht und dann zu einem Korb geformt. Die Stränge wurden nach oben und unten miteinander verbunden, damit der Korb stabil wurde. Mit dieser Technik wurden auch Matten hergestellt.

hochseefähig wurde. Einen Bootskiel gab es nicht, die Stabilität wurde (ähnlich wie beim Bambusspross selbst) durch regelmäßige Querwände erzielt. Im letzten Jahrtausend vor Christus wurde aus diesen Bootskörpern der Konstruktionstyp Dschunke entwickelt, wobei der Bambus nach und nach durch Holzplanken ersetzt wurde. Schon im ersten nachchristlichen Jahrhundert besaßen die Dschunken am hinteren Ende ein festsitzendes Steuerruder, das sich auf europäischen Schiffen erst im Mittelalter durchsetzte. Dschunken konnten bis zu 60 Meter lang sein. Die Maste zum Segeln saßen nicht exakt in der Schiffsmitte, sondern waren sowohl nach links als auch nach rechts versetzt, um den Wind besser auszunutzen; ein Konstruktionsprinzip, das auch moderne Rennyachten verwenden. Segel bestanden aus Baststoffen und nicht wie in Europa aus starkem Segeltuch.

Von frühen südasiatischen Hochkulturen sind noch heute Palmblätter-Bibliotheken erhalten, sie schmücken manche völkerkundliche Sammlung. Aus den großen lederartigen Blättern der Taliputpalme wurden passende Formate herausgeschnitten und in der Luft getrocknet. Die Blattstücke wurden dabei zunächst hart wie Dachschindeln, und mussten anschließend mit Öl eingerieben werden, um die Geschmeidigkeit zu verbessern. Der Text wurde zuletzt eingeschnitten. Da das Innere des Blattes mit der Luft anders reagierte als die Blattoberfläche, konnte sich eine deutlich erkennbare Schriftfarbe bilden. In anderen Fälle wurde eine haltbare schwarze Farbe in die Schriftkerben eingerieben, um das Lesen zu erleichtern. Die Palmblätter wurden zuletzt gerollt, verschnürt und in Archiven gelagert. Da sich geglättete Palmblätter zum Schreiben gut bewährt hatten, arbeitete sogar die englische Kolonialverwaltung im ehemaligen Ceylon noch mit ihnen. Auf den Südsee-Inseln lieferten schließlich Palmen das Material für nahezu alle Gegenstände des Alltages sowie für Häuser und Schiffe. Manche Südsee-Kultur geht auf das Material der Palmen zurück. Die Polynesier deckten mit Palmblättern die Dächer ihrer Häuser und fertigten aus den Blattrippen Seekarten für wagemutige Fahrten durch den Pazifik.

Im russischen Nowgorod wurden 1951 mehr als 700 Handschriften auf Birkenrinden ausgegraben. Birkenrindendokumente waren im Reich der Zaren zwischen dem 11. bis zum 15. Jahrhundert weit verbreitet und halfen den Bedarf am doch recht teuren Papier einzuschränken. Birkenrindenbriefe waren auf der nichtamtlichen Ebene beliebt und wurden auch verschickt. Ihre Texte dokumentieren den Alltag der einfachen Leute. In den Handschriften von Nowgorod wurden Streitigkeiten und Beschwerden beschrieben, Kaufleute führten ihre Korrespondenz, an Handwerker wurden technische Anweisungen gegeben und Künstler erhielten Bestellungen für Ikonen. Ein früher anonymer Meister für Malereien in einer Kirche bei Nowgorod konnte identifiziert werden, nachdem ein auf Birkenrinden geschriebener Auftrag für diese Arbeiten gefunden wurde. Sogar Liebesbriefe tauchten auf, und eine Frau mit dem Namen Anna bittet ihren Bruder in einem Brief, ihr selbst und ihrer Tochter gegen ungerechtfertigte Anschuldigungen zu helfen. Aus Birkenrinden sind selbst Bücher und Hefte bekannt und erlauben Hinweise auf den Bildungsstand. Schüler machten auf Wachstafeln erste Schreibübungen und wechselnden dann zu Birkenrinden. Manche Hefte zeigen, dass einzelne Schüler lieber kleine Figuren kritzelten, als sich in den vorgeschriebenen Buchstaben des altslawischen Alphabets zu üben.

Papyrus, Pergament und Papier

Nach der Erfindung der Schrift konnte der Mensch sein Wissen erstmals sicher und dauerhaft dokumentieren und der Nachwelt erhalten. Mündliche Überlieferungen waren von nun an immer seltener notwendig und es kam zu neuen Dimensionen der Wissensanreicherung. Dieser bahnbrechende Fortschritt war jedoch erst sinnvoll, nachdem auch die Unterlage zur Fixierung dieser Schrift erfunden worden war. Die frühen Hochkulturen gingen dabei verschiedene Wege. Die Staaten in Mesopotamien schufen gewaltige Mengen kleiner Tontäfelchen, die jedoch langfristig unpraktisch waren und viel Platz zum Aufbewahren erforderten. Die Ägypter konnten diesen Nachteil überwinden, als sie um 3000 v. Chr. den Papyrus als Schreibgrundlage erfanden. Der Rohstoff für Papyrus stand in den Nilsümpfen reichlich zur Verfügung, es war die Sumpfpflanze Cyperus papyrus. Das Mark aus den Stängeln dieser Pflanze wurde in dünne Streifen geschnitten und in zwei Lagen zuerst horizontal und dann vertikal aufeinandergelegt. Anschließend wurden die Lagen gepresst und plattgeschlagen, bis sie durch den Pflanzensaft untereinander verklebten. Das Papyrusblatt wurde getrocknet und seine Oberfläche mit einem Reibestein geglättet. Zuletzt wurden die Papyrusblätter zu Rollen von meist 20 Einzelblättern verklebt. Das Material war dauerhaft und konnte aufgerollt platzsparend gelagert werden. Der Wissenschaft sind uralte Rollen mit einer Länge von bis zu 40 Metern bekannt. Es wurde wiederholt versucht, Papyrus nach den Rezepten der alten Ägypter herzustellen, allerdings wurde nie die ursprüngliche Qualität erreicht. Es ist deshalb zu vermuten, dass es in der Papyrusproduktion etliche Geheimrezepte gab. Für die Ägypter war die Papyrusherstellung ein Staatsgeheimnis. Auf Wandmalereien wird immer nur die Ernte oder den Transport des Papyrus dargestellt.

Relief mit Papyrusernte aus einem altägyptischen Grab.
Die Papyrusernte wurde in der ägyptischen Kunst
regelmäßig abgebildet, die Produktion von Blättern aus
Papyrus dagegen nicht, sie war ein Staatgeheimnis.
Der Export von Papyrusblättern brachte dem Staat
reiche Einnahmen.
(Grab von Nefer und Kahai, 5. Dynastie, Sakkara,
Ägypten)

Der Siegeszug des Papyrus dauerte etwa 4000 Jahre, wobei es im Zeitverlauf natürlich auch zu Variationen in den Herstellungsrezepten kam. Papyrusblätter aus der Zeit vor Christus und der Zeit nach Christus unterscheiden sich beispielsweise in den Klebemitteln. Während der römischen Zeit entwickelte sich der Papyrus sprunghaft, und Papyrusblätter vom Standort Sizilien wurden verglichen mit den Produkten vom Nil nach neuartigen Verfahren hergestellt. Mit Hilfe des Papyrus prüften antike Textilfärber auch die Qualität ihrer Farblösungen. Sie gaben einen Farbtropfen auf ein Papyrusblatt und beobachteten anschließend die ringförmige Diffusion der Farbe. Das Prinzip dieser Methode ist noch heute als Chromatographie bei wissenschaftlichen Untersuchungen in Gebrauch.

Im Gegensatz zum Papyrus wird Pergament aus Tierhäuten hergestellt. Es ist deshalb teurer als das vergleichbare pflanzliche Produkt. Die ersten Arbeitsschritte zur Pergamentproduktion sind der Lederherstellung sehr ähnlich. Tierhäute wurden gewaschen, enthaart und entfettet, um anschließend in Kalkgruben weiterbehandelt zu werden. Zuletzt wurde das Rohmaterial mit Kreide- und Bimssteinpulver geglättet und auf eine gewünschte Schichtdicke flach gerieben. Bereits durch optische Untersuchungen kann heute nachgewiesen werden, von welcher Tierart einst die Häute zur Pergamentherstellung stammten. Das erste Pergament wurde ebenfalls schon in der Antike produziert, älteste Zeugnisse weisen auf das 2. Jahrtausend v. Chr. hin. Als König Eumenes II. von Pergamon eine eigene Bibliothek aufbauen wollte, untersagten die ptolemäischen Herrscher von Ägypten den Export von Papyrus, sodass sich der König zwangsläufig auf Pergament umstellen musste. Pergament wurde zwar nicht in Pergamon erfunden, erhielt aber durch den König von Pergamon seinen Namen. Von Rom und Byzanz aus verbreitete sich der Gebrauch des Pergaments über das gesamte Abendland. In den Schreibstuben der Klöster gab es den Beruf des Pergamenters, der für die Versorgung der schreibenden Mönche mit Pergament zuständig war. Erst im 15. und 16. Jahrhundert wurde nördlich der Alpen das Pergament vom Papier verdrängt. Wegen seiner hoher Beständigkeit wurden viele Dokumente auf Pergament festgelegt.

Die immer noch umstrittene Vinland-Karte wurde 1957 erstmals bekannt. Sie stammt wahrscheinlich aus dem Jahr 1440 n. Chr. und ist von besonderem Interesse, weil sie als erste Weltkarte vor Kolumbus unter dem Namen »Vinilanda« eine Abbildung von Amerika zeigt. »Vinland« wird als eine große Insel dargestellt, was bestätigen könnte, dass die Wikinger um 1000 n. Chr. tatsächlich für längere Zeit in Amerika waren. Der Wikinger Leif Erikson bezeichnete damals ein von ihm entdecktes Gebiet als »Vinland« und meinte damit vermutlich das heutige Neu-England in Amerika. Die Karte wurde auf Pergament gezeichnet, das nachweislich aus der Zeit um 1440 n. Chr. stammt und wissenschaftlichen Vergleichen mit gesichert datierten Pergamentproben aus dem gleichen Zeitraum standhält. An einigen Stellen der Karte wurde allerdings Titanweiß gefunden, das es 1440 n. Chr. noch nicht gab. Entweder wurde die Karte auf einem zeitlich echten Pergament gefälscht, oder eine echte Karte wurde einmal mit unzeitgemäßen Farbpigmenten restauriert.

Bei der Bearbeitung von alten Pergamentdokumenten hat sich der Einsatz von Lasern als sinnvoll erwiesen. Laser erzeugen einen Strahl paralleler Lichtwellen, womit Energie auch über große Entfernungen hinweg verlustarm übertragen und auf den Punkt genau fokussiert werden kann. Verunreinigte Bild- oder Schriftpergamente lassen sich an der Oberfläche gut mit einem Laser reinigen.

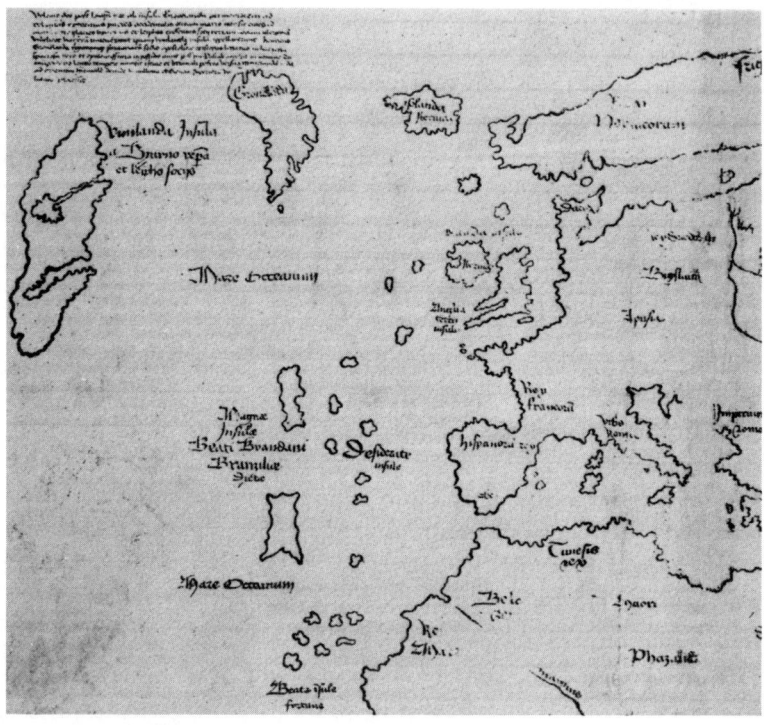

Die Vinland-Karte stammt aus der Zeit um 1440 und
stellt eine Weltkarte aus der Sicht des 15. Jahrhunderts
dar. Einige Besonderheiten unterscheiden sie von
allen anderen Karten ihrer Zeit. Der westliche Teil der
Nordhalbkugel der Erde (abgebildeter Ausschnitt) ist
erstaunlich genau erfasst und zeigt Grönland korrekt als
Insel sowie als eine Einmaligkeit die Insel »Vinlanda«
oder »Vinilanda«. Die Abbildung wäre der erste karto-
graphische Hinweis auf Amerika, mehr als 50 Jahre vor
der offiziellen Entdeckung durch Kolumbus. Es ist
umstritten, ob die Vinland-Karte echt oder eine
Fälschung ist.
(Yale University, New Haven, USA)

Zunächst wird der Laserstrahl auf die Schmutzstelle konzentriert,
sodass sich die Wärme staut. Die punktuelle Hitzeentwicklung führt
zum Schmelzen und Verdampfen des Schmutzteilchens, wodurch
die Pergamentoberfläche nach und nach wieder sauber wird.

Das Papier zählt zu den zahlreichen großen Erfindungen der Chinesen. Die Legende nennt als Erfinder den Hofbeamten Ts'ai Lun

um 105 n. Chr., andere Quellen datieren die Erfindung in die Zeit des Kaisers Wu Di um 100 v. Chr. Das erste Papier war wahrscheinlich noch nicht zum Schreiben geeignet. Das Verdienst von Ts'ai Lun bestand darin, das Papier schreibfähig gemacht zu haben. Die Chinesen stellten ihr Papier aus Rinden des Maulbeerbaumes, aus Hanf und aus Textilresten her. Sie verwendeten es vielfältig, kannten Papiergeld und sogar Rüstungen aus einzelnen Papierlagen, die von keinem Pfeil durchdrungen werden konnten. Durch chinesische Kriegsgefangene erfuhren die Bewohner von Samarkand um 751 n. Chr. die Geheimnisse der Papierproduktion. Über den arabischen Raum gelangte die Technik der Papierherstellung anschließend nach Europa. Dokumente aus der Zeit um 1109 wurden in Sizilien auf importiertem arabischen Papier verfasst. Spanien stellte vermutlich als erstes europäisches Land Papier her. Die erste nachweisbare europäische Papiermühle wurde 1276 in Italien eingerichtet, die erste deutsche Papiermühle 1390 bei Nürnberg. In einem Fehdebrief an die Stadt Aachen wurde 1302 erstmals in Deutschland Papier verwendet, es musste sich dabei um einen Import gehandelt haben.

Das erste europäische Papier wurde aus Textilresten produziert. Alte Textilien wurden mechanisch zerkleinert und als einzelne Fasern in großen Bottichen mit Wasser aufgeschwemmt. Mit einem Sieb wurden dann Teile der Suspension abgeschöpft und getrocknet, wobei aus verfilzten Textilfäden eine dünne Schicht Papier entstand. Durch Strukturen im Sieb konnte auf das geschöpfte Papier ein Wasserzeichen übertragen werden, das bald zu einem Merkmal für Herkunft und Qualität wurde. Im Verlauf des 18. Jahrhunderts geriet die europäische Papierproduktion in eine Krise, weil es nicht mehr genügend Textilabfälle gab. Aus dieser Krise half zuletzt fein zerkleinertes Holz. Wie beim alten Textilpapier wurden die Holzfasern mit einem Sieb abgeschöpft und zu Holzschliffpapier getrocknet. Die Qualität dieses Papiers war zunächst schlecht, und es waren zahlreiche Zusatzstoffe notwendig, um es brauchbar und haltbar zu machen. Damit Papier beispielsweise tintenfest wird, sind verschiedene Leimmittel erforderlich.

Wasserzeichen entwickelten sich bei den Papierproduzenten rasch zu einem Markenzeichen und wurden auch gefälscht. Am Beginn des 18. Jahrhunderts war niederländisches Papier aus Amsterdam in Europa sehr gefragt. Die Amsterdamer Produzenten hellten

Alter japanischer Geldschein aus Papier. Die japanische
Kultur wurde in ihrer Entwicklung sehr stark von China
beeinflusst. Ähnlich wie im alten China gab es in Japan
Geldscheine aus Papier, lange bevor man Derartiges in
Europa kannte. Frühe japanische Geldscheine waren in
ihrem Aussehen den chinesischen sehr ähnlich.

ihr Papier durch Weißmacher auf und markierten es mit einem besonderen Wasserzeichen. Bei Vergleichen von Papierproben mit
dem Amsterdamer Wasserzeichen fiel auf, dass in manchen Papierbögen die Weißmacher von einer sehr schlechten Qualität waren. Es
handelte sich um Bögen mit gefälschten Wasserzeichen, die vermutlich aus Frankreich kamen. Dort hatten Papiermühlen das Wasserzeichen kopiert, um an den Verkaufserfolgen der Niederländer
teilzuhaben. Zu Beginn des 19. Jahrhunderts wurde Papier fast nur
noch mit Maschinen geschöpft. Die Bögen sahen jetzt einheitlicher
aus als bei einer reinen Handarbeit, was ebenfalls Datierungsmög-
lichkeiten zulässt.

In Amerika wurde vermutlich erstmals von den Olmeken im 5. Jahrhundert n. Chr. eigenes Papier produziert. Es wurde aus Baumrinden gefertigt, eingeweicht, zu dünnen Bögen geklopft und dann mit Kalk geweißt und geglättet. Bei den frühen indianischen Papierproduzenten fällt auf, dass ihre Werkzeuge zum Glätten des Papiers den entsprechenden Werkzeugen der Chinesen stark ähneln. Manche Forscher vermuten aufgrund dieses Hinweises frühe Handelsbeziehungen zwischen dem asiatischen und amerikanischen Kontinent. Die Azteken hatten einen großen Bedarf an Papier, allein der Hof des Herrschers und seine Bürokratie sollen pro Jahr etwa 480 000 Bögen benötigt haben. Die Papierdokumente der Indianer wurden später von den Spaniern vernichtet. Von der gesamten hoch entwickelten Maya-Kultur sind zum Beispiel nur noch drei beschriebene Papierbögen erhalten.

Die Materialanalyse von Papier bedient sich meist der Bewertung von Zusatzstoffen, mit denen schon die ersten Produzenten die Qualität ihrer Waren verbessern wollten. Meist waren es unterschiedliche anorganische Materialien, die das Papier brauchbar und haltbar machten. Die bereits erwähnten Papierbögen mit dem Amsterdamer Wasserzeichen erhielten beispielsweise durch die zugesetzten, den französischen Fälschern unbekannten Cobaltpigmente ihre gute Qualität. Durch Analysen der Papierqualität konnten in den 1980-er Jahren die so genannten Hitler-Tagebücher als Fälschungen erkannt werden. Die Zeitschrift »Stern« hatte die Tagebücher für eine Millionensumme angekauft und sich dabei ausschließlich auf Gutachten von Historikern, aber nicht auf eine Materialanalyse verlassen. Nach den Datierungen stammten die angeblichen Tagebücher aus den Jahren 1934, 1941 und 1943. Das Papier des Tagebuches von »1941« enthielt allerdings optische Aufheller, die erst nach 1945 produziert wurden, weshalb das Papier mit Sicherheit erst nach 1945 hergestellt worden sein konnte. Die Einbandpappe der Tagebücher von »1934« und »1941« enthielt Materialien, die erst ab 1953 in die industrielle Großproduktion gingen. Das Tagebuch von »1934« war mit Perlonfäden gebunden, die erst ab 1943 überhaupt produziert werden konnten und vorher unbekannt waren. In der Gaze des Tagebuches von »1941« tauchten Viskose- und Polyesterfasern auf, deren industrielle Fertigung sogar erst 1953 anlief. Die Tagebücher enthielten somit Materialien, die es zu Lebzeiten von Hitler noch gar nicht gab. Mit einem geringen

Untersuchungsaufwand hätte die Materialanalyse die Hitlertagebücher frühzeitig als Fälschung entlarven können. Die Untersuchungsergebnisse waren so überzeugend, dass auf weitere Analysen wie etwa der Papierinhaltsstoffe, Leimungsmittel oder Faserstoffe und Faserstrukturen verzichtet werden konnte.

Papieruntersuchungen haben nicht nur bei der Analyse von historischen Dokumenten oder Kunstwerken Bedeutung, sondern dienen auch kriminologischen Zwecken. Falschgeld kann meist durch Papieranalysen erkannt werden. Geldscheine haben eine besondere Papierzusammensetzung, die ein Fälscher in der Regel nicht kennt, aber kopieren muss. Dafür müsste er auf die Einrichtungen und das Wissen eines Labors für Materialanalyse zurückgreifen können, was in der Praxis normalerweise nicht möglich ist. Papier ist deshalb ein schier unbezwingbarer Gegner von Geldfälschern. Höchstens dann, wenn ein Staat in Kriegszeiten das Papiergeld seiner Feinde fälscht, könnte eine perfekte Kopie der Papierqualität von Geldscheinen gelingen. Im Zweiten Weltkrieg ließ zum Beispiel Deutschland englische Pfundnoten perfekt fälschen und über Spione in Umlauf bringen. Ob diese »Blüten« auch nach dem Krieg in die Geldbörse der Bürger kamen, lässt sich heute nicht mehr rekonstruieren.

Wissenschaftliche Leistungen der Antike

Exkurs

Frühe Entdeckungsreisen

Meister der antiken Seefahrt waren die Phönizier, die nicht nur das Mittelmeer befuhren, sondern sich auch weit in den Atlantischen Ozean hinaus wagten. Nach ungesicherten Berichten sollen sie dabei bis nach Amerika gekommen sein. Angeblich sollen in Brasilien Felsinschriften mit phönizischen Schriftzeichen existieren. Für Pharao Necho aus der 26. Dynastie segelte eine Flotte der Phönizier sogar um Afrika herum, um eine Verbindung zwischen dem Roten Meer und dem Mittelmeer zu erforschen. Die Phönizier segelten vom Roten Meer aus die Küste entlang und hatten schnell wachsenden ägyptischen Emmerweizen bei sich, den sie aussäten, wenn die Vorräte verbraucht waren. Nach der Ernte ging die Reise weiter. Die Flotte war vermutlich drei Jahre lang unterwegs und legte pro Tag im Schnitt 48 Kilometer zurück. Die sensationelle Leistung geriet allerdings bald in Vergessenheit. Der Grieche Herodot wollte seinen Aufzeichnungen zufolge die Berichte der Phönizier nicht glauben, denn die Seefahrer hatten behauptet, sie hätten die Sonne im Norden gesehen. Und genau diese Beobachtung spricht für eine Fahrt südlich des Äquators. Fährt man an der Südspitze Afrikas nach Westen, steht die Sonne im - Norden.

Auf Ablehnung stießen auch die Berichte des griechischen Seefahrers Pytheas aus dem 3. Jahrhundert v. Chr. Pytheas hatte mit seinem Schiff das Mittelmeer verlassen, Großbritannien umfahren und behauptet, hoch im Norden würde Eis auf dem Wasser schwimmen, außerdem habe er Inseln besucht, wo die Nächte im Sommer nur zwei bis drei Stunden dauern würden. Auf seiner Reise beobachtete er die Bewegung des Polarsterns und nutzte ihn für die Navigation. In seinen Notizen schilderte er auch einen Zusammenhang zwischen dem Stand des Mondes und den Gezeiten des Meeres.

Erste Fluggeräte

Mit dem Traum vom Fliegen haben sich die Menschen in vielen Gegenden der Erde zu allen Zeiten beschäftigt. Es scheint, dass noch in der Antike den Ägyptern und Griechen sowie den Chinesen und vielleicht auch einigen südamerikanischen Indianerkulturen ein Erfolg vergönnt war. Der griechische Mathematiker Archytas fertigte um 468 v. Chr. das Modell einer Taube, die fliegen konnte und angeblich sogar eine Antriebsvorrichtung besaß. Aus einem ägyptischen Grab stammen kleine »Vogelskulpturen«, die in ihrer Konstruktion eher einem Flugzeug als einem Vogel ähneln. Der Schwanz ist wie das Leitwerk eines Flugzeuges vertikal aufgebaut. Die Flügel sind ebenfalls nicht wie bei einem Vogel, sondern wie bei einem Segelflugzeug angesetzt. Ähnliches gilt für die gesamte Rumpfsilhouette. Ein nachgebautes Modell der Skulpturen zeigte die Flugeigenschaften eines Segelfliegers.

Das chinesische Heer besaß etwa seit dem 3. Jahrhundert v. Chr. Flugdrachen, die an langen Seilen gehalten wurden und Menschen tragen konnten. Sie dienten der Feindbeobachtung. Die Japaner setzten Flugdrachen sogar im Krieg ein, um Soldaten in einem belagerten Gebiet abzusetzen. Angeblich sollen die Chinesen auch Fallschirme besessen haben. Aus der altindischen Literatur gibt es ebenfalls Hinweise auf Fluggeräte und große Himmelsfahrzeuge, jedoch sind Belege nicht so konkret wie bei den Chinesen.

In der Nazca-Wüste in Peru sind noch aus der Zeit vor den Inka riesige Bodenzeichnungen erhalten. Ein stilisierter Affe misst zum Beispiel vom Kopf bis zum Schwanz 80 Meter. Die Zeichnungen lassen sich nur aus der Luft erkennen und ihre Herstellung wurde vermutlich auch aus der Luft überwacht. Es wird angenommen, dass die Nazca-Kultur Heißluftballone kannte. Für die Vermutung sprechen Darstellungen auf Keramiken sowie überlieferte Schilderungen von »fliegenden Menschen«. Stoffe aus Nazca-Gräbern zeigten Qualitäten wie moderne Stoffe für Heißluftballone. Ein rekonstruierter Nazca-Heißluftballon erwies sich als flugfähig und stieg über 100 Meter hoch. Aus Südamerika sind schließlich auch kleine uralte Goldobjekte bekannt, die in ihrem Aussehen an Flugzeuge erinnern.

Die chemischen Künste

Das chemische Wissen war in der Frühzeit der Antike meist an handwerkliche Tätigkeiten gekoppelt. Gerber, Färber oder Schmiede waren gleichzeitig auch Chemiker. Bald fanden sich jedoch Spezialisten, die ihr chemisches Wissen verfeinerten und untereinander eine Geheimsprache schufen: Die Alchimie war geboren. Wie in vielen anderen Wissensgebieten kamen die ersten Meister aus Ägypten und Mesopotamien. Einige Papyri berichten, wie edle Materialien wie Gold oder Edelsteine imitiert werden konnten. Aus der Zeit um 3500 v. Chr. ist bereits ein Destillationstopf bekannt. Erste experimentelle Geräte waren aus Ton, in Alexandria aber ging man dazu über, sie aus Glas zu produzieren. Ein Grieche namens Zosimos gab im 3. Jahrhundert n. Chr. ein alchimistisches Werk mit 28 Bänden heraus. Er beschrieb darin nicht nur chemische Experimente, sondern auch Geräte. Kaiser Diokletian verbot die Alchimie um 296 n. Chr. sogar.

Großes Können bewiesen chinesische Alchimisten. Sie isolierten um 125 v. Chr. aus menschlichem Urin das »Herbstmineral« zur Behandlung der Impotenz. Die Reinigungen waren aufwendig, denn aus etwa 570 Liter Urin ergaben sich nur 60 bis 90 Gramm des Arzneipulvers. Moderne Untersuchungen belegten, dass es sich bei dem Pulver um ein Hormonpräparat handelte.

In antiken Töpfen

Museen und Sammler sind meist bemüht, Besuchern ihre Schätze von der besten Seite zu präsentieren. Auf den Erhaltungszustand der Objekte wird großen Wert gelegt. Um zu beeindrucken, werden sie restauriert, geputzt und poliert und verlieren dabei manchmal sogar ihre Geschichte. Objekte mit Gebrauchsspuren sind nicht nur Zeugen der Vergangenheit, sondern geben auch Auskunft über ihre ehemaligen Benutzer. Insbesondere in Gefäßen entpuppen sich manchmal winzige Schmutzspuren als letzte Reste eines viele tausend Jahre alten Inhaltes. Schon im 19. Jahrhundert wurde in antiken Gefäßen nach Spuren von Nahrungsmitteln oder Flüssigkeitsresten gesucht. Solche Spuren verraten mehr als das Gefäß selbst. Sie erzählen über den Alltag der Menschen vor Jahrhunderten oder gar Jahrtausenden. Erste Erfolge stellten sich 1877 ein, als es dem Franzosen Berthelot gelang, eingetrockneten römischen Wein zu identifizieren, wodurch Vorlieben der römischen Weinfreunde bekannt wurden. Während früher jedoch erhebliche Restmengen für eine Analyse zusammengekratzt werden mussten, genügen heute winzige Spuren, um den einstigen Inhalt zu bestimmen. Moderne Nachweismethoden wie Gaschromatographie oder Massenspektrometrie können sogar noch Staubkörnchen verwerten, entschlüsseln und charakterisieren.

An prähistorischen Steinwerkzeugen und Waffen mit einem Alter von etwa 6000 Jahren konnten zum Beispiel Spuren des roten Blutfarbstoffes Hämoglobin nachgewiesen werden. Hämoglobin bildet im getrockneten Zustand Kristallstrukturen, die für jede Lebensform spezifische Merkmale aufweisen. Allein aufgrund der Kristallstrukturen des roten Blutfarbstoffes auf Jahrtausende alten Gegenständen wie Messerklingen konnte unterschieden werden, ob damit erbeutete Wildtiere oder bereits frühe Haustiere verarbeitet wurden. Die Ziege war zum Beispiel schon 8000 v. Chr. im Nahen

Osten ein Haustier; Rinder, Schweine und Schafe wurden ungefähr 6000 bis 7000 v. Chr. in Griechenland gehalten. An Waffen belegen die Kristalle des menschlichen Hämoglobins den Einsatz in Kriegen oder bei Verbrechen. Häufen sich solche Funde an einem bestimmten Ort, kann ein ehemaliges Schlachtfeld aufgespürt werden.

Bei der Wahl ihrer tierischen Lebensmittel waren die Menschen der Steinzeit sehr erfindungsreich. Sie verzehrten Säugetiere aller Größen, aber auch Vögel, Fische, Muscheln und Schnecken. Da das Fischen oft weniger anstrengend als das Jagen war, deckten viele Menschen ihren Fleischbedarf durch den Verzehr von Fischen und Muscheln. Ein intensiver Jagddruck hatte viele Großtiere früh selten werden lassen, das Wildpferd starb zum Beispiel in England vor etwa 10 000 v. Chr. aus. Das Wildrind Ur nahm in seiner Zahl parallel zum Anstieg der menschlichen Population ab und starb schließlich im frühen Mittelalter aus. Nur eine Domestizierung von Tieren konnte die Ernährung der wachsenden Zahl von Menschen sichern. Die frühen Haustiere Rind, Schwein, Schaf und Ziege wurden wahrscheinlich aus dem Vorderen Orient nach Europa eingeführt, erst später kam das Pferd hinzu. Tiere waren nicht nur Lieferanten für Fleisch oder Milch, sondern sie boten auch Rohstoffe für Geräte oder Textilien. Ägypter, Griechen und Römer betrieben sogar Fischfarmen. Der römische Geschäftsmann Sergius Orata wurde 95 v. Chr. durch die erste nachweisbare Austernfarm reich.

Fettartige Substanzen und Öle sind über sehr lange Zeiträume beständig und werden deshalb oft noch an uralten Gefäßbruchstücken nachgewiesen. Durch solche Analysen kann sogar die Art des Fetts und dessen Herkunft bestimmt werden. An winzigen Scherben lässt sich klären, ob im betreffenden Gefäß Pflanzenöle oder tierische Fette aufbewahrt wurden. An einer etwa 34 000 Jahre alten Feuerstelle konnte beispielsweise Fett mit einem hohen Anteil von Oleinsäure identifiziert werden. Diese Zusammensetzung gestattete Rückschlüsse auf Knochenfett von Tieren. Vermutlich hatten Jäger an der Feuerstelle erlegtes Wild gebraten. Knochenfett wurde dabei verflüssigt und tropfte in das Erdreich, wo es sich ablagerte. In einer steinzeitlichen Höhle von vergleichbarem Alter, die Menschen einst als Lagerstätte gedient hat, konnte in den oberen Bodenschichten Wollfett nachgewiesen werden. Vermutlich machten es sich die Steinzeitmenschen gemütlich und legten die Höhle in der Nacht mit

Fellen aus, um sich zu wärmen. Fettanalysen aus Bodenproben erlauben Aussagen, ob Butterfett, Milchfett oder Rindertalg und Pflanzenfette in das Erdreich tropften. Knochenfette haben darüber hinaus so spezifische Eigenschaften, dass sogar die jeweilige Tierart bestimmt werden kann: Aßen die Menschen an ihren Lagerplätzen große Beutetiere, die auf gefahrvollen Jagdzügen erlegt werden mussten, oder begnügten sie sich mit Kleintieren und den frühen Haustieren? Derartige Untersuchungsergebnisse sind so detailliert, dass unterschieden werden kann, ob in einem Gefäß einst rohe oder gekochte Eier aufbewahrt wurden. In einer mykenischen Vase wurde sogar Kokosfett identifiziert, sodass sich Hinweise auf einen sehr frühen Fernhandel der antiken Völker bestätigten. Das nachgewiesene Kokosfett enthielt einen hohen Anteil von Metallen sowie Harze und Säuren. Es wird deshalb angenommen, dass es nicht zur Ernährung diente, sondern bei der Zubereitung von Farben oder Firnis für Bilder eine Rolle spielte. Olivenöl, Wein und andere Flüssigkeiten wurden in der Antike meist in Tonamphoren transportiert. In der Regel waren Amphoren keine Mehrweggefäße, sondern sie blieben beim Empfänger. Nicht immer landeten sie jedoch nach dem Verbrauch des Inhaltes auf Schutthalden, oft wurden sie auch als Vorratsgefäße weiter benutzt. Analysen von Resten an Amphorenscherben können Auskunft über die Haushaltsführung und den Lebensstil griechischer oder römischer Familien geben. Haushaltsamphoren enthielten fast alles, was flüssig war. Noch heute werden Spuren von Mohnöl, Leinöl, Nussöl, Sonnenblumenöl sowie andere Ölsorten gefunden. Spuren von Getreideprodukten legen die Vermutung nahe, dass auch Bier für die Legionäre in Amphoren transportiert wurde. In Mainz wurden Amphoren mit Resten von Feigen und Datteln gefunden, die von Ägypten aus an das Legionslager geliefert worden waren. Amphoren für eine einst sehr beliebte Fischsauce können noch heute eine große Zahl von Fischgräten enthalten. Erhältlich war eine große Vielfalt unterschiedlicher Fischsaucen, die im gesamten Reich an Feinschmecker verschickt wurden. Ein in Carnuntum bei Wien stationierter Centurio der XV. Legion ließ sich Saucenamphoren von Spanien bis zu seinem Legionsstandort schicken.

Bereits aus der Form einer Amphore kann auf ihren möglichen Inhalt geschlossen werden. Römische Töpfer produzierten eine Vielzahl von Formen, sodass sich Amphoren für Öle gewöhnlich von den Amphoren für Wein oder für Lebens- und Genussmittel unterschieden.

Wein kühlten schon die Griechen und Römern mit Eis. Die edlen Getränke kamen in ein doppelwandiges Gefäß, dessen äußerer Hohlraum mit Eis gefüllt wurde. In Rom brachte insbesondere im Sommer ein reger Handel mit Schnee aus den Bergen Gewinn. Der Schnee wurde in tiefen Kellern mit Stroh abgedeckt gelagert, wo er sich zu Eis verdichtete. In China waren Kühlschränke bereits in der Zeit um 400 v. Chr. bekannt. Man grub dort mehr als 10 Meter tiefe Erdlöcher, die mit Keramikringen ausgekleidet waren und nach oben abgedichtet werden konnten. Die alten Ägypter kühlten sogar ohne Eis: In der Nacht wurden Gefäße aus porösem Ton auf den Dachterrassen der Häuser ständig befeuchtet, damit sich Verdunstungskälte entwickelte und der Inhalt abkühlte. Sobald die Sonne aufging, wurde das gekühlte Gefäß in den Keller gebracht und in Stroh verpackt. Wasser konnte mit dieser Methode bis zu 20 Grad unter die umgebende Raumtemperatur abgekühlt werden.

Für die Geschichte der Pflanzenzucht bildet die Analyse der winzigen Reste in antiken Töpfen eine wichtige Informationsquelle. Bereits während der Steinzeit wurden Hirse, Weizen, Roggen, Gerste, Hafer, Reis und Mais in unterschiedlichen Teilen der Welt von der Wildpflanze zur Kulturpflanze herangezüchtet. Getreide erlaubte den Menschen, sesshafte Bauernkulturen zu gründen. Um 6000 v. Chr. gab es in Anatolien schon etwa 14 Kulturpflanzen. In Deutschland wurden Wildfrüchte sowie die Haselnuss bereits in der Steinzeit gegessen, dazu kamen einfache Gemüsearten und Hülsenfrüchte sowie fetthaltige Pflanzen. Emmerweizen, Einkorn und Gerste waren am Ende der Steinzeit bekannt und können an Feuerstellen nachgewiesen werden. Kulturobst wurde allerdings erst von den Römern nach Deutschland gebracht.

Bei zahlreichen heutigen Nutzpflanzen kann der Verbreitungsort der ursprünglichen Wildform nicht mehr sicher belegt werden. Die heute so alltäglichen Äpfel und Birnen kamen vermutlich von den Hochkulturen im Vorderen Orient nach Europa. Heimat der Banane ist wahrscheinlich sogar China. Während der spanischen Kolonialzeit ernährten sich viele Indianer zu einseitig von Mais. Es kam zu Blutarmut mit zahlreichen Folgeerkrankungen. Auf etlichen Südseeinseln fanden die ersten europäischen Entdecker einen intensiven Anbau von Süßkartoffeln vor. Da Kartoffeln aus Amerika

stammen, mussten mutige polynesische Seefahrer auf ihren Entdeckungsfahrten tatsächlich auch in Amerika gewesen sein, oder
Menschen aus Südamerika wagten sich zunächst zur Osterinsel und
später zu anderen Inseln vor. Durch Handelsbeziehungen wäre
dann die Süßkartoffel innerhalb der Südsee weiter verbreitet worden.

Manchmal werden uralte Kulturpflanzen auch indirekt nachgewiesen. Ungebrannte Tongefäße wurden früher von den Töpfern
auf einer Blätterschicht abgestellt, damit sie später wieder gut entfernt werden konnten und nicht am Boden festklebten. Der Umriss
von Pflanzen drückte sich deshalb im Gefäßboden ein und wurde
mit dem Brennen verfestigt. Botaniker können die Pflanzen heute
anhand dieses Umrisses bestimmen.

Getreide war ein Grundnahrungsmittel. Es wurde zuerst grob gemahlen und dann als Brei verzehrt. Bald gelang die Erfindung des
Brotes, indem der Brei einfach auf heißen Steinen oder in glühen-
der Asche gebacken wurde. Bei den ersten Broten handelte es sich
noch um ungesäuerte Fladenbrote. Möglicherweise war der Sauerteig später eine Zufallserfindung, denn Getreidebrei beginnt nach
längerem Stehen selbstständig zu gären. Sauerteigbrot wurde im
Vorderen Orient seit dem 4. Jahrtausend v. Chr. verzehrt. Die Griechen produzierten Sauerteig, indem sie Mehl aus Hirse oder Weizen
mit dem Most zur Weinherstellung mischten. Bierhefe für den Sauerteig wurde erstmals von den Kelten eingeführt. Im alten Ägypten
gehörten Backöfen zur Einrichtung eines Hauses, die Menschen am
Nil kannten bereits Feinbäckereien für Honigbrot und Gewürzbrot.
Transportable Backöfen entwickelten schließlich die Griechen.

Von den frühen Hochkulturen stammen auch die ersten Koch-
bücher. Drei Schrifttafeln aus Babylon (1700 v. Chr.) geben Hinweise auf Kochrezepte für Fleischeintöpfe. Eine große Küche wurde
am Hof der Pharaonen und in den Palästen der ägyptischen Oberschicht zelebriert. Von dem Griechen Athenaios stammt aus der Zeit
um 200 n Chr. eine vermutlich dreißigbändige Kochbuchreihe mit
dem Titel »Gastmahl der Gelehrten«. Reiche Römer leisteten sich einen besonders abwechslungsreichen Speiseplan und probierten
auch zahlreiche exotische Gewürze; beliebt waren unterschiedliche
Würzsoßen. Ihre Rezepte konnten direkt aus dem Kochbuch des
Apicius (»Über das Kochen«) aus dem 1. Jahrhundert n. Chr. entnommen werden. Von diesem Kochbuch ist eine im späten 14. Jahr-

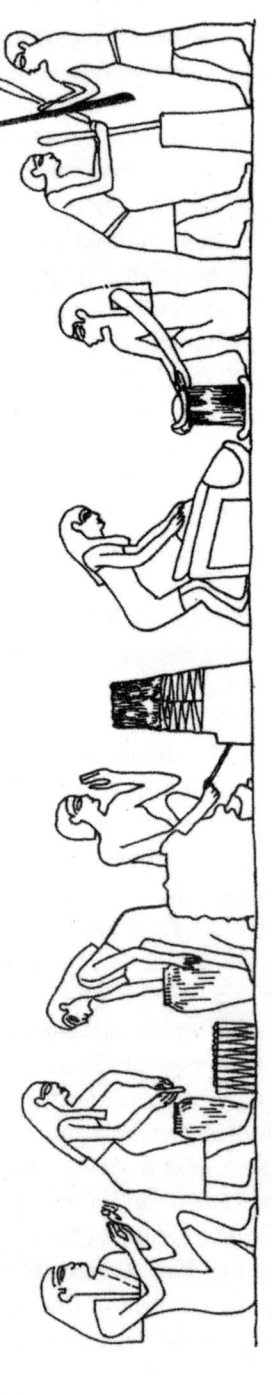

Einblick in eine altägyptische Bäckerei, Skizze nach einer Grabmalerei um 1400 v. Chr. Rechts wird das Getreide in einem Mörser enthülst, anschließend gesiebt und auf einem Reibstein gemahlen. Links formen Frauen den Brotteig zu spitzen Brotlaiben, die in der Mitte in einem runden Ofen gebacken werden. (nach einer Grabmalerei, Theben-West)

hundert verfasste Version erhalten. Apicius war ein Feinschmecker, der sein gesamtes Vermögen den Gaumenfreuden widmete. Nach seinem Bankrott vergiftete er sich, um nicht wie ein Bettler essen zu müssen. Ein großes römisches Menü wurde im Liegen eingenommen und bestand aus vielen Gängen. Es dauerte viele Stunden, wurde von einem Unterhaltungsprogramm begleitet und artete oft in ein Gelage aus. War der Esser gesättigt, wurde Brechreiz ausgelöst, um weiter speisen zu können. Die überfeinerte römische Küche wird heute oft mit der Dekadenz der römischen Oberschicht in der Endphase des Reiches in Verbindung gebracht. Manche reiche Römer gaben Unsummen für ihre Gelage aus und verprassten ein Vermögen, um immer abgehobenere Kochrezepte auszuprobieren. Der Schriftsteller Petronius beschrieb satirisch überhöht die Gastmähler der Neureichen. Es gab raffinierte Kreationen wie Rosenpastete, Flamingozungen oder Haselmäuse. Gebratene Drosseln wurden als Fische hergerichtet und schwammen in pikanten Soßen.

Bei der Untersuchung von Nahrungsmitteln aus dem alten Orient leistet manchmal sogar die Bibel Inspirationshilfe. Das im Alten Testament beschriebene Manna wird heute als eine Flechte interpretiert. Bisher konnten Flechten in Brotresten aus altägyptischen Grabanlagen noch nicht nachgewiesen werden. Sie waren jedoch in Persien als Beimischung zum Mehl beliebt und wurden bis etwa 1930 verwendet, um das Brot nach dem Backen locker zu halten. Andere Deutungen sehen im Manna Ausscheidungen von Insekten, die in den Steppengebieten des Vorderen Orients aus Temperaturgründen nur am frühen Morgen gesammelt werden können. Die Qualität des altägyptischen Brotes kann mit dem Erhaltungszustand der Zähne der Bevölkerung in eine Wechselbeziehung gebracht werden. Nach der Erfindung der Mühlsteine wurde die Qualität des Mehls besser, der Erhaltungszustand der Zähne dagegen schlechter. Von den Mühlsteinen wurden immer wieder kleinste Steinchen abgerieben und mitgebacken, was den Zähnen beim Kauen erheblich schadete.

Alkohol und Genussmittel

Vermutlich kam die Menschheit zuerst unbeabsichtigt mit alkoholischen Getränken in Kontakt. Fallen überreife Früchte von den Bäumen, können durch die allgegenwärtigen Hefen Gärungsvorgänge ausgelöst werden, wobei der Zucker im Fruchtsaft zu Alkohol umgewandelt wird. Noch heute lässt sich beobachten, wie Tiere sich »betrinken«, wenn sie solche vergorenen Früchte fressen. Da die Wildrebe seit prähistorischen Zeiten im gesamten Mittelmeerraum heimisch war, kam es wahrscheinlich schon früh zur Herstellung von Wein. Der Vordere Orient mitsamt dem Kaukasus ist die Urheimat des Weinbaues. In Georgien im Kaukasus wurden weit über 5000 Jahre alte Weintraubenkerne gefunden, die bereits von gezüchteten Reben und nicht von der Wildrebe stammten. Vermutlich wurde der Genuss von Wein gleichzeitig mit dem Verzehr der reifen Trauben in der Zeit um 8000 v. Chr. entdeckt. In der Bibel wird berichtet, Noah habe Ziegen beobachtet, die nach dem Genuss von Trauben ausgelassen herumtollten, und anschließend begonnen, mit diesen Trauben zu experimentieren.

In Ägypten und Mesopotamien wurde Wein seit dem 3. Jahrtausend v. Chr. in größeren Umfang angebaut. Am Nil besaßen hohe Würdenträger eigene Weingüter, wo die Reben in mit Nilschlamm gedüngten Gräben wuchsen und an Seilen hochranken konnten. Auf einem Gut von Pharao Ramses II. wurden Reben sogar regelmäßig mit Pferdeurin gedüngt. Wein wurde in der ägyptischen Oberschicht aus Schalen getrunken und durfte bei keinem Fest fehlen. Die Technik der Weinherstellung war bereits ausgefeilt, es gab schon Rotwein und Weißwein; durch Verschneiden wurden unterschiedliche Weinsorten auch gemischt. Im Palast von Pharao Amenophis III. wurden Weinamphoren aus Ton gefunden, deren Beschriftung sogar Lage und Jahrgang angab. In Mesopotamien gab es wie in Ägypten einen hoch entwickelten Weinanbau und die Nachfrage war so groß, dass Wein auch aus Ägypten importiert wurde. Über Mesopotamien gelangte die Kunst der Weinherstellung schließlich zu den Griechen, die sie weiterentwickelten und insbesondere die Keltertechnik perfektionierten. In Griechenland gab es bereits eine Vielzahl von Rebsorten und Weinarten. Die Griechen tranken den Wein stets mit Wasser verdünnt; nur Barbaren soffen Wein ihrer Meinung nach pur. Alkohol war ein Medium der Geselligkeit und ein Alkoholrausch nicht verpönt. Die Römer bevorzugten zunächst den griechischen Wein und vervollkommneten später den eigenen Anbau. Weinreben wurden in allen Teile des Reiches angepflanzt, wodurch sich der Weinanbau auch am Rhein mit seinen Nebenflüssen und sogar im fernen Britannien etablieren konnte. Römische Weingüter hatten eine beachtliche Kapazität. In der Zeit um 100 n. Chr. wird in Mittelitalien ein Gut dokumentiert, das jährlich etwa 1,2 Millionen Liter Wein (4260 Amphoren) nach Gallien exportierte. Ägyptischer Wein hatte bei den römischen Genießern einen schlechten Ruf; der Satiriker Martial behauptete, selbst Essig schmecke ihm besser als ägyptischer Wein. Bei politischen Auseinandersetzungen wurde in Rom häufig versucht, dem Gegner den Makel der Trunksucht anzuhängen. Cicero prangerte Marcus Antonius an, nachdem dieser betrunken eine Rede an die Bevölkerung gehalten hatte.

Bei Festen der ägyptischen Oberschicht wurde ausgiebig Wein getrunken, Bier war mehr in der Unterschicht verbreitet. Viele Teilnehmer waren am Ende eines Festes betrunken und mussten fortgetragen werden.
Die Abbildung zeigt eine feine Dame der Gesellschaft, die sich nach intensivem Alkoholgenuss übergeben muss. Rasch eilt eine Dienerin mit einer Schale herbei.
(Skizze nach einer Grabmalerei, Theben-West, Neues Reich)

In Südfrankreich wurde aus dem Meer eine antike Amphora geborgen, die noch einen Flüssigkeitsrest enthielt. In dieser Flüssigkeit ließ sich ein roter und ein farbloser Anteil unterscheiden. Durch den Nachweis von Weinsäure und Gerbsäure wurde belegt, dass es sich um einen mehrere Jahrtausende alten Wein handelte. In eingetrockneter Form war römischer Wein schon wiederholt gefunden worden, es war aber eine Sensation, dass es ihn auch noch im flüssigen Zustand gab. In den Augen des modernen Weinkenner nahm der Weingeschmack der Römer allerdings seltsame Formen an. Dem heutigen auf Reinheit bedachten Weinfreund wird sich beim Gedanken an Rosen- und Veilchenwein vermutlich der Magen umdrehen. Ein römisches Weinrezept für rosatum et violatum (Rosen- und Veilchenwein) lautet im Original: »Entferne von roten Rosenblättern das Weiße, nähe die Blätter in Leinensäckchen und wirf möglichst viele davon für sieben Tage in Wein. Nach sieben Tagen nimmst du sie heraus, gibst frische Rosensäckchen in den Wein und lässt sie wiederum sieben Tage darin liegen. Dann nimmst du sie wieder heraus und wiederholst den gleichen Vorgang ein drittes Mal. Dann holst du die Rosenblätter heraus und seihst den Wein ab. Erst vor dem Trinken wird der Rosenwein fertiggestellt, indem man ihn mit Honig süßt. Man beachte, dass man nur die besten, vom Tau gerade trocken gewordenen Rosenblätter nehme. Ebenso bereite man Veilchenwein, den man auch mit Honig süßt.«

Weinschiff auf der Mosel in römischer Zeit. Wein wurde wie heute bereits in Fässern und nicht mehr in Amphoren transportiert. Auf ihren Grabdenkmälern gaben reiche Römer gern ihre geschäftlichen Aktivitäten an. Dieses Denkmal aus dem 3. Jahrhundert n. Chr. weist auf einen Weinproduzenten und Weinhändler hin.
(Rheinisches Landesmuseum Trier)

Anhand von Weinstatistiken ist es möglich, das Klima vergangener Jahrhunderte in Weinbaugegenden zu rekonstruieren. Genaue Klimadokumentationen sind noch nicht lange üblich, Weinerträge dagegen werden allein aus Steuergründen schon seit Jahrhunderten dokumentiert. Gute Weine bedeuten für Mitteleuropa gleichzeitig ein klimatisch gutes Jahr, weshalb Umkehrschlüsse möglich sind: Über die Weinquantität können die klimatischen Gegebenheiten im Frühjahr erschlossen werden, über die Weinqualität die Gegebenheiten im Sommer. Ertrags- und Qualitätsstatistiken von Wein, aber auch Chroniken zum Weinanbau und Konsum konnten Klimaforscher über Jahrhunderte zurückverfolgen. Sie belegen, dass beispielsweise im Hochmittelalter viele europäische Gegenden von der Sonne verwöhnt wurden. Es war durchschnittlich wärmer als in der Gegenwart, und der englische Wein konnte tatsächlich mit französischen Erzeugnissen konkurrieren. Im Alpenvorland kletterte der Weinanbau sogar bis auf eine Höhe von 700 Metern. Der Orden der Cluniazenser führte 1018 n. Chr. in seinen Klöstern den Brauch ein, zum Tag der Verklärung Christi am 13. August beim Gottesdienst reife Trauben über dem Kelch auszudrücken. Die Mönche konnten dies problemlos tun, denn reife Trauben standen aus eigenen Anbaugebieten zur Verfügung.

Die Kunst des Bierbrauens entstand in etwa parallel zum Weinanbau und wurde gefördert, als immer häufiger Getreide zur Sicherung der Ernährung angebaut wurde. Erfahrene Bierbrauer gab es schon gegen Ende des 4. Jahrtausends v. Chr. sowohl am Nil als auch am Euphrat und Tigris. Die ersten überzeugten Biertrinker waren die Sumerer. In den Wirtshäusern von Babylon wurden dem Kunden fünf Biersorten angeboten, die er aus langen Röhrchen trank. Das Brauereiwesen war in Mesopotamien fest in den Händen von Frauen. König Hammurabi von Babylon erließ die erste Bierpreisbindung der Geschichte und drohte, alle Wirtinnen, die Bier zu teuer verkauften, in den Fluss zu stoßen. Kam ein Ehemann volltrunken nach Hause, durfte ihn die Ehefrau nach dem Gesetz nicht aus der Wohnung werfen. War der König im Begriff, einen über den Durst zu trinken, mussten ihn seine Minister zurückhalten. In Ägypten war Bier ein Volksgetränk und jedem Arbeiter wurde eine tägliche Bierration garantiert. Zunächst wurde das Bier aus Datteln, Johannisbrot und Mohn, später erst aus Gerste und Emmerweizen gebraut. Das Getreide wurde gemahlen, angefeuchtet, geknetet und mit Honig gesüßt. Danach kam die Masse in Krüge, wurde mit Wasser übergossen und konnte gären. Der gegorene Saft wurde gesiebt und wieder in Krüge abgefüllt, die mit Gips verschlossen wurden. Die Biersorten unterschieden sich in den Zutaten der gekneteten Getreidemasse. Importbier wurde »Kedebier aus dem Hafen« genannt und stammte aus Kleinasien. Ein ägyptischer Papyrus warnte um 1400 v. Chr. die Zecher, in den Bierhäusern nicht die Herrschaft über ihre Zunge zu verlieren. Durch die Babylonier und Assyrer wurde die Kunst des Bierbrauens auch anderen Völkern bekannt. In China wurde Bier zuerst aus Hirse und später aus Reis gebraut. Bei den indianischen Hochkulturen in Amerika gab es Bier aus Mais oder Süßkartoffeln.

Griechen und Römer schätzten Bier wenig, sie bevorzugten den Wein. Eine griechische Legende schildert sogar, Dionysos, der Gott des Weines, habe erschrocken Mesopotamien verlassen, weil die Leute dort fürchterlich viel Bier soffen. In den Mythen der frühen Hochkulturen wird berichtet, selbst die Götter hätten getrunken, bis sie wankten und alle Dinge doppelt sahen. Ein ägyptisches Fest hatte erst Niveau, wenn es hieß: »Das Gelage verwirrt sich in Trunkenheit.« Große Biertrinker in Europa waren die Kelten und Germanen. Von den Kelten stammt auch die Sitte, Bier in Fässern zu brauen. Bei eingetrockneten Resten in Vorratsgefäßen der Germanen gelingt häufig die Charakterisierung von Met oder Bier. In einem alemannischen Grab wurde in einem Keramikgefäß Honig zur Herstellung von Met analysiert, und es war mit Hilfe des Blütenstaubes im Honig sogar möglich, die Pflanzen zu bestimmen, die einst von den Bienen angeflogen worden waren. Der Zusatz von Hopfen beim Bierbrauen kann in Europa erst seit 768 n. Chr. belegt werden. Im Vorderen Orient allerdings, so wird vermutet, war der Hopfen bereits ab 500 v. Chr. den Bierbrauern bekannt.

Außer Wein und Bier wurden als Genussmittel von den Völkern der Hochkulturen seit der Antike auch Tee, Kaffee und Kakao getrunken. Tee war in Ostasien sehr beliebt und hatte schon um 50 v. Chr. in China neben dem Genuss eine kulturelle Bedeutung. Um 793 n. Chr. wurde Tee in China wegen seiner weiten Verbreitung mit Steuern belegt, um die Staatseinnahmen zu verbessern. Kaffee dagegen erreichte erst verspätet seinen heute unangefochtenen Ruf als Genussmittel. Seine frühesten Anbaugebiete lagen in Äthiopien, von wo aus er durch die Araber bekannt gemacht und verbreitet wurde. Im Jemen soll Kaffee erstmals um 1200 n. Chr. geröstet worden sein. Später sorgten hauptsächlich die Mekka-Pilger für seine Verbreitung, Kaffeehäuser wurden gegründet. In Paris öffnete das erste Kaffeehaus 1643, im englischen Oxford 1650 und in Wien nach der Niederlage der Türken 1683.

Die ersten Hinweise auf den Genuss von Kakao sind 2600 Jahre alt. In Töpfen der Maya-Kultur wurden Reste von chemischen Verbindungen gefunden, die aus der Kakaopflanze stammen. Regelmäßig wurde Kakao wahrscheinlich um 100 n. Chr. in Mexiko von den Maya und Azteken getrunken. Kakaobohnen waren sogar eine Art Währung, sodass dort das Geld regelrecht auf den Bäumen wuchs. Ein Lieblingsgetränk der vornehmen Azteken war Chocolatl, eine Mischung aus gerösteten und gemahlenen Kakaobohnen, Maisstärke, Chili und Wasser. Alle Zutaten wurden zu einer Paste verknetet, danach in Plätzchen geformt und bei Bedarf mit Wasser sowie Zucker oder auch Blüten zu einem schaumigen Getränk aufgeschüttelt. Der aztekische Kaiser soll davon täglich bis zu 50 kleine Tassen getrunken haben. Die spanischen Eroberer übernahmen später das Getränk, ersetzten aber das Chilipulver durch Zucker und Zimt.

Von den Indianern stammt auch das Genussmittel Tabak. Rauchen war auf dem gesamten amerikanischen Kontinent verbreitet. In Mittelamerika galt Tabakrauch als Heilmittel und war Teil verschiedener religiöser Kulte. Azteken beendeten eine üppige Mahlzeit mit Chocolatl und dem Genuss einer Pfeife Tabak. Sie mischten dazu getrocknete Tabakblätter mit Holzkohlepulver und aromatischen Blüten, zündeten die Mischung an und inhalierten den Rauch. Pfeifen waren meist den Vornehmen vorbehalten, während sich die einfache Bevölkerung aus Tabakblättern Zigarren drehte. Luis de Torres und Rodrigo de Jerez aus der Mannschaft von Kolumbus sollen die ersten rauchenden Europäer gewesen sein. Allerdings gibt es Hinweise, dass möglicherweise auch bereits die Kelten im frühen Europa dem Rauchgenuss frönten, indem sie getrockneten Lavendel in kleine pfeifenartige Tonröhrchen steckten, anzündeten und den Rauch inhalierten. Später sollen römische Legionäre in Gallien diese Sitte übernommen haben. Aus den Jahr 1276 n. Chr. berichtete ein spanisches Gedicht, Lavendelrauch könne den Schlaf vertreiben, weil er die Feuchtigkeit im Gehirn austrocknet und Stärke verleiht.

Arzneien und Kosmetika

In den Jäger- und Sammlerkulturen der Frühzeit war für jeden Menschen eine enge und an praktischen Vorteilen orientierte Verbundenheit mit der Natur selbstverständlich. Auch wenn der Schutz durch die Sippe stets gegeben war, musste das einzelne Sippenmitglied auf ein umfangreiches Wissen über Tiere und Pflanzen zurückgreifen können. Mit den fortschreitenden Spezialisierungen und Arbeitsteilungen in den Gesellschaften wuchsen die Erkenntnisse jedoch bald über den Horizont des Einzelnen hinaus. Es tauchten verstärkt Menschen auf, die sich in der Natur besonders gut auskannten, reiche Erfahrungen hatten und insbesondere bei Erkrankungen wichtige Ratschläge geben konnten. Nach ihren Anweisungen wurden meist aus Pflanzen erste Arzneimittel hergestellt. In den frühen Hochkulturen hatten Ärzte von Anfang an einen hohen gesellschaftlichen Stand. Sie mussten weit mehr sein als ein Medizinmann, der mit magischen Kräften zu heilen versucht. Sie zeichneten sich durch Vielseitigkeit aus und waren Ärzte, Botaniker, Mineralogen und forschende Pharmazeuten in einer Person. Theorien oder ausgeklügelte Wissenschaftsthesen galten ihnen wenig, all ihr Heilwissen mussten sie direkt am Patienten einsetzen können.

Im alten Ägypten hatten Ärzte einen gottähnlichen Status, sie sind zum Teil heute noch namentlich bekannt. Imhotep (»der Zufriedenheit gibt«) behandelte um 2600 v. Chr. seine Patienten in der ägyptischen Hauptstadt Memphis. Er war ein hochgeschätzter weiser Mann, dessen Wissen sorgfältig aufgezeichnet und weitergegeben wurde. In Mesopotamien hieß einer der ersten namentlich fassbaren Ärzte Lulu, er praktizierte um 2700 v. Chr. im Reich der Sumerer. Die Chinesen erhoben den Arzt Hua T'o zum Gott der Chirurgen, weil er eine heute nicht mehr nachvollziehbare Narkosetechnik entwickelt hatte. Aus einer besonderen Kräutermischung verabreichte er den Patienten zusammen mit Wein die sprudelnde Mixtur »mafeisan«, die in ihrer Wirkung k.o.-Tropfen glich und den Patienten vor einem Eingriff ruhig stellte. Möglicherweise enthielt die Kräutermischung Alraune und Cannabis.

Im trockenen Klima des Vorderen Orients haben sich ganze Bibliotheken aus Papyrus und Tontafeln erhalten. Die Bibliothek des assyrischen Königs Assurbanipal ist heute in Sammlungen zugänglich, wodurch die insgesamt 20 000 Tontafeln ausgewertet werden konnten. Allein 660 Tafeln beschäftigen sich mit der Medizin und beschreiben Arzneimittel gegen unterschiedliche Krankheiten. Das wahrscheinlich älteste erhaltene Lehrbuch der Medizin stammt von den Sumerern und gibt dem Arzt Anweisungen für ungefähr 250 Medikamente. Aus der altägyptischen Medizin sind etwa ein Dutzend Papyri mit einem reichen Wissensschatz überliefert. Heute würde man den Papyrus Ebers aus der Zeit um 1600 v. Chr. als pharmazeutisches Lehrbuch bezeichnen. In 108 Absätzen wird auf dieser 20,23 Meter langen Papyrusrolle über die Herstellung von Arzneimitteln für alle Teile des Körpers berichtet. Vermutlich enthält der Papyrus Ebers auch Abschriften aus noch älteren Werken, denn aus der Zeit der berühmten Bibliothek von Alexandria gibt es Hinweise, dass schon im Alten Reich der Ägypter die Priesterschaft das gesamte medizinische Wissen in 42 geheimen Werken niedergeschrieben hatte. Leider ist die Bibliothek von Alexandria mit ihren vermutlich 900 000 Schriftrollen bei einer der größten Kulturkatastrophen der Menschheit im Jahre 48 v. Chr. abgebrannt. Der Papyrus Ebers beschreibt nicht nur magische Heilungsrituale, sondern gibt auch Anweisungen für etwa 900 nachvollziehbare Rezepte von Medikamenten auf der Grundlage von Pflanzen und Mineralien. Gegen Schmerzen wurde auf das ägyptische Bilsenkraut verwiesen, aus dem Chemiker erst in unserer Zeit einen Wirkstoff mit nervenlähmender Wirkung isolieren konnten. Bemerkenswert ist ein Rezept gegen das übermäßige Geschrei von Kleinkindern. Der geplagten Mutter wurde eine Mischung von Fliegendreck und Mohn empfohlen, die das Kind zum Schlafen bringen sollte. Mohnsaft enthält nach modernem Wissen Morphium mit beruhigenden und schmerzlösenden Wirkungen. Im Blut einer bestimmten Fledermausart, das manchmal verordnet wurde, fanden sich nach heutigen Analysen hohe Kortisonkonzentrationen. Gegen manche Augenleiden wurde ein Extrakt aus Ochsenleber verwendet. Untersuchungen des rekonstruierten Extraktes belegten später hohe Konzentrationen von Vitamin A, das die Funktionsbereitschaft der Augen fördert. Die altägyptischen Ärzte hatten einfach experimentiert und genau beobachtet.

Erstaunlich häufig finden sich in Rezepten auch Dreck, Erde oder gar verschimmeltes Brot. Diese heute merkwürdigen Zutaten sollten Salben zur Behandlung von Entzündungen beigemischt werden. Moderne Analysen ergaben, dass in den vorgeschriebenen Erdsorten oft Pilze vorkommen, die Antibiotika produzieren. Die antibakterielle Wirkung von Honig war bekannt, und in Mesopotamien wurden Verstorbene sogar in Honig einbalsamiert. Eine Krautwurzel mit dem Namen »Ami-Majos« wurde Menschen empfohlen, die oft mit Karawanen durch Wüstengebiete ziehen mussten. In diesem Kraut isolierten später Chemiker den Wirkstoff 8-Methoxypsoralen, der die Pigmentbildung der Haut anregt und vor einem Sonnenbrand schützt. Für die zahlreichen Großprojekten der altägyptischen Hochkultur wurde regelmäßig ein Heer von vielen tausend Arbeitern aufgeboten, unter denen praktisch nie Seuchen grassierten. Die Gesundheit dieser Arbeiterschaft wurde von Amtsärzten überwacht. Jeder Arbeiter erhielt regelmäßig Rationen von Rettich, Zwiebeln und Knoblauch; alle diese Pflanzen enthalten antibakterielle Wirkstoffe.

Die frühen Ärzten in Ägypten und Mesopotamien müssen auch vage Vorstellungen von Dosierungen gehabt haben. Sie beschreiben in ihren Rezepten, dass Heilmittel bei der Herstellung genau zu wiegen und zu vermessen sind. Als ein Maß zum Mischen von medizinischen Wirkstoffen galt in Ägypten ein »ro«, der ungefähr der Menge eines Esslöffels entsprach. Rezepte konnten recht kompliziert sein: In einer überlieferten Mischanweisung werden 37 verschiedene Zutaten genannt! Manche Heilpflanzen durften nur zu bestimmten Zeiten verordnet werden. Auch hier fanden Forscher später heraus, dass diese Pflanzen nur zu bestimmten Jahreszeiten erhöhte Konzentrationen von Wirkstoffen produzieren. Es ist wahrscheinlich, dass Rezepte an Gefangenen oder Sklaven getestet wurden, denn es wurden auch Heilpflanzen verarbeitet, deren Inhaltsstoffe in falschen Dosierungen zum Tode führen. Aus Mesopotamien existiert eine Korrespondenz zwischen dem König Asarhaddon und einem seiner Ärzte. Der Arzt ordnet in einem Rezept für einen kranken

Prinzen an, zuerst müsse ein Sklave von dem Arzneimittel trinken, erst anschließend solle der Prinz es einnehmen.

In Köln wurde ein Gefäß aus römischer Zeit gefunden, das eine noch gut lesbare Beschriftung aufwies: »Des Gaius Cassius Doryphorus Vitriolsalbe zur Behebung von Augenleiden.« Der Inhalt war schwarz verfärbt und undefinierbar. Erst eine aufwendige emissionsspektrographische Analyse führte weiter, es konnten Calcium, Aluminium, Kalium und Blei sowie Pollen der Pflanze Arnika nachgewiesen werden. Die Rekonstruktion des ursprünglichen Zustandes ergab eine Bleisalbe mit Vitriol und Arnika. Alle diese Wirkstoffe können tatsächlich bei Augenleiden helfen. An einem Gefäß aus Mykene, das die Form einer Samenkapsel des Mohns hatte, gelang tatsächlich der Nachweis, dass es einmal Opium enthielt. Neben dem Opium wurde allerdings auch Olivenöl extrahiert, weshalb umstritten ist, ob das Opium mit Olivenöl gemischt oder ob das Gefäß später für Olivenöl zweckentfremdet wurde.

Apothekergefäß für »Mumia« aus dem 18. Jahrhundert.
Mumia galt früher als Wundermittel gegen allerlei
Erkrankungen und wurde in Europa teuer gehandelt.
Es wurde aus klein gemahlenen altägyptischen Mumien
hergestellt und gehörte in jede gut ausgestattete
Apotheke.
(Deutsches Apotheken-Museum Heidelberg)

Kosmetika waren in den frühen Hochkulturen gleichzeitig Arzneimittel mit magischen Eigenschaften. Im alten Ägypten schminkten sich Frauen und Männer gleichermaßen. Vornehme Ägypterinnen besaßen stets Schminktischchen und eine große Schar von Dienerinnen für die Körperpflege. Da Ägypterinnen ihr Schminktischchen oft als Grabbeigaben erhielten, sind heute zusammen mit den zahlreichen Darstellungen der Grabmalereien vielfältige Aussagen zum Kosmetikkult der frühen Antike möglich. Die Ägypterin tönte zunächst mit kleinen Stäbchen das untere Augenlid leicht grün und zog anschließend intensive schwarze Lid- und Brauenstriche, die nach außen verlängert wurden, sodass die Augen groß und glänzend erschienen. Die grüne Schminke wurde aus Malachit hergestellt und die schwarze Schminke aus Bleiglanz. Die Lidstriche sollten nicht nur magisch wirken, sondern die Augen auch vor Krankheiten schützen. Hinweise liegen über das Schminken der Lippen mit Mischungen aus rotem Ocker und Fett vor. Ein leichtes Make-up aus weißer und roter Schminke gab es auch für die Wangen. Insgesamt wurde der Teint häufig mit Ocker aufgehellt. Zum Färben der Fingernägel wurde Henna benutzt, und auch für die Haare waren zahlreiche Färberezepte bekannt. Viele Kosmetika enthielten Mittel, denen eine magische Wirkung nachgesagt wurde. Gegen graue Haare versprach beispielsweise eine Salbe aus dem Blut eines schwarzen, in Öl gekochten Kalbes überragende Erfolge. Re-

Eine junge ägyptische Dame schminkt ihre Lippen.
Skizze nach einer altägyptischen Malerei. In der einen
Hand hält sie einen Spiegel und das Kosmetikgefäß, in
der anderen Hand einen Lippenpinsel.

zepte zur Seifenherstellung kamen aus Mesopotamien. Gekochte Öle und alkalihaltige Stoffe wurden dazu miteinander vermischt.

Die organischen Bestandteile der vielfältigen ägyptischen Kosmetika können heute nur mit großem technischem Aufwand nachgewiesen werden. Weniger schwierig ist es, das anorganische Ausgangsmaterial zu identifizieren. Für einige Bestandteile mussten lange Handelswege erschlossen werden, denn die Rohstoffe gab es in Ägypten nicht. Verschiedene Salben enthielten zum Beispiel Antimon, das in der Antike fast nur am Fluss Sambesi tief im Inneren von Afrika gefunden wurde. Andere Stoffe kamen wahrscheinlich über weite Karawanenwege und Zwischenhändler aus Indien oder sogar China. Für solche weiten Handelsstrecken sprechen in überlieferten Texten Verarbeitungsanweisungen für die Rinde des Zimtbaumes oder für den Pfeffer. Der natürliche Vegetationsraum für beide Pflanzen liegt tausende Kilometer von Ägypten entfernt.

Zur Parfumherstellung kannten die Ägypter eine Vielzahl von Verfahren. Angenehme Düfte sollten nicht nur den Körpergeruch überlagern, sondern im gesamten Haus für Wohlgeruch sorgen. Bei festlichen Anlässen steckten sich die Damen einen Duftkegel in die Haare, der langsam zerrann und eine langanhaltende Wirkung garantierte. Zur Extraktion von Duftstoffen war bei den Ägyptern bereits die »Enfleurage« gebräuchlich: Blüten wurden mit Fetten und Ölen vermischt, damit die Duftstoffe in ein fetthaltiges Trägermedium übertreten konnten.

Im alten China trugen vornehme Frauen durch Kräuterextrakte tiefrot gefärbte Fingernägel, die als Zeichen der feinen Lebensart sehr lang sein mussten und durch aufgesteckte Silberhülsen geschützt wurden. Lange Fingernägel demonstrierten Reichtum: Diese Frauen hatten es offenbar nicht nötig, selbst zu arbeiten und konnten eine große Dienerschaft beschäftigen. In den alten indischen Kulturen hellten Frauen ihre Haut mit einer Creme aus Bleiweiß (Bleioxid) auf, um blass und vornehm zu erscheinen. Diese Blässe stellte ebenfalls großen Reichtum zur Schau: Solche Frauen mussten niemals auf dem Feld oder in der freien Natur tätig sein.

Die Frauen der römischen Oberschicht trieben den Kosmetikkult bis zum Exzess und benutzten, ohne es zu wissen, sogar Giftstoffe. Poppaea, die Ehefrau von Kaiser Nero, machte das giftige Bleiweiß populär, um sich damit regelmäßig die Haut aufzuhellen. In der Nacht trug sie eine Gesichtsmaske aus Bohnenbrei, der am Morgen durch ein Bad in Eselsmilch wieder entfernt wurde. Danach ließ sie sich den Körper mit weißem Kalk pudern und das Gesicht mit Bleiweiß salben. Wangen und Lippen wurden mit Rouge überdeckt. Wimpern und Brauen erhielten eine schwarze Färbung mit Antimon und die Augen Lidschatten in unterschiedlichen Farbabstufungen. Eine geheimnisvolle Mixtur mit dem Namen »Drachenblut« machte die Fingernägel leuchtend rot. Zum Weißen der Zähne gab es Bimssteinpulver und gegen Pickel Butter und Gerstenmehl. Oft wurden die Haare auch mit germanischer Seife aufgehellt, denn blonde Haare waren bei römischen Frauen sehr begehrt.

Der noch minderjährige römische Kaiser Heliogabal war durch eine Intrige seiner Großmutter, die ihn als Kaisersohn ausgab, an die Macht gekommen und zog mit großer Extravaganz 219 n. Chr. in Rom ein. Sein Auftreten schockierte die konservativen römischen Senatoren. Der Kaiser trug exotisch aussehende Kleider aus Seide und einen bändergeschmückten Hut, denn er gab sich vor der Bevölkerung als der Hohepriester des syrischen Sonnengottes Elagabal aus. An seinen Ohren hing ein riesiger Ohrschmuck, um die Augen wechselten Ringe aus blauer und goldener Farbe ab. Seine Lippen waren blau und die Füße hennarot gefärbt. Hände und Sandalen quollen von Juwelen über. Seine Mutter und Großmutter waren wie römische Edelhuren geschminkt und trugen die Machtsymbole, die allein einem Kaiser zustanden. Als später von der kaiserlichen Familie versucht wurde, den syrischen Sonnengott an die Spitze aller römischen Götter zu stellen, war das Maß voll. Die Sippschaft um Heliogabal war der Bevölkerung von Anfang an verhasst, und es kam nach kurzer Zeit zu einem Umsturz. Im Jahre 222 n. Chr. wurden Heliogabal und seine Familie, die im Hintergrund die politischen Fäden in den Händen gehalten und den Staat beherrscht hatten, vom römischen Militär ermordet.

Drogen

Mit Drogen lässt sich das menschliche Bewusstsein manipulieren. Bereits in den Gemeinschaften der frühen Naturvölker griffen auserwählte Mitglieder wie Schamanen oder Priester zu Drogen, um den Geistern und Göttern nahe zu sein. Durch die Erweiterung ihres Bewusstseins wurden sie zu angesehenen Vermittlern zwischen realen und irrealen Welten und konnten wichtige Ratschläge geben. Insbesondere bei Erkrankungen waren Drogen gefragt, weshalb in der frühen Arzneimittelgeschichte kaum ein Unterschied zwischen Drogen und Heilmitteln gesehen wurde. Noch heute verzehren die Schamanen von Naturvölkern in Sibirien bei kultischen Handlungen Teile des Fliegenpilzes, um mit dem Gift Halluzinationen auszulösen. Manche Pilzgifte sind so wirksam, dass sie unverändert mit dem Urin ausgeschieden werden. Das Trinken des Urins eines Schamanen gehört deshalb zu manchen Ritualen. Im Drogenrausch haben sich in Mitteleuropa wahrscheinlich schon die Menschen der Steinzeit in ihren Höhlen versammelt, um den Jagderfolg zu beschwören. Drogen halfen neue Welten zu erschließen, und im Rausch der Drogen wurden auch früh Künstler aktiv. In der Kunst der Maya, Azteken und Inka treten Einflüsse von Drogen in »psychedelischen« Bildern und Weltsichten auffallend in Erscheinung. Auf die Maya gehen bis in die Zeit um 550 v. Chr. zahlreiche Funde von Pilzsteinen zurück, die einen heiligen Pilz mit dem Namen »Teonanacatl« symbolisieren. Dieser als »Fleisch der Götter« bezeichnete Pilz enthält das Halluzinogen Psilocybin. Im alten China wies der Kaiser seine Gelehrten sogar an, ihm die Droge der Unsterblichkeit zu beschaffen.

Bei routinemäßigen Untersuchungen an altägyptischen Mumien können inzwischen auch Spuren von Drogen nachgewiesen werden. Mit immunologischen Methoden zur Konzentrationsbestimmung sowie den Techniken der Gaschromatographie und Massenspektro-

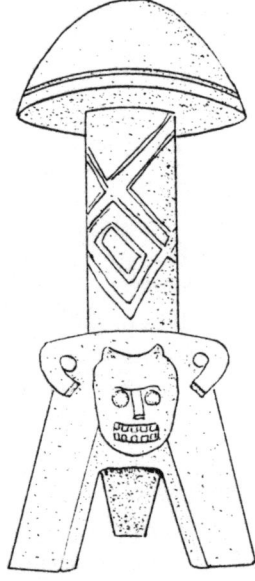

Zeichnung eines Pilzsteines der Maya-Kultur. Mit Pilzsteinen wurde die Rauschwirkung des göttlichen Pilzes
Teonanacatl und anderer Pilze verehrt. Der Pilz wird von
einem Gott oder Dämon getragen.

metrie konnten in Haaren, Weichteilen und Knochen von insgesamt
neun verschiedenen Mumien sowohl geringe Konzentrationen von
Haschisch und Cocain als auch von Nicotin identifiziert werden. Die
Drogen sind in den toten Körpern über 3000 Jahre lang erhalten geblieben. Ob Abbauvorgänge stattgefunden haben und die nachgewiesenen Konzentrationen zu Lebzeiten der Verstorbenen höher lagen, lässt sich nicht sagen. Ebenso sind keine klaren Aussagen zum
Ursprung der Drogen möglich. Die Verstorbenen müssen nicht unbedingt drogenabhängig gewesen sein, es könnte sich auch um Patienten gehandelt haben, die lange krank gewesen waren und bis zu
ihrem Tod drogenhaltige Medikamente eingenommen hatten.

Haare sind ein geeignetes Material zur Identifizierung von Drogen mit den verfeinerten Nachweistechniken unserer Zeit. Das
menschliche Kopfhaar wächst pro Monat durchschnittlich etwa 1,2
Zentimeter. Dabei stellt die Haarspitze den jeweils ältesten Teil eines Haares dar, und in schulterlangen Haaren können deshalb
immerhin Zeiträume von etwa 2 Jahren analysiert werden. Haare

sind Hautanhängsel, die ausschließlich im Bereich der Haarwurzel leben und außerhalb der Wurzel absterben. An den Wurzeln wird die aktuelle körperliche Situation während der Haarbildung als Momentaufnahme konserviert und dann zur Spitze hin verschoben. Lange Haare können von der Wurzel bis zur Spitze gestückelt werden, was zeitbezogene Untersuchungen erlaubt. Bei einem rauschgiftsüchtigen Menschen ist es möglich, aus einem schulterlangen Haar den Drogenkonsum der letzten beiden Jahre zu rekonstruieren. Im Haar von Napoleon wurde nach seinem Tod Arsen gefunden – ein Beleg dafür, dass der Feldherr vermutlich mit regelmäßigen kleinen Dosen chronisch vergiftet wurde.

Cannabis, auch indischer Hanf genannt, wird vom Menschen in zweierlei Hinsicht verwendet: Aus dem Material der gesamten Pflanze wird zur Textilherstellung Hanf produziert, aus den Blüten die heute weltweit verbreitete Droge Haschisch. Der Name der Pflanze stammt aus der assyrischen Sprache und bedeutet »Lärm« (Konnabis), denn im Drogenrausch können Lachanfälle auftreten. Im 5. Jahrhundert v. Chr. versammelten sich in Südrussland die Skythen in Sauna-Zelten und warfen Cannabis-Samen auf glühend heiße Steine. Die wilden Reiter wurden durch die Dämpfe nach und nach »high«. Der griechische Geschichtsschreiber Herodot berichtete, wie Krieger durch den Haschischrausch euphorisch wurden und in Kampfesstimmung gerieten. In den Gräbern dieser Reiter werden noch heute kleine Lederetuis für Cannabis-Samen gefunden. Im alten Indien wurde Haschisch nicht nur inhaliert, sondern auch im Tee getrunken. Das Getränk »bhang« war eine komplizierte Mischung von Tee, Haschisch, Milch, Zucker und Gewürzen und für seine vielfältigen Wirkungen berühmt. In der Veda, einer altindischen religiösen Schrift, wird bereits im 1. Jahrtausend v. Chr. die Wirkung der Cannabis-Pflanze ausführlich dokumentiert. Die Chinesen rösteten den Samen der Cannabis-Pflanze in Weihrauchgefäßen und genossen anschließend die Dämpfe. In taoistischen Schriften aus dem 1. Jahrhundert v. Chr. wird berichtet, dass die Menschen durch diese Dämpfe Dämonen sehen würden und mit Geistern in Kontakt treten könnten. Um 200 v. Chr. war Haschisch in China auch als ein Narkotikum in Gebrauch und wurde von den Chirurgen verordnet, um den Schmerz zu überwinden. Der bedeutende griechische Arzt Hippokrates lehnte Haschisch bei Schwangeren ab, weil sein Gebrauch eine Fehlgeburt einleiten könne.

Opium wird aus dem milchigen Saft des Schlafmohnes hergestellt und wirkt durch den Gehalt an Morphium gegen Schmerzen,
Schlaflosigkeit und Angstzustände. Das ursprüngliche Verbrei-
tungsgebiet dieser Pflanze war vermutlich die kleinasiatische Küste
des Schwarzen Meeres, von wo aus sie in den griechischen Kultur-
raum importiert wurde. Erstmals wurde Mohnsaft von den Ägyptern
in die Medizin eingeführt und als Schmerzmittel verordnet. Ein
Bericht aus der Zeit um 1400 v. Chr. beschreibt, wie die Mohnkapsel vor der Reife zur Saftgewinnung angeritzt werden muss, ein Verfahren, das sich bis heute erhalten hat. Im vierten Gesang der Odys-
see ist von einem Trank des Vergessens die Rede. Zu den Zutaten
dieses Getränkes gehörte auch Mohnsaft. Von Homer stammen
auch Hinweise auf den Zaubertrank Nepenthes (»ohne Schmerz«).
Die Tempel des griechischen Gottes der Heilkunst waren zu ihrer
Zeit auch hochmoderne Kliniken. Es gibt Hinweise, dass dort Operationen unter Opiumnarkose durchgeführt wurden. Im trojanischen Krieg erhielten die verwundeten Krieger vor der ärztlichen
Versorgung Wein, dem Mohnsaft beigemischt worden war. Der Arzt
Diagoras aus Melos warnte schon im 5. Jahrhundert v. Chr., dass
Opium süchtig machen könne. Auf Kreta wurde eine Mohngöttin
verehrt, die im Haar angeschnittene Mohnkapseln trug und einen
tranceähnlichen Gesichtsausdruck aufwies. Dem griechische Gott
des Schlafes, Hypnos, waren als Attribute Mohnkapseln zugeordnet,
und die Göttin Demeter trank Mohnsaft, um den Schmerz über den
Raub ihrer Tochter Persephone zu vergessen. In Assyrien gehörte
Mohn vermutlich zu den alltäglichen Ritualen in einem Tempel. Ein
erhaltenes Steinrelief zeigt zwei Priester, die mit Mohnkapseln han-
tieren und eine Kulthandlung vorbereiten. Zypern war während der
Antike ein Zentrum des Mohnanbaues, und es wurden dort meist
für medizinische Zwecke zahlreiche opiumhaltige Produkte gefertigt. Für den Export wurden diese in Tongefäße von der Form einer
Mohnkapsel abgefüllt und in die gesamte antike Welt verschickt. Römische Ärzte verordneten Mohnsaft bei Schmerzen und Entzündungen. In der antiken Stadt Kition gruben Archäologen eine reich
verzierte Elfenbeinpfeife aus der Zeit um 1200 v. Chr. aus. Brand-
spuren an dieser Pfeife legen nahe, dass es sich um eine Opium-
Pfeife handelt. Das bedeutet, Opium wird wahrscheinlich bereits seit
Jahrtausenden auch geraucht. Der römische Kaiser Titus soll sogar
an einer Überdosis Opium verstorben sein, während Kaiser Hadrian

im Opiumrausch schweren Schicksalsschlägen zu entfliehen versuchte. Kaiser Marc Aurel war nach Meinung seines berühmten Leibarztes Galen am Ende seines Lebens opiumsüchtig.

Die Blätter der Kokapflanze waren den indianischen Hochkulturen lange vor Kolumbus bekannt und gehörten zu religiösen Zeremonien. Bei den Inka war Koka ein Geschenk der Sonne und damit göttlich. Priester aßen Kokablätter, um in einen Rausch zu fallen und sich dann den Göttern zu nähern. Worte der Priester im Kokarausch galten als Weissagungen. Die ältesten Darstellungen von kokakauenden Menschen stammen aus der Zeit um 2000 v. Chr. In Peru ist der Anbau von Koka seit etwa 2500 v. Chr. belegt. Vor operativen Eingriffen nahmen Patienten Kokablätter zu sich, um den Schmerz zu lindern. Der Chirurg sammelte zusätzlich den Speichel des kauenden Patienten und gab ihn zur Schmerzbehandlung auf die Wunde. Eine erhaltene Tonurne für Kokablätter aus einem Inkagrab zeigt das Gesicht eines Mannes, der Koka kaut und durch vorgewölbte Wangen auffällt. Heute verzehren Indios Kokablätter, um Hungergefühle sowie Müdigkeit zu unterdrücken und die Stimmung zu heben. Die Blätter werden dabei zu einer Kugel geformt und mit Kalk vermischt.

Aus den Blättern der Kokapflanze kann die Droge Cocain isoliert werden, was erstmals 1859 gelang. Inzwischen ist Cocain als Rauschmittel weltweit verbreitet. In der modernen europäischen Medizin wurde Cocain stark durch den Psychoanalytiker Siegmund Freud gefördert, der den Genuss bei psychischen Erschöpfungszuständen empfahl. Cocain galt als Mittel der Wahl, um die Sucht nach Morphium zu überwinden. Bekannt wurde Cocain allerdings als Arznei gegen Schmerzen. Ein russischer Arzt machte einen Patienten mit Cocain völlig schmerzfrei, um anschließend eine Operation durchzuführen. Die Giftwirkung dieser viel zu hohen Dosis war jedoch so stark, dass der Patient kurz darauf verstarb. Schon sechs Jahre nach der Erstzulassung von Cocain für medizinische Zwecke gab es allein in Deutschland über 400 Fälle von Missbrauch mit schweren psychischen Folgen. Während der Ersten Weltkrieges und in den folgenden Jahrzehnten wurde Cocain schließlich unabhängig von der Medizin zu einer Modedroge.

Ähnlich wie die Kokapflanze bei den Inka gewann der Peyotl-Kaktus für die Azteken eine kultische Bedeutung. Dieser Kaktus enthält die Droge Mescalin, die Farbvisionen und einen Verlust des Raumeindruckes bewirkt. Sie wurde von den Indianern als Geschenk des Himmels angesehen. Zu Ehren ihrer Götter opferten die Azteken regelmäßig Menschen, die vor ihrem Tod Datura-Tee erhielten. Zu den Wirkstoffen von Datura (einer Stechapfelart) gehören Atropin und Hyoscyamin, die den Menschen ruhig stellen und gleichgültig machen.

Die Ehefrau des mexikanischen Kaisers Maximilian, eines Bruders des letzten österreichischen Kaisers, reiste 1867 nach Europa, um in Frankreich Hilfe gegen Rebellen in ihrem Heimatland zu erbitten. Sie galt vor der Abreise als vollkommen gesunde Frau, erkrankte in Europa jedoch plötzlich. Sie wurde ohne sichtbaren körperlichen Verfall geisteskrank und war Zeit ihres Lebens nicht mehr ansprechbar. Am Beginn ihrer Erkrankung behauptete sie immer wieder in lichten Stunden, sie sei vergiftet worden. Der Nachweis eines Giftes gelang jedoch nie. Von den Azteken ist allerdings bekannt, dass sie über Pflanzengifte mit verzögerter Wirkung Bescheid wussten und dass dieses geheime Wissen stets weiter überliefert wurde. Eines dieser Gifte soll im heute nicht näher identifizierbaren Pilz »Texhuinti« vorkommen.

Gifte

Mit Giften aus der Natur kam der Mensch sicherlich schon früh bei der Suche nach Nahrung in Kontakt. Unsere Geschmacksknospen sind als Frühwarnsysteme auf die Abwehr von gefährlichen Nahrungsmitteln programmiert. Schlechte Erfahrungen in der Ernährung prägt sich ein Mensch umgehend ein und vergisst sie nicht so rasch. Schädliche Nahrungsmittel sind häufig bitter, und ein Säugling fängt sofort an zu spucken, wenn ihm bittere Stoffe verabreicht werden. Durch gute und schlechte Erfahrungen haben die frühen Jäger und Sammler gelernt, was ihnen von den Naturstoffen schmeckt und was schädlich für sie ist. Wenn Eskimos einen Eisbären erlegen, gibt es ein Freudenfest, denn plötzlich steht Nahrung im Überfluss zur Verfügung. Doch kein Mitglied der Sippe käme auf die Idee, die Leber des Tiers zu essen. Sie ist aufgrund hoher Konzentrationen von Vitamin D für den Menschen giftig, was den Eskimos aus Erfahrung seit unzähligen Generationen bekannt ist. Der griechische Schriftsteller Xenophon (430–352 v. Chr.) berichtete, wie griechische Truppen einen vorrückenden Gegner mit Lebensmitteln besiegten. Die Griechen hatten sich zurückgezogen und den Eindruck hinterlassen, sie hätten auf der Flucht Honigtöpfe »vergessen«. Die Feinde aßen begierig von dem Honig und sanken dann erschöpft zu Boden. Die Bienen hatten den Honig aus Blüten einer bestimmten Azaleenart gesammelt, die blutdrucksenkende Stoffe enthält. Diese waren in den Honig übergegangen und hatten die Krieger außer Gefecht gesetzt.

Schon früh wurde systematisch nach Giftstoffen in der Natur gesucht, denn viele Gifte galten auch als Heilmittel; es war nur entscheidend, die richtige Dosierung zu kennen. Heilpflanzen und Giftpflanzen wurden oft in den gleichen Gärten gezüchtet und nicht nur an Tieren, sondern auch an Gefangenen und Sklaven getestet. Priester und Schamanen brachten sich mit Giftstoffen in Extase, um den Göttern näher zu sein. In den so genannten Gottesurteilen wurde oft vor Gericht nach für den Menschen wirksamen Dosierungen gesucht: Eine beschuldigte Person musste einen giftigen Stoff zu sich nehmen; starb sie an der Substanz, war sie schuldig, überlebte sie, war sie unschuldig. Als Nebenprodukt des »Experimentes« standen anschließend Erfahrungen mit der korrekten Dosierung zur Verfügung. Bereits die Menschen der Antike hatten umfangreiches Wissen über giftige Inhaltsstoffe von Pflanzen und giftige Mineralien angehäuft. Aus Aufzeichnungen der altägyptischen Ärzte sind lange Listen von vielen hundert giftigen Pflanzen bekannt, deren Einsatzgebiet und Dosierung genau beschrieben wurde. König Mithridates VI. von Pontus testete Gifte an Strafgefangenen, um die Wirkung von Gegengiften zu erproben, welche den Herrscher vor Anschlägen schützen sollten. König Attalos III. von Pergamon beschäftigte in seinen Gärten Spezialisten für Giftpflanzen, deren Wirkung er skrupellos an seinen Feinden testen ließ. Seit der Antike beauftragten viele Herrscher Vorkoster mit der Überprüfung von Nahrungsmitteln, denn sie trauten ihrem eigenen Hofstaat nicht. Wurden Mahlzeiten aufgetischt, musste der Vorkoster zuerst schmecken, um beigemischte Giftstoffe auszuschließen. Wurde es dem Vorkoster übel, wusste der Herrscher, was geplant war, und reagierte meist äußerst brutal. Der Herrscher selbst war zusätzlich mit Edelsteinen geschmückt und aß und trank nur von kostbarem Geschirr, denn es wurde angenommen, dass sich Edelsteine unter dem Einfluss von Giften verändern und dadurch ihren Träger warnen.

Gift war über Jahrtausende ein Mittel der Politik. Manch ehrgeiziger Despot brachte sich mit Gift an die Macht. Mit Gift wurden zu allen Zeiten Personalfragen gelöst und es gab Rezepte für todsichere »Thronfolger-Elixiere«. Berüchtigt waren die Giftanschläge auf Herrscherfamilien im Orient, im Römischen und Byzantinischen Reich sowie später während der Renaissance. Livia, die Ehefrau von Kaiser Augustus, war eine verhasste Giftmischerin, ebenso Locusta, eine Giftmischerin im Dienste von Nero; diese hatte die Aufgabe, diskret die Widersacher des Kaisers zu beseitigen. Von die Borgias aus der italienischen Renaissance berichtet die Legende den Ausspruch: »Es kommt Besuch und wir haben keinen einzigen Tropfen Gift im Haus!« Nach römischen Gesetzen wurde der Giftmord härter bestraft als der Raubmord, denn er galt als heimtückisch und verabscheuungswürdig. Dennoch ließen sich politisch motivierte Giftanschläge nie ausschließen. In einem Giftmordprozess in Rom mussten einmal 20 Frauen das von ihnen selbst hergestellte Gebräu trinken, sie starben alle. Sulla verbot 81 v. Chr. per Gesetz den Verkauf und Besitz von bestimmten Giften, und Kaiser Justinianus ließ später in einem Gesetzeswerk Vergiftungen genau beschreiben. Über das Aussehen der Leiche wurde bereits in der Antike versucht, Rückschlüsse auf einen möglichen Giftmord zu ziehen. Leichenöffnungen blieben allerdings eine seltene Ausnahme. Einer dieser Fälle scheint die Leiche des Germanikus gewesen zu sein, dessen Tod auf eine Vergiftung zurückgeführt wurde und den Freunde obduzieren ließen. Nach Plinius konnte nach einem Gifttod das Herz des Verstorbenen nicht verbrennen, und nach Seneca wurden Gifttote nicht von Würmern befallen. Plutarch berichtete, dass sich der Körper der toten Kleopatra nach dem Schlangenbiss mit einem fleckigen Ausschlag überzogen habe. Mit der Wirkung von Schlangengiften auf den Körper hatte sich schon vorher der Grieche Erasistratos befasst.

Zum Selbstmord wurden Gifte auch freiwillig genommen. In der griechischen Kolonie Massalia war Selbstmord legal. Lebensüberdrüssige erhielten auf Anfrage von der Stadtverwaltung einen mit Opium versetzten Schierlingsbecher. Nachdem der römische Feinschmecker Apicius sein gesamtes Vermögen verprasst hatte, wollte er nicht wie ein Bettler leben und nahm Gift. Der Feldherr Hannibal tötete sich mit Gift, das in einem Ring versteckt war. Starb ein sumerischer Herrscher, folgte ihm der Hofstaat freiwillig in den Tod. Im Grab von König Abargi konnte dieser kollektive Selbstmord sogar rekonstruiert werden. Jahrtausende nach dem Ereignis wurde dort noch der Kessel mit dem »Trank des Vergessens« gefunden. Die Todeswilligen hatten einen Becher mit dem Todestrank erhalten, der noch bei jedem der Skelette lag. Der Tod musste sanft gewesen sein, denn kein Skelett zeigte durch seine Lage Anzeichen eines Todeskampfes. Im griechischen Strafvollzug hatte der Schierlingsbecher seinen festen Platz zur Vollstreckung von Todesurteilen. Der Philosoph Sokrates musste ihn trinken, und seine Freunde konnten beobachten, wie der Körper bei vollem Bewusstsein nach und nach seine Funktionen einstellte. Hinrichtungen mit Gift gab es noch 1524 in Rom und 1561 in Prag. In manchen Bundesstaaten der USA werden Todesurteile noch heute durch Injektion eines Giftcocktails vollstreckt.

Vergiftete Waffen waren stets auch für das Militär und für Jäger interessant. Noch heute zeigen Naturvölker, welch reiches Arsenal die Pflanzen- und Tierwelt für solchen Zwecke zu bieten hat. Südamerikanische Indianer treffen einen fliegenden Vogel über 30 Meter Entfernung mit einem giftigen Pfeil aus einem Blasrohr tödlich. Afrikanische Pfeilgifte können sogar einen Elefanten töten, sie stammen meist aus dem Acokanthera-Strauch. In der Antike griffen die Reiter der Skythen mit Giftpfeilen ihre Gegner an. In China gab es im 4. Jahrhundert v. Chr. sogar erste Giftgaseinsätze. Belagerer hatten Gänge gegraben, um in eine Stadt vorzudringen. Die Belagerten hatten das Vorhaben beobachtet und pumpten mit Blasebälgen den Rauch brennender Artemisia-Pflanzen in die Tunnel. Auf engem Raum konnte dieser Rauch tödlich wirken. Der chinesische Autor Tseng Kung-liang beschrieb 1044 n. Chr. Giftgasbomben. Extrakte der Pflanzen Eisenhut und Akonit sowie die giftige Chemikalie Arsen wurden mit Papier zu einer Bombe verpackt, die brennend in eine Stadt katapultiert werden konnte und dann giftige Gase freisetzte. Krieger, die den Rauch der Bombe einatmeten, begannen aus Mund und Nase zu bluten.

Gefährliche Pflanzengifte lieferten in Europa der Eisenhut, die Gemswurz, die Tollkirsche, der Stechapfel, die Alraune und andere Arten, die gleichzeitig Arzneipflanzen waren; zu den häufig verwendeten anorganischen Giften gehörten Quecksilberverbindungen und Arsen. Während Quecksilberverbindungen den Geschmack von Nahrungsmitteln verändern, haben Arsenverbindungen keine geschmacklichen Einfluss und können unter das Essen gemischt werden. Außerdem können die Symptome der Arsenvergiftung andere Erkrankungen vortäuschen. Arsen wurde zum Gift der Renaissance, und noch heute werden damit gelegentlich Verbrechen verübt. In der einfachen Bevölkerung wurde es »Altsitzerpulver« genannt: Wenn alte Menschen einfach ihr Erbe nicht an die jüngere Generation weitergeben wollten, konnte man damit nachhelfen. Im 15. Jahrhundert durfte in Frankreich kein Arsen verkauft werden, dennoch waren Arsenverbindungen als Rattengift leicht erhältlich. Aus Arsen stellten Giftmischerinnen das berüchtigte »Aqua Toffana« her, ein flüssiges Gift, mit dem gegen Ende des 17. Jahrhunderts in Europa mehr als 600 Menschen getötet wurden. Der Philosoph Descartes wurde wahrscheinlich am Königshof von Schweden mit Arsen vergiftet, weil Höflinge fürchteten, er könne einen Religionswechsel der Königin veranlassen. Im Jahre 1775 wurde nachgewiesen, dass Leichenteile von Menschen mit einer tödlichen Arsenvergiftung beim Verbrennen nach Knoblauch riechen, wodurch den Gerichten bald bessere Untersuchungsverfahren zur Verfügung standen.

Gegen im Normalfall tödliche Arsenkonzentrationen kann sich ein Mensch wappnen, wenn er über längere Zeit regelmäßig kleinste Dosen davon aufnimmt und den Körper im Abbau des Giftes schult. Am russischen Zarenhof gelang es nicht, Rasputin zu vergiften, der sich mit dieser Methode gegen Arsen immun gemacht hatte. Die berühmte Krimiautorin Dorothy Sayers beschreibt in einem Roman einen höchst raffinierten Giftmord: Mörder und Opfer essen zusammen ein mit Arsen vergiftetes Omelett, das der Mörder aufgetischt hat. Der Mörder überlebt, weil er seinen Körper an Arsen gewöhnt hatte, das Opfer dagegen stirbt. In einem realen Einzelfall hatte eine Frau ihrem Gatten aus Fliegenstreifen eine Suppe gekocht. In der Klebemasse der Fliegenfänger war Arsen gewesen, das sie auf einem anderen Weg nicht hatte erwerben können. Nach spektakulären Prozessen musste 1961 eine Französin wegen mangelhafter Beweise freigesprochen werden, sie stand unter dem Verdacht, zwölf Menschen mit Arsen vergiftet zu haben. Wissenschaftler konnten während der Verhandlung nicht ausschließen, dass das Arsen erst nach dem Tod durch Bodenbakterien in den Körpern angereichert worden war, sodass es Beweisschwierigkeiten gab. Neuartige Gifte wie in den 1950-er Jahren das Pflanzenschutzmittel E 605 wurden rasch zu einem »Modegift« und zwangen die Forscher, spezielle Untersuchungsverfahren zu entwickeln.

In unserer Zeit hat die Synthesekunst der Chemiker zahlreiche hochwirksame Gifte hervorgebracht, deren Nachweis sehr schwierig ist, weil schon winzigste Konzentrationen zum Tode führen. Sind die Gifte nicht der Natur entnommen, müssen sie zudem identifiziert und getestet werden. Arsen ist lange kein Modegift mehr, es wurde von anderen, »besseren« Giften wie etwa Zyankali oder hocheffektiven Nervengiften verdrängt. Viele Bakterien produzieren Gifte, die in minimalen Konzentrationen für den Menschen tödlich sind. Im Dezember 1978 tötete der bulgarische Geheimdienst in England einen Journalisten mit einer nur 1,53 Millimeter großen Kugel, die von einem Regenschirm aus abgeschossen worden war. Die Kugel enthielt ein hochwirksames Pflanzengift.

Sogar körpereigene Wirkstoffe können bei falscher Dosierung zum Gift werden. Der englische Krankenpfleger Kenneth Barlow war 1957 für den ersten Mord mit dem Hormon Insulin verantwortlich. Erhalten gesunde Menschen zu hohe Insulinmengen, sterben sie an einem Schock. Der Nachweis von Giftanschlägen gehört zu den großen Aufgaben der Toxikologie und der forensischen Medizin. Dabei findet ein Wettlauf zwischen den immer wieder verfeinerten Analyseverfahren und den gleichzeitig immer raffinierter wirkenden Giften statt. Oft sind moderne Gifte nur innerhalb eines bestimmten Zeitraums nachweisbar, da sie rasch wieder zerfallen und die Zeit für den Täter arbeitet. Ist ein Arzt nicht sorgfältig ausgebildet, kann er bei einem Verstorbenen leicht einen modernen Giftanschlag übersehen und im Totenschein eine natürliche Todesursache feststellen. Chemische Wirkstoffe können beispielsweise einen völlig »echt« wirkenden Herzschlag hervorrufen, und nur ein Spezialist kann bei der Leichenöffnung erkennen, was tatsächlich passiert ist. Insbesondere die chemische und biologische Kriegsführung hat wahre Schreckenskammern geöffnet. Gifte, die nach einem Anschlag im Körper keinerlei Spuren hinterlassen, gibt es allerdings nicht.

Das Erbschaftspulver

Pflanzliche Gifte fallen oft schon durch ihren Geschmack oder Geruch auf. Sie schmecken meist bitter, und das Opfer eines Anschlages wird gewarnt. Reflexe lassen Menschen beim Genuss von Bitterstoffen »automatisch« erbrechen. Anders ist die Situation bei anorganischen Giften. Arsen ist beispielsweise geruchs- und geschmacksneutral und kann leicht über längere Zeit Nahrungsmitteln oder Getränken in kleinen Dosen beigemischt werden. Die Substanz ist nicht sofort tödlich, macht allerdings bei bestimmten Konzentrationen einen Menschen so krank, dass er stirbt. Symptome einer Arsenvergiftung wurden früher oft mit anderen Krankheitssymptomen verwechselt, sodass viele Verbrechen unerkannt blieben und andere Todesursachen angenommen wurden. Der sichere Nachweis von Arsenvergiftungen gelang erst zur Wende vom 18. zum 19. Jahrhundert. Vorher konnten Giftanschläge mit Arsen meist nur durch verräterische Begleitumstände aufgedeckt werden.

Alchimisten verarbeiteten erstmals im 8. Jahrhundert Arsen zu Arsenikpulver und bescherten damit der Menschheit das Gift der Gifte. Berüchtigte Giftverbrechen gab es an den Fürstenhöfen während der Renaissance und der Zeit des Absolutismus. Teofania di Adamo mordete im 17. Jahrhundert mit ihrem »Aqua Toffana«, einer Lösung des weißen Arsenik, und verkaufte ihr tödliches Gebräu sogar an andere Giftmörderinnen und -mörder. Sie wurde allerdings entlarvt und später in Palermo hingerichtet. Bald hieß das geruchs- und geschmacklose weißliche Arsenik nur noch »Erbschaftspulver« (poudre de succession). Die Marquise de Brinvilliers war eine berüchtigte Pariser Giftmischerin und Mörderin. Sie verschaffte sich das Rezept von »Aqua Toffana« und ermordete aus Geldgier ihren Vater und ihre Brüder. Ohne Mitleid hatte sie das Gift vorher getestet: Unter dem Vorwand der Wohltätigkeit hatte sie Pariser Armenhäuser besucht und Kranken vergiftete Speisen und Getränke angeboten, um anschließend ihren Tod genau zu protokollieren. Ihre Verbrechen konnten allerdings aufgeklärt werden, und obwohl sie der adeligen Oberschicht angehörte, griff die französische Justiz durch. Nach schwerer Folter wurde sie am 16. Juli 1676 in Paris hingerichtet. Vor ihrem Tod musste sie vor der Kathedrale Notre Dame öffentlich Buße tun.

Anschließend wurde sie zur Place de Grève gebracht und in Anwesenheit der Bevölkerung geköpft und verbrannt. Ihr Tod schreckte aber nicht ab, und in Paris kam es immer wieder zu rätselhaften Todesfällen. Einmal wollte sogar eine junge Herzogin ihren älteren Gatten mit einem in einer Arsenverbindung getränkten Hemd umbringen. Vom Hof des französischen Königs Ludwig XIV. ist eine Serie von Giftanschlägen bekannt. Der Sonnenkönig wechselte seine Mätressen nach Lust und Laune, was unter den attraktiven Damen Neid und Hass erzeugte. Eine der königlichen Favoritinnen, die Marquise de Montespan, suchte sogar die Unterstützung des Teufels, um sich die Gunst des Königs zu erhalten. Sie ließ eine Schwarze Messe arrangieren, bei der ein Säugling geopfert wurde. Außerdem beauftragte sie die berüchtigte Pariser Giftmischerin Voisin mit Anschlägen. Als ihre Taten bekannt wurden, rief der König ein streng geheimes Gericht, genannt »Chambre de poison«, zusammen. Mehr als 360 Personen von hohem Stand wurden festgenommen, 110 davon kamen vor Gericht und 36 wurden später hingerichtet. 150 Menschen blieben ohne einen Prozess lebenslang im Gefängnis, weil ihre Aussagen den königlichen Hof und die Mätressen belastet hätten. Die Marquise de Montespan wurde vom Hof in Versailles verbannt, eine andere Marquise ließ der König aus Frankreich fliehen. Später veranlasste der König alle Gerichtsakten zu vernichten, und nur einige Notizen des Pariser Polizeikommissars Nicolas de la Reynie können den Fall belegen.

Die Sprache der Knochenfunde

Nach dem Tod von Wirbeltieren bleiben Knochen besonders lange erhalten und können unter bestimmten Voraussetzungen sogar zu Fossilien werden. Dabei wird der Kalkanteil des Knochengewebes nach und nach durch Kieselsäure aus dem Erdreich ersetzt und die Struktur dauerhaft konserviert. Mit Hilfe von fossilen Knochenfunden konnte zum Beispiel die Entwicklungsgeschichte des Menschen recht zuverlässig rekonstruiert werden. Heute stehen der Wissenschaft fossile Reste von bereits rund 40 menschenartigen Individuen im Alter von ungefähr vier Millionen Jahren zur Verfügung. Die Sprache der Knochenfunde ist vielfältig. Nicht nur Paläontologen, Anthropologen oder Archäologen, sondern auch Gerichtsmediziner können sie verstehen und für ihre Arbeit umfangreiche Rückschlüsse ziehen.

Enthält ein Knochenfund noch Originalmaterial, so sind durch besondere Messverfahren Altersbestimmungen möglich, die sich teils mit den organischen, teils mit den anorganischen Knochenanteilen befassen. Das wohl wichtigste Verfahren zur Altersbestimmung ist die Radiocarbonmethode, die auf dem Zerfall des radioaktiven Isotops Kohlenstoff-14 beruht. Zu Lebzeiten eines Individuums befindet sich dieses Kohlenstoffisotop innerhalb des Organismus im Gleichgewicht mit seiner Konzentration in der Erdatmosphäre. Nach dem Tod bleibt Nachschub von Kohlenstoff-14 durch den Stoffwechsel aus, und das Isotop zerfällt nur noch. Die Halbwertszeit beträgt 5730 Jahre. Knochen von Toten strahlen deshalb stets weniger intensiv als Knochen von Lebenden. Nach dem zufälligen Fund eines Frauenschädels gestand in England einmal ein erschrockener Ehemann der verblüfften Polizei, er habe seine Ehefrau etwa 20 Jahre zuvor ermordet und die Leiche anschließend ins Moor geworfen. Die Radiocarbonmethode zeigte allerdings, dass der Schädel aus der Zeit um 210 n. Chr. stammte. Der Mörder hatte sich voreilig selbst überführt.

Die Fluor-Stickstoff-Analyse beruht darauf, dass bei einer Lagerung im Boden der Stickstoff im Knochen allmählich abgebaut und durch Fluor und Uran ersetzt wird. Aus dem Verhältnis zwischen Fluor und Uran auf der einen Seite sowie Stickstoff auf der anderen Seite sind dann Altersbestimmungen möglich. Die Methode erlaubt hauptsächlich bei prähistorischen Knochen gute Aussagen. Vor vielen Jahren erregte der Schädel des »Piltdown-Menschen« großes Aufsehen. Die Anthropologen gerieten in Aufregung, weil der Fund völlig neue Aussagen zum Alter des frühen Menschen in Europa erlaubte. Die Fluor-Stickstoff-Analyse entlarvte allerdings eine Fälschung: Ein unbekannter Witzbold hatte aus einem rezenten Affenschädel und fossilen Knochenteilen einen »neuen Menschen« gebastelt und die Wissenschaftler aufs Glatteis geführt.

Durch eine genaue Analyse von fossilen Schädelknochen ist die Rekonstruktion des Aussehens der Vorläuferformen des heutigen Menschen möglich. Links ist das mögliche Aussehen von Proconsul africanus abgebildet, eine frühe Form der Hominoiden. Aus den Hominoiden entwickelten sich später die Hominiae, die echten Menschen. Rechts ist das mögliche Aussehen von Homo habilis dargestellt, dem ältesten Vertreter der echten Menschen.
(nach: R. Knußmann, Vergleichende Biologie des Menschen, G. Fischer, Stuttgart 1996)

Knochen und Zähne werden im Organismus von lebenden Zellen aufgebaut, die nach dem Tod des Individuums zwar untergehen, aber dennoch Spuren hinterlassen. Zu den verbliebenen Zellresten gehören Nucleinsäuren und Proteine, die noch lange nachgewiesen werden können. Proteine bestehen aus Ketten von Aminosäuren, zu deren besonderen Eigenschaften es gehört, die Polarisationsebene linear polarisierten Lichts nach links oder rechts zu drehen. Lebende Zellen können nur Aminosäuren vom linksdrehenden Typ verarbeiten; alle Proteine in einem lebenden Organismus bestehen deshalb aus linksdrehenden Aminosäuren. Nach dem Tod stellt sich jedoch mit der Zeit ein Gleichgewicht zwischen links- und rechtsdrehenden Aminosäuren ein. In Elfenbein und anderen Knochenobjekten kann mithilfe dieser Technik das Alter im Bereich zwischen 1000 und 500 000 Jahren bestimmt werden. Die Anordnung der Knochenzellen im Gewebe erlaubt die Zuordnung des Knochens zu einzelnen Arten. Menschliche Knochen können auch in winzigen Splittern durch eine mikroskopische Analyse eindeutig von tierischen Knochen unterschieden werden. Eine elegante Untersuchungsmethode beruht auf Messungen des Ultraschallwiderstandes in einem Knochenfund. Innerhalb eines frischen Knochens beträgt die Schallgeschwindigkeit 2870 Meter pro Sekunde. Sie nimmt im toten Knochen zeitabhängig ab und erreicht nach 5000 Jahren nur noch einen Wert von 700 Metern pro Sekunde.

Knochenfunde lassen sogar Aussagen zur Klimaentwicklung zu. Die organischen Anteile eines Knochens werden nach dem Tod durch Mikroorganismen zersetzt, deren Aktivität wiederum von der Temperatur abhängt. In einer Tiefe von mehr als einem Meter unter der Bodenoberfläche herrscht in der Regel die mittlere Jahrestemperatur, erst bei größeren Klimaschwankungen treten hier Temperaturveränderungen ein. Dabei verlangsamt eine Temperaturabsenkung die Zersetzung der organischen Knochenmaterialien. Knochen aus Kaltzeiten, etwa einer Eiszeit, sind weniger stark zersetzt als Knochen aus Warmzeiten. Das Krankheitsbild der Osteoporose zeichnet sich durch eine Abnahme der Knochendichte aus und kann noch lange nach dem Tod diagnostiziert werden. Von der Erkrankung sind insbesondere Frauen nach den Wechseljahren betroffen, da ein Mangel an Sexualhormonen zu einem Abbau von Mineralien in den Knochen führt. Bei Skeletten aus der Merowingerzeit (3. bis 6. Jahrhundert n. Chr.) belegte eine Analyse der Knochendichte oft das Einsetzen der Wechseljahre bereits im Alter von 30 bis 40 Jahren.

Chemische Spurenanalysen in Knochenfunden ermöglichen Aussagen zur Umweltbelastung und Ernährungslage in vergangenen Zeiten. In den Knochen des Menschen der Gegenwart liegt eine mittlere Bleikonzentration von 16 bis 40 ppm vor (ppm: Teile in einer Million Teile). Bei Knochen aus Friedhöfen der Römerzeit wurden dagegen durchschnittliche Bleikonzentrationen von 66 bis 113 ppm dokumentiert. In einem Fall war in der Rippe eines ungeborenen Kindes eine Bleikonzentration von 77 ppm nachweisbar, während die werdende Mutter eine Bleikonzentration von 88 ppm besaß. Aus der Zeit von 40 000 bis 1000 v. Chr. sind aus Dänemark Knochen mit einer mittleren Bleikonzentration von nur 0,2 ppm bekannt. Bei prähistorischen Knochenfunden von Indianern aus den USA wurden Bleikonzentrationen zwischen 0,5 und 17 ppm gemessen. Heute haben neugeborene Kinder in den Rippen Bleikonzentrationen von 1 bis 2 ppm. Die Bleibelastung war im Römischen Reich regional sehr unterschiedlich und in städtischen Siedlungen besonders hoch. Römische Städte wurden stets großzügig mit Wasser versorgt, das in Bleirohren herangeführt wurde. Trinkwasser war deshalb oft mit Blei verseucht. Eine weitere Quelle zur Bleibelastung waren bleihaltige Glasuren von Keramikgefäßen, in denen Nahrungsmittel zubereitet und aufbewahrt wurden. Oft wurde Wein auch mit Bleizucker gesüßt und war ohne Wissen des Verbrauchers giftig.

Neben Grabbeigaben verrät auch die Knochenanalyse den sozialen Status von Verstorbenen. Reiche Leute konnten sich meist hochwertige Nahrungsmittel leisten, deren Inhaltsstoffe in den Knochen Spuren hinterließen. In den Zähnen von wohlhabenden Verstorbenen tritt in alten Gräberfeldern Karies häufiger auf als bei armen Menschen. Reiche konnten ihre Nahrungsmittel stärker süßen und auch mehr Kuchen essen als ihre weniger gut betuchten Mitmenschen. Bei armen Leuten sind dagegen die Zähne oft überdurchschnittlich stark abgenutzt, weil das Mehl zum Backen meist nur grob gemahlen war und Reste des Abriebes von Mühlsteinen enthielt. An Skeletten von Indianern gelang der Nachweis, dass die Menschen zwischen 400 und 1600 n. Chr. zunehmend Mais als Ernährungsgrundlage wählten. Mais speichert während der Photosynthese bevorzugt ein bestimmtes Kohlenstoffisotop, das in den Knochen abgelagert wird. Bei manchen Indianervölkern bestand die Ernährung zu etwa 50 % aus Maisprodukten, was auf eine intensive Landwirtschaft mit Monokulturen schließen lässt. In Dänemark aßen die Menschen während der mittleren Steinzeit hauptsächlich

Produkte aus dem Meer; die Fischerei fiel offenbar leichter als das mühsame Jagen und Sammeln an Land. Aus Knochenanalysen ist bekannt, dass sich der Mensch schon immer mit Mischungen von Nahrungsmitteln pflanzlicher und tierischer Herkunft ernährte. Auch an sehr alten Knochenfunden kann gezeigt werden, ob der zugehörige Mensch primär einer Jäger- oder Sammlerkultur angehörte. Neandertaler ernährten sich wahrscheinlich überwiegend von Fleisch und mussten deshalb eine sehr intensive Jagd betreiben. In der Steinzeit wurden Kleinkinder bis etwa zum dritten Lebensjahr gestillt. In entsprechenden Knochenfunden fehlten Hinweise auf eine pflanzliche Ernährung, und da es in der Steinzeit noch keine Haustiere in einem großen Umfang gab, musste die Milch von der Mutter oder einer Amme stammen.

Knochen befinden sich während des gesamten Lebens in einer Umbauphase, denn sie werden zum Erhalt einer optimalen Funktion immer wieder erneuert. Eine chemische Analyse der Skelettknochen gibt deshalb die Umwelt-, Ernährungs- und Lebenssituation im Zeitraum des Todes wieder. Beim Zahnschmelz müssen die Untersuchungsbefunde dagegen anders interpretiert werden. Die zweiten Zähne eines Menschen werden vom Körper nicht mehr ersetzt und auch der Zahnschmelz bleibt nach seiner Bildung bis zum Lebensende unverändert. Im Zahnschmelz ist somit die Lebenssituation eines Menschen während seiner Kindheit konserviert. In vielen Gegenden des römischen Reiches konnten durch Untersuchungen an Skeletten und am Zahnschmelz der dazugehörenden Zähne bedeutende Bevölkerungsverschiebungen belegt werden. Das Skelett zeigte die aktuellen Lebensumstände an, während der Zahnschmelz dokumentierte, dass viele Menschen bereits in jungen Jahren zugewandert waren: Ihr Zahnschmelz wich in der chemischen Analyse deutlich vom Zahnschmelz der am Ort geborenen Kinder ab.

Der Medizin liefern Knochenuntersuchungen Hinweise zum allgemeinen Gesundheitszustand der Menschen, und unbekannte Opfer von Verbrechen können über die Analyse ihrer Skelettreste oft sogar identifiziert werden. Durch eine Feinanalyse der Knochenoberfläche können zum Beispiel Informationen zur Muskelausprägung sowie zu den Ansätzen von Haut und Bindegeweben gewonnen werden. An Schädelfunden gelingt es dadurch ziemlich gut, das ursprüngliche Aussehen eines toten Menschen zu rekonstruieren. Aus dem erhaltenen Skelett von historischen Persönlichkeiten können Informationen zu deren Aussehen gewonnen werden. Im Querschnitt verrät die mikroskopische Feinanalyse von Knochen, ob das Knochengewebe kontinuierlich oder in Schüben gewachsen ist. In fossilen Saurierknochen aus dem Südpolargebiet kann ein schubhaftes Knochenwachstum dokumentiert werden. Während der Saurierzeit besaß der Südpol eine reiche Vegetation und war bewaldet. Allerdings war es im Winter dort wie heute mehrere Wochen lang durchgehend dunkel. Während dieser Zeit legten die Saurier wahrscheinlich eine Art Ruhephase ein und ihr Knochenwachstum wurde vorübergehend reduziert.

An einem im Irak gefundenen Neandertalerskelett endete der rechte Arm knapp über dem Ellenbogen und zeigte Merkmale einer Operation, der Knochen war an der Bruchstelle ohne Störungen in einem längeren Prozess verheilt. Möglicherweise war vor mehr als 50 000 Jahren eine erfolgreiche Amputation vorgenommen worden. Noch heute werden auf den Gebieten der frühen Hochkulturen Mumien mit Knochenkrebs gefunden. Der älteste Hinweis auf eine Krebserkrankung bei einer Vorläuferform des modernen Menschen ist etwa 1 bis 2 Millionen Jahre alt und stammt möglicherweise von

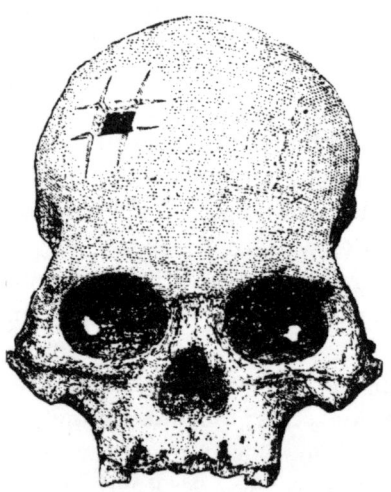

Zeichnung eines Schädels mit einer Trepanation (Schädelöffnung) aus der Inka-Zeit in Peru. Der Eingriff wurde sehr sorgfältig durchgeführt. Allerdings hat der Patient nicht überlebt. Es ist keine Knochenneubildung zu beobachten, die eine Heilung angezeigt hätte.

einem Australopithecus. An dem fossilen Unterkieferknochen lässt sich eine Knochenkrebserkrankung diagnostizieren. Insbesondere an alten Schädeln können manchmal erfolgreiche operative Eingriffe nachgewiesen werden. Bereits in der Steinzeit wurden aus medizinischen oder magischen Gründen Öffnungen der Schädelknochen (Trepanationen) vorgenommen, die nach einer Analyse der verheilten Wundränder überraschend oft überlebt wurden: Die Überlebensrate schwankte zwischen 50 und 80 Prozent der behandelten Menschen. In Mitteldeutschland waren die Chirurgen der Steinzeit besonders erfolgreich und es gab Überlebensraten von etwa 90 Prozent. Fachleute sprechen heute anerkennend von der »mitteldeutschen jungsteinzeitlichen Chirurgenschule«.

Das Grab des bedeutenden Komponisten Mozart ist heute verschwunden. Das Mozart-Museum in Salzburg besitzt allerdings einen Schädel, den der Totengräber Mozarts 10 Jahre nach dessen

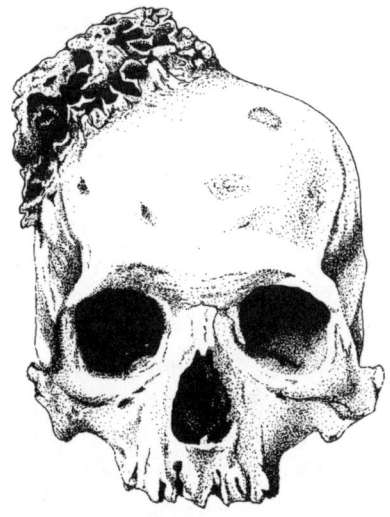

Männlicher Schädel mit Knochenkrebs aus der Inkazeit in Peru. Die Krebszellen wuchsen nach außen, sodass der Patient lange überlebte und der Tumor ein großes Volumen erreichen konnte. Bei einem Wachstumsschub nach innen wäre bald das Gehirn geschädigt worden und der Patient wäre verstorben, lange bevor der Tumor die abgebildete Größe erreichte. Hinweise auf Knochenkrebs tauchen bei Mumien und Knochenfunden immer wieder auf.
(aus: M. Reitz, Krebs besiegen. Berlin 1994)

Tod als Schädel des Genies ausgab. Gerichtsmedizinische Analysen konnten belegen, dass der Schädel von einem Mann im Alter zwischen 30 und 40 Jahren stammte und dass bestimmte Schädelstrukturen mit Abbildungen von Mozarts Gesicht übereinstimmen. An der linken Schläfe des Schädels kann sogar ein Riss identifiziert werden, der aufgrund seiner unvollständigen Heilung erst kurze Zeit vor dem Tod entstanden sein konnte. Angehörige von Mozart hatten berichtet, dass sich der Komponist an seinem Lebensende nicht mehr völlig selbstständig ankleiden konnte, weil die Beweglichkeit seiner rechten Hand gestört war. Möglicherweise war Mozart hingefallen und hatte sich unbemerkt eine Schädelverletzung zugezogen. In den Jahren vor seinem Tod hatte Mozart nachweisbar Alkoholprobleme, sodass ein Sturz im betrunkenen Zustand durchaus vorstellbar wäre. Die Verletzung führte wahrscheinlich zu Blutungen, die durch Druckveränderungen die Hirnfunktionen beeinträchtigten. Stimmungsschwankungen sowie Depressionen von Mozart an seinem Lebensende könnten auf diese Weise erklärt werden, aber auch die mangelnde Beweglichkeit der rechten Hand, denn die linke Hirnhälfte steuert bekanntlich die rechte Körperseite.

Philipp II., der Vater von Alexander dem Großen, besaß nach der geschichtlichen Überlieferung am rechten Auge eine Knochendeformation, die aus Verletzungen nach einem Pfeilschuss stammte. Als 1977 nahe der alten mazedonischen Hauptstadt Aigai ein männliches Skelett mit einem solchen Merkmal gefunden wurde, glaubten die Archäologen zunächst die Überreste Philipps II. gefunden zu haben. Weitere Analysen klärten schließlich, dass die Knochendeformation nicht die Folge einer Verletzung, sondern einer Wachstumsstörung war und das Skelett nicht Philipp II. zugeordnet werden konnte. Röntgenuntersuchungen am Skelett von Pharao Sequenenre Ta'a II. (Ende des Mittleren Reiches) belegten vier Verletzungen, die alle verheilt waren und auf Waffen der Hyksos zurückgeführt werden konnten. Eine fünfte Verletzung stammte ebenfalls von dem Schwerthieb eines Hyksoskriegers. Sie zeigte allerdings keine Spuren einer Heilung, sodass angenommen werden muss, dass der Pharao an ihr verstorben ist. In einer Höhle in der Schweiz wurden dicht nebeneinander die 12000 Jahre alte Skelette eines Menschen und eines Bären entdeckt. In der Wirbelsäule des Bären steckte noch die Spitze eines Pfeils. Es ist deshalb wahrscheinlich, dass das menschliche Skelett einem Jäger gehört hatte, der den Bären erlegen wollte und dann selbst von dem sterbenden Tier getötet wurde.

Mumien

In zahlreichen Kulturen wurden insbesondere die Mitglieder der Oberschicht nach dem Tod mumifiziert, um den Zerfall des Körpers zu verhindern und damit mehr oder weniger symbolisch die Unsterblichkeit zu sichern. Heute werden Mumien hauptsächlich in Ägypten, im Gebiet der Inka in Südamerika und in China gefunden. Für die alten Ägypter war es aus religiösen Gründen sehr wichtig, ihre Toten nach der Bestattung unversehrt zu erhalten, denn der unsterblichen Seele musste die Gelegenheit gegeben werden, immer wieder in den Körper zurückzukehren. Die Kunst der Mumifizierung von Verstorbenen war so weit entwickelt, dass es heute oft noch möglich ist, Krankheiten und Todesursachen zu diagnostizieren. Der griechische Historiker Herodot berichtete im zweiten Band seiner Historien über drei Verfahren der Mumifizierung und verfasste damit das einzige überlieferte antike Dokument, das sich mit Mumifizierungstechniken beschäftigt. Die Methoden unterschieden sich im Preis und in der Qualität des anschließenden Erhaltungszustandes. In der niedrigen Preisklasse wurde das Körperinnere des Verstorbenen mit verschiedenen Salzlösungen ausgespült und die Leiche anschließend durch Einsalzen getrocknet. Die mittlere Preisklasse war bereits aufwendiger: Dem Verstorbenen wurden durch den After Lösungen in das Körperinnere gespritzt, die Eingeweide und Gedärme verklebten, sodass die einzelnen Organmassen herausgezogen werden konnten. Danach wurde die Leiche 70 Tage lang mit Natron getrocknet und bestattet.

Bei dem teuersten und meist der Oberschicht vorbehaltenen Mumifizierungsverfahren wurde dem Verstorbenen zuerst mit bis zu 40 Zentimeter langen Haken das Gehirn durch die Nase oder durch das Hinterhauptloch des Schädels entfernt, um danach eine harzhaltige Masse einzugießen, die sich im Kopf verfestigte. Anschließend wurde der Körper auf der linken Seite oberhalb des Beckens geöffnet. Därme, Magen, Lunge und Leber wurden entnommen, gereinigt und in besonderen Gefäßen, den Kanopen, gelagert. Manchmal wurde auch das Herz entfernt, damit es vor dem Totengericht nicht gegen den Verstorbenen aussagen konnte. Es wurde dann gegen einen Herzskarabäus ausgetauscht. Meist blieb das Herz jedoch im Körper, denn es war nach der altägyptischen Vorstellung Sitz des Denkens und Fühlens. In den ausgeräumten Körper wurden komplizierte Mixturen aus etwa 15 verschiedenen Stoffen eingefüllt, um zu konservieren und den natürlichen Körperumriss wieder zu modellieren. Alle geöffneten Körperbereiche wurden sorgfältig verschlossen und die Leiche anschließend für 70 Tage in Natron getrocknet. Der Zeitraum wurde genau eingehalten, denn aus Erfahrungen war bekannt, dass eine längere Lagerung den Verstorbenen stark entstellen konnte. Nach der Trocknung wurde der Tote noch einmal mit verschiedenen Lösungen und Mixturen gereinigt und zuletzt in Binden eingewickelt, die mit einer gummiartigen Masse verfestigt wurden. Im Normalfall waren die Mumienbinden bis zu etwa 360 Meter lang, bei einem verstorbenen Pharao dagegen konnten die aus feinstem Leinen gefertigten Binden bis zu 4800 Meter lang sein. Zwischen den einzelnen Bindenschichten lagen oft noch Schmuck, Schutzamulette und Zettel mit magischen Texten. Figuren von Gottheiten wurden mit ins Grab gegeben, um den Toten zu bewachen. Kleine Dienerfiguren, die Uschebti, hatten die Aufgabe, im Jenseits alle nur erdenkbaren Dienstleistungen zu verrichten. Während der 21. Dynastie hatte die Kunst der Mumifizierung ihre höchste Perfektion erreicht. Lehmpackungen gaben den Verstorbenen ein idealisiertes Körperrelief und die ursprüngliche Hautfarbe wurde künstlich aufgetragen.

Durch diese sorgfältige Mumifizierung blieben die Verstorbenen über Jahrtausende erstaunlich gut erhalten. Bereits gegen Ende des 19. Jahrhunderts wurde deshalb versucht, das getrocknete Gewebe von Mumien zu erweichen, um den ursprünglichen Gewebezustand wiederherzustellen. Der französische Arzt Armand Ruffer wurde zum ersten Spezialisten in der Wiederherstellung von Mumiengeweben und konnte auf Mumienhäuten sogar Spuren von Pockenerkrankungen nachweisen. 1909 isolierte er ein mumifiziertes Wurmei und dokumentierte damit eine uralte Plage im alten Ägypten, die durch Würmer hervorgerufene, weit verbreitete Bilharziose. Weitere Untersuchungen belegten, dass die alten Ägypter bereits an modernen Zivilisationserkrankungen litten und die Angehörige der herrschenden Klassen oft Übergewicht hatten. Die Arteriosklerose von Pharao Ramses II. unterschied sich in keinem Symptom von der Arteriosklerose eines Patienten aus unserer Zeit. In Mumien kann mit den heutigen Untersuchungsverfahren eine Fülle von Erkrankungen nachgewiesen werden, die sich nicht nur auf Veränderungen der Knochen beschränken müssen. Gallensteine, Blinddarmentzündungen oder Hämorrhoiden sowie Erreger der Pest wurden bei den verstorbenen alten Ägyptern bereits diagnostiziert.

Durch eine sorgfältige Wasserzufuhr können im Mumiengewebe Feinstrukturen rekonstruiert werden, sodass auch moderne Gewebeanalysen möglich sind. Inzwischen sind sowohl die Blutgruppenverteilung als auch andere genetische Merkmale der Bevölkerung im alten Ägypten bekannt. Rote Blutkörperchen konnten exakt wiederhergestellt werden, sie waren optisch nicht von einem heutigen roten Blutkörperchen zu unterscheiden.

Nach der erfolgreichen Wiederherstellung von Formen und Strukturen war es folgerichtig zu prüfen, ob vielleicht auch Restfunktionen von körpereigenen Geweben in Mumien über Jahrtausende konserviert worden sein könnten. In einem komplett erhaltenen Gehirn aus der Zeit um 1150 v. Chr. wurde die Wissenschaft fündig: Ein körpereigenen Enzym, eine Superoxiddismutase, wurde nachgewiesen, die sogar eine Restaktivität zeigte. Das Enzym stammte nicht von mikrobiellen Erregern im Mumiengewebe, sondern war zweifelsfrei menschlichen Ursprungs; es wurde synthetisiert, als der Verstorbene noch lebte. Das »Mumienenzym« zeigte mit dem entsprechenden Enzym eines lebenden Menschen eine funktionelle Übereinstimmung von 20 Prozent. Die für die Aktivität wichtigen molekularen Bereiche des Enzyms waren über Jahrtausende erhalten geblieben. Ein weiteres aktives menschliches Enzym, wurde in Knochen von Mumien gefunden. Eine alkalische Phosphatase aus Rippenknochen einer Mumie wies immerhin noch 65 Prozent der Aktivität eines entsprechenden modernen Enzyms auf. Das aktive Enzym aus dem alten Ägypten hatte sogar noch ein Molekulargewicht von 190 000 Dalton (Dalton: Maßeinheit für Molekulargewicht) und zeigte damit eine weit gehende Übereinstimmung mit den 200 000 Dalton Molekulargewicht eines entsprechenden modernen Enzyms. Der hohe Anteil von Mineralien in den Knochen hatte die Enzymstruktur stabilisiert, und die sorgfältigen

Mumifizierungsverfahren konnten verhindern, dass die biologischen Strukturen im Knochen abgebaut wurden.

Im Muskelgewebe und in den Weichteilen war die Suche nach aktiven »Mumienenzymen« bisher nicht überzeugend erfolgreich. Die zahlreichen Harze, die zur Mumifizierung eingesetzt wurden, haben die Feinstrukturen von hochmolekularen Verbindungen stark verändert und damit jede biologische Aktivität zerstört. Insbesondere die häufig eingesetzten Pistazienharze konnten zwar das Gewebe steril halten, zerstückelten dafür aber hochmolekulare Strukturen mit biologischen Aktivitäten. Möglicherweise können in den Knochen von Mumien noch weitere teilaktive Enzyme gefunden werden, denn die Mumifizierungssubstanzen durchdrangen zwar alle Weichteile der Verstorbenen, konnten aber nicht in die Knochen diffundieren. Der Knochen wurde auf diese Weise steril abgekapselt und konnte sich über Jahrtausende erhalten.

Neben Spuren von biologischen Aktivitäten menschlicher Enzyme fallen in Mumiengeweben auch Reste der genetischen Informationsträger, der DNS-Moleküle, auf. In peripheren Körperbereichen wie etwa an der Haut von Fingern und Zehen trockneten die Gewebe während einer Mumifizierung recht schnell aus, wodurch sich auch Zellkerne mit intakten DNS-Stücken erhalten konnten. Mit Hilfe von besonderen molekularbiologischen Verfahren können die DNS-Abschnitte heute nahezu unbegrenzt vermehrt werden und stehen dann für Analysen zur Verfügung. Aus altägyptischen Mumien wurden inzwischen einzelne DNS-Stücke analysiert. Durch Interpretation dieser Befunde konnten sowohl Wanderungsbewegungen der Bevölkerung am Nil als auch verwandtschaftliche Beziehungen der alten Ägypter mit den heutigen Menschen am Nil erkannt werden. Die aus Mumien isolierten DNS-Abschnitte setzen sich allerdings aus höchstens 100 bis 200 DNS-Bausteinen zusammen, sodass beträchtliche Schwierigkeiten überwunden werden müssen, um alle Untersuchungen zweifelsfrei zu interpretieren. Im Vergleich dazu lassen sich aus frischem menschlichem Gewebe problemlos DNS-Stücke mit einer Länge von 10 000 und mehr Bausteinen gewinnen.

Durch eine Eintrocknung mumifizierten auch die Inka ihre Toten. Den Verstorbenen wurden die Eingeweide entnommen und die leere Körperhöhle wurde anschließend mit Kräutermischungen gefüllt. Danach wurde die Leiche in einem Räucherfeuer getrocknet und in einer sitzenden Haltung zusammen mit Grabbeigaben in einem Sack bestattet. Die Mumien wurden dabei zu einer Art Paket verschnürt und konnten sich in der trockenen und kalten Höhenluft von Peru und Bolivien bis zur Gegenwart erhalten. Die mutmaßlich reich geschmückte Mumie eines Inkaherrschers wurde allerdings bisher noch nicht gefunden. In Mesopotamien wurden Verstorbene mit Honig konserviert. Honig besitzt antibakterielle Eigenschaften und verhindert somit eine Zersetzung. Es wird vermutet, dass die Leiche von Alexander dem Großen einst mit Honig einbalsamiert wurde.

Während altägyptische und indianische Mumien ausgetrocknet sind, erscheinen viele chinesische Mumien erstaunlich frisch und erwecken den Eindruck, als wäre der bestattete Mensch erst vor kurzer Zeit verstorben. Den Chinesen gelang es bereits vor einigen tausend Jahren einzelne Verstorbene völlig luftdicht zu bestatten. In einem etwa 2100 Jahre alten Grab aus der Han-Zeit war die tote Ehefrau eines Kaisers, in sechs verschachtelten Särgen perfekt isoliert und völlig luftdicht beerdigt worden. Die Särge enthielten Konservierungsflüssigkeiten und Quecksilber, die das Wachstum der Fäulnisbakterien hemmten und gleichzeitig ein Austrocknen der Leiche verhinderten. Die tote kaiserliche Ehefrau war ungewöhnlich gut erhalten geblieben und es war eine Sektion wie bei einer frisch Verstorbenen möglich. Die Todesursache der Frau war ein Herzanfall gewesen; er musste kurz nach dem Essen eingetreten sein, denn der Magen enthielt noch 138 Melonenkerne.

Unter besonderen Umweltbedingungen kann es auch zu einer natürlichen Mumifizierung kommen. Dazu zählen etwa die Toten im Wüstensand oder die Moorleichen in Skandinavien, bei denen sogar noch der Mageninhalt analysiert werden kann. Durch große Trockenheit haben sich in China einige Jahrtausende alte Leichen erhalten, die zweifelsfrei dem europiden Rassenkreis zugeordnet werden können. Während der frühen Bronzezeit lebten somit auf dem Gebiet von China Völker, deren Angehörige eine weiße Haut und blonde Haare hatten. Bei den frühen Wanderungen der Indoeuropäer waren die Vorfahren dieser Völker nicht wie üblich in den Westen, sondern in den Osten gezogen.

Außergewöhnliche Glücksumstände führten zur natürlichen Mumifizierung einer über 5000 Jahre alten Leiche, die – wie in diesem Buch schon mehrmals erwähnt – im September 1991 am Hauslab-

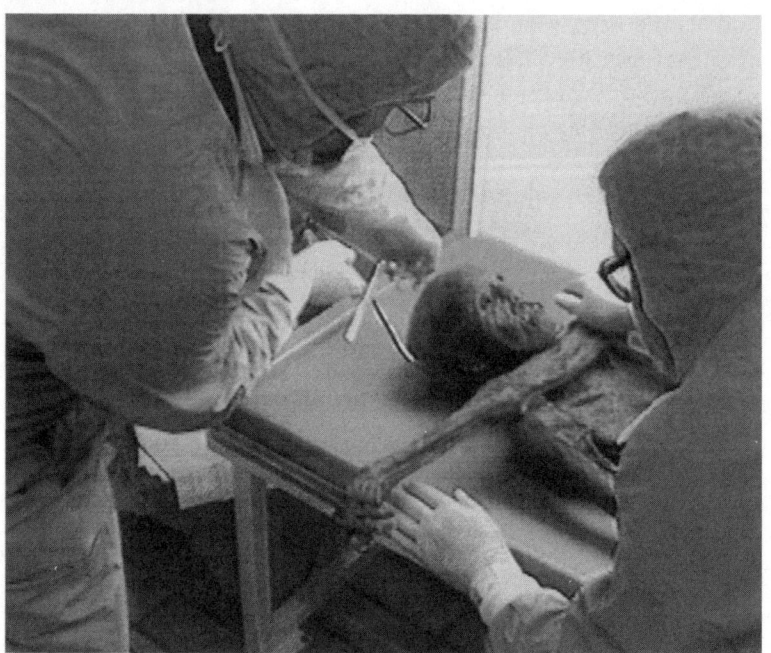

Anthropologische Vermessungen an der 1991 gefundenen jungsteinzeitlichen männlichen Mumie aus den Ötztaler Alpen, über 5000 Jahre alt. Der Verstorbene war auf eine natürliche Weise mumifiziert worden. (Prof. Dr. Wolfram Bernhard, Anthropologisches Institut, Universität Mainz)

joch in den Ötztaler Alpen in Tirol gefunden wurde. »Ötzi« war in 3200 Metern Höhe vermutlich an den Folgen eines Pfeilschusses verstorben, denn in seinem Schulterblatt wurde eine Pfeilspitze aus Feuerstein nachgewiesen. Außerdem wies die rechte Hand zwischen Daumen und Zeigefinger eine Schnittverletzung auf, was auf einen möglichen vorhergehenden Kampf hinweist. Der Tote wurde bei niedriger Temperatur durch Fönwinde ausgetrocknet. Wahrscheinlich erfolgte der Tod im Herbst, denn die eingetrocknete Leiche wurde bald im Schnee begraben und versank langsam im Eis, um nach Jahrtausenden wieder aufzutauchen. Nach dem Zustand seiner Zähne war der Mann bei seinem Tod über 40 (höchstens etwa 53) Jahre alt. Er war nur 158 Meter groß, wog rund 50 kg und lebte mit Schuhgröße 36 auf kleinem Fuß. Im Vergleich zum modernen Menschen war das Verhältnis zwischen Rumpflänge und Beinlänge verschoben. Der Anteil der Beine an der Körpergröße war geringer als beim heutigen Menschen. Nach Untersuchungen seines Darminhaltes aß der Gletschermann sowohl Fleisch als auch Pflanzen. In einer Tasche führte er getrocknetes Steinbockfleisch, Getreidekleie und Zwetschgen mit sich. Die Haaranalyse sichert allerdings ab, dass eine vegetarische Ernährung im Vordergrund stand und Fleisch nur hin und wieder verzehrt wurde. Vermutlich war sein Jagderfolg wechselnd. DNS-Analysen zeigten eine Verwandtschaft des Gletschermanns mit den heutigen Bewohnern von Tirol. Röntgenanalysen konnten bei ihm chronische Erkrankungen aufdecken. Ötzi plagte sich mit Arthritis und hatte bereits Rippenbrüche, die allerdings verheilt waren, hinter sich. Es wird inzwischen sogar - diskutiert, einige Tätowierungen auf der Haut des Mannes als Akupunkturpunkte zur Behandlung seiner Leiden zu interpretieren. Aussehen, Körpergestalt sowie Kleidung und Ausrüstung des Toten wurden inzwischen rekonstruiert und zeigen, dass die Menschen der Jungsteinzeit einen weitaus höheren Entwicklungsstand erreicht haben, als bisher angenommen wurde. Die geringe Körpergröße war für die Jungsteinzeit in Europa nicht überall typisch. Nach Skelettmessungen lebten damals in Mittel- und Osteuropa bereits Menschen, die etwa 1,70 Meter groß waren. Der Baseler Anatom Kollmann vermutete bereits 1894, dass während der Steinzeit in den Alpen überwiegend Menschen mit einer vergleichsweise geringen Körpergröße lebten. Ein Merkmal von Ötzi passt in die Gegenwart: Es fehlten ihm wie vielen Menschen unserer Zeit die Weisheitszähne.

Medizinische Leistungen der Antike

Schwangerschaftstest der Ägypter

Das hohe Ansehen der ägyptischen Ärzte beschränkte sich nicht nur auf das eigene Reich, sondern war in der gesamten antiken Welt verbreitet. Berühmte Ärzte wie der Grieche Hippokrates oder der Römer Galen, die als Begründer der modernen Medizin gelten, nutzten das Wissen ihrer ägyptischen Kollegen. Die ägyptische Medizin ging auf Erfahrungen zurück und verfolgte trotz aller Magie auch wissenschaftliche Ansätze.

Neben wirksamen pflanzlichen Extrakten zur Empfängnisverhütung, die über einen Tampon in die Scheide eingeführt wurden, gab es im alten Ägypten auch einen funktionierenden Schwangerschaftstest. Eine Frau musste ihren Urin regelmäßig auf ein Säckchen mit Weizen und Gerste geben und dann die Keimung beobachten. Keimten und wuchsen die Samen schneller als normal, war die Frau schwanger. Der Test ist tatsächlich wirksam, denn moderne Untersuchungen zeigten, dass im Urin von schwangeren Frauen Hormone vorkommen, die das Keimen von Getreidesamen beschleunigen. Ist eine Frau nicht schwanger, fehlen im Urin die Hormone und die Wachstumsbeschleunigung bleibt aus. Ägyptische Ärzte kannten bei Schwangeren auch spezielle Tastuntersuchungen und es gibt Hinweise auf Mittel, die eine Geburt einleiten konnten.

Plastische Chirurgie in Indien

Die Unversehrtheit der Nase hatte im alten Indien für das Ansehen eines Menschen eine große Bedeutung. Verbrechen wurden oft dadurch gesühnt, dass dem Täter die Nase abgeschnitten wurde. Schon früh haben deshalb Chirurgen versucht, Nasen wieder herzustellen. In einem Bericht aus der Zeit um 1500 v. Chr. wird eine solche Operation beschrieben. Einer Frau wurde auf der Stirn ein Hautstück in Form und Größe eines Weinblattes abgetrennt und nach unten auf den Nasenstumpf aufgesetzt. Mit zwei Tonröhrchen wurden die Nasenlöcher vorgegeben und anschließend die Nase modelliert. Das Hautstück blieb über einen Stiel mit der Stirn verbunden, sodass die Nasenplastik weiter versorgt wurde und anwachsen konnte. Der Nasenverband wurde regelmäßig mit Sesamöl und geklärter Butter bestrichen, um Infektionen zu verhindern. War die Nasenplastik angewachsen, wurde der Hautstiel zur Stirn durchtrennt. Altindische Ärzte wagten bei guten Narkosemitteln auch Darmoperationen und konnten sogar Blasensteine entfernen. Darmverletzungen bergen ein hohes Infektionsrisiko, dem die indischen Chirurgen mit einer genialen Technik begegneten. Sie nahmen Ameisen und hielten sie an die verletzte Stelle, damit sie sich festbeißen konnten und dadurch eine »Naht« bildeten. Den Ameisen wurden anschließend die Köpfe abgeschnitten, sodass die Naht stabil wurde. Da die Insekten Säure ausschieden, wurde die Wunde gleichzeitig noch desinfiziert und blieb steril. Den Insektenkopf baute der Körper im Verlauf der Heilung wieder ab.

Augenoperationen

Der Graue Star kann durch eine Eintrübung der Linse bis zur Blindheit führen und wurde deshalb schon früh mit feinsten Nadeln behandelt. Im Codex Hammurabi wird bereits im 18. Jahrhundert v. Chr. über den Starstich berichtet. Vom Rand der Hornhaut über dem Auge wurde seitlich in den Augapfel eingestochen und die trübe Linse aus ihrer Verankerung gelöst. Sie wurde in den Augapfel hineingedrückt, sodass anschließend die Sehkraft zum Teil wieder hergestellt war. In dem uralten indischen Lehrbuch »Sushruta Samhita«, das wahrscheinlich auf das Jahrtausend vor Christus datiert werden kann, ist das Starstechen ebenfalls beschrieben. Es konnte von einem spezialisierten Arzt nahezu schmerzfrei durchgeführt - werden.

Ursprung der Akupunktur

Zur Akupunkturbehandlung werden in speziellen Hautbereichen feine Nadeln eingestochen und Nerven gereizt, wobei es zu therapeutischen Effekten kommt. Ganze Körperpartien können auf diese Weise schmerzfrei gemacht werden. Ein klassisches Lehrbuch der Akupunktur verfasste der Chinese Huang-fu Mi bereits zwischen 256 und 282 n. Chr. Er beschrieb in seinem Werk weit ältere Erkenntnisse, sodass angenommen werden muss, dass die Akupunktur in China vielleicht schon seit einigen Jahrtausenden bekannt ist. Angeblich wurde sie von einem legendären Gelben Kaiser im 3. Jahrtausend v. Chr. entwickelt. Mögliche Akupunkturnadeln aus Knochen stammen sogar noch aus der Steinzeit. Im Grab des Prinzen Liu Sheng aus der Zeit um 113 v. Chr. wurde ein Satz Akupunkturnadeln aus Gold und Silber gefunden. Nadeln aus Bronze sind in China seit dem 8. Jahrhundert v. Chr. bekannt.

Herophilos und Erasistratos von Alexandria

Die Bibliothek von Alexandria war mehr als eine einmalige Ansammlung von Schriftquellen, sie war gleichzeitig auch eine Stätte der Forschung und nach heutigen Begriffen eine absolute Eliteuniversität. Heute treiben Forscher die Wissenschaften voran, in Alexandria aber haben die Gelehrten die Wissenschaften erfunden. Herophilos lehrte im 3. Jahrhundert v. Chr. in Alexandria und gilt als der Begründer der Anatomie. Er konnte sicherlich auf ein reiches Erbe zurückgreifen, denn in dem Land am Nil wurden schon Jahrtausende vorher Menschen mumifiziert. Für diese Arbeiten waren allerdings Totenpriester zuständig, die sich nicht als Wissenschaftler sahen, sondern allein dem Leben im Jenseits dienten. Herophilos war der Erste, von dem bekannt ist, dass er Leichen zu wissenschaftlichen Zwecken öffnete; er wollte den Menschen studieren. Dieser erste bewusste und gleichzeitig geniale Anatom entwickelte spezielle Sektionstechniken und prägte eine wissenschaftliche Fachsprache. Er hinterließ insgesamt drei Bücher über die Anatomie und ein Handbuch für Hebammen. Herophilos beschrieb im Organismus vier »Grundvorgänge«: das Gehirn als Sitz des Denkens, die Nerven als Zentren der Wahrnehmung, das Herz als Zentrale der Körpererwärmung und die Leber als Hauptorgan der Ernährung. Er unterschied zwischen Arterien und Venen und stand kurz davor, den Blutkreislauf zu entdecken. Der Zwölffingerdarm trägt noch heute den von ihm geprägten Namen. Zur Messung und Beurteilung des Pulses verwendete er eine Wasseruhr.

Sein nicht minder genialer Nachfolger Erasistratos ging etwa eine Generation später über die Anatomie des normalen Menschen hinaus, schuf die pathologische sowie die vergleichende Anatomie und begründete die Physiologie als selbstständige Wissenschaft. Er nahm

Experimente an lebenden Tieren und wahrscheinlich auch an Strafgefangenen vor. Als Erster unterschied er zwischen sensorischen und motorischen Nerven. Er war auch praktischer Arzt und förderte insbesondere die Hygiene sowie Vorbeugungsmaßnahmen gegen Krankheiten. Der »Säftelehre« des Hippokrates stand er kritisch gegenüber, konnte sich allerdings nicht durchsetzen, sodass die »Säftelehre« noch über viele Jahrhunderte die Vorstellungen zur Entwicklung von Krankheiten bestimmte.

Molekulare Archäologie

Aufgrund der Evolution des Lebens trägt jedes Lebewesen in seinem genetischen Informationsspeicher neben den aktuellen Informationen zum Lebenserhalt auch Informationen zu seiner eigenen Entwicklungsgeschichte. Die stoffliche Grundlage der genetischen Information stellt bei allen Lebensformen die Desoxyribonucleinsäure dar, auch DNS oder DNA genannt. Durch eine spezifische Reihenfolge von nur vier basischen Substanzen mit den Namen Adenin, Thymin, Cytosin und Guanin sind in der DNS alle genetischen Informationen verschlüsselt. Zum Erhalt der Lebensfunktionen muss die Zelle Informationen aus diesem Code abrufen. Wegen der Fülle von unterschiedlichen Lebensfunktionen ist die DNS ungewöhnlich groß, sie erreicht beispielsweise in jeder einzelnen menschlichen Zelle die Länge von etwa 2 Metern.

Nach dem Tod muss die DNS nicht vollständig untergehen, sondern kann sich zum Beispiel in Knochen oder mumifizierten Körperteilen in einem gewissen Umfang über sehr lange Zeiträume erhalten. Mit den vergleichenden Analysen solcher uralten Sequenzen beschäftigt sich die molekulare Archäologie. Bei der Gegenüberstellung von spezifischen DNS-Abschnitten des genetischen Informationsspeichers ähneln sich eng verwandte Lebensformen stärker als Lebensformen mit geringen verwandtschaftlichen Beziehungen. Aus Basensequenzen genormter DNS-Abschnitte kann deshalb auf den Grad der Verwandtschaft zwischen einzelnen DNS-Spendern geschlossen werden. In Fellresten des ausgestorbenen Quaggas aus Südafrika und in Knochenresten des ausgestorbenen Riesenvogels Moa aus Neuseeland konnten DNS-Bruchstücke isoliert und erfolgreich vervielfältigt werden. Dabei gelang es, Verwandtschaftsverhältnisse zu lebenden Tierarten besser als bisher abzusichern. Im sibirischen Dauerfrost haben sich Mammutkadaver so gut erhalten, dass in einer etwa 47 000 Jahre alten Probe noch DNS-Identifizierungen möglich waren und belegt werden konnte, dass die Mammuts enger mit dem afrikanischen als mit dem indischen Elefanten verwandt waren. Bei uralten menschlichen DNS-Proben bestätigt sich immer wieder ein so genannter Flaschenhals-Effekt, eine extrem große DNS-Ähnlichkeit innerhalb einzelner Bevölkerungsgruppen. So waren zum Beispiel bei etwa 7000 Jahre alten Leichen aus einem Moor in Florida die isolierten DNS-Sequenzen der einzelnen Individuen einander so ähnlich, dass eine regelmäßige Dezimierung der untersuchten Bevölkerungsgruppe diskutiert werden kann. Seuchen, Hungerkatastrophen oder Kriege hatten einzelne Bevölkerungsgruppen immer wieder fast ausgerottet, sodass die Regeneration stets nur durch wenige Individuen abgesichert wurde. Auf vielen polynesischen Inseln und im Küstenbereich von Neuguinea verraten DNS-Vergleiche, dass die Bevölkerung von wenigen zugewanderten Bootsbesatzungen abstammt.

Unter besonders glücklichen Umständen kann sich DNS in Bruchstücken sogar über Jahrmillionen hinweg erhalten. In einer 17 Millionen Jahre alten Sedimentschicht gelang es Pflanzenfossilien mit DNS-Sequenzen zu isolieren. Die fossilen Pflanzen waren nach der Analyse mit den heutigen Magnolien verwandt. Den absoluten Rekord stellt eine Probe aus einem Insekt auf, das in einem Bernsteinfund eingeschlossen war; diese DNS hatte ein Alter von etwa 120 Millionen Jahre.

In den Zellen von Tieren und Menschen gibt es für die DNS zwei Quellen. Einerseits kann sie aus dem Zellkern, andererseits aus Zellorganellen, den so genannten Mitochondrien, isoliert werden. In Mitochondrien findet die Energieproduktion der Zelle statt. Diese Zellorganellen verhalten sich innerhalb der Zelle recht eigenständig und besitzen eine eigene DNS, die stabiler ist als die DNS im Zellkern. Über die Mitochondrien-DNS konnten Entwicklungswege und Verwandtschaftsbeziehungen des Menschen rekonstruiert werden.

Der moderne Mensch ist in mehreren Entwicklungsschritten entstanden. Der Ursprung seiner Evolution liegt zwar eindeutig im südöstlichen Afrika, doch seine Fossilgeschichte erscheint recht verworren und erstreckt sich auch nach Europa und Asien. Der älteste Vertreter der echten Menschen ist Homo habilis, der vor etwa 2,3 bis 1,5 Millionen Jahren im afrikanischen Buschland lebte. Aus dem Homo habilis ging der fortschrittlichere Homo erectus hervor. Durch Parallelentwicklungen waren vor etwa zwei Millionen Jahren in Ostafrika für eine längere Zeit mindestens drei Menschenarten gleichzeitig verbreitet. Homo erectus war unternehmungslustig und verließ Afrika, um sich einerseits in Europa und andererseits in Südasien, insbesondere in Java und Südchina, anzusiedeln. Das älteste Fossil eines Homo erectus in Europa stammt aus Mauer bei Heidelberg und ist ungefähr 600 000 Jahre alt. In Europa mussten sich die Entwicklungsformen des Homo erectus mit den langen Phasen der Eiszeit auseinandersetzen und konnten nur überleben, weil es zur Evolution von Sonderformen kam. Europa und der Vordere Orient bis hin zum Kaukasus wurden zur Heimat der an Kälte angepassten Neandertaler. Der Wissenschaft sind über 300 Skelettindividuen der Neandertaler bekannt, sodass über diese Menschenform vielfältige Aussagen möglich sind. Aus einer Vielzahl von Analysen und Vergleichen kann gefolgert werden, dass der Mensch der Gegenwart nicht direkt vom Neandertaler abstammt. Die molekulare Archäologie stützt die These, dass der Neandertaler mit großer Wahrscheinlichkeit sogar ohne Nachkommen ausgestorben ist.

Von den originalen Fossilien eines Frühmenschen, die 1856 im Neandertal bei Düsseldorf gefunden worden waren und dem Fund den Namen Neandertaler gegeben hatten, konnte aus 0,4 Gramm Knochenmaterial DNS isoliert und vervielfältigt werden. Es handelte sich um Mitochondrien-DNS mit einer Sequenz aus ungefähr 100 bis 200 Bausteinen. Die DNS konnte zweifelsfrei dem Neandertaler zugeordnet werden, sie stammte nicht von Verunreinigungen aus der Gegenwart. Die rekonstruierte Neandertaler-DNS unterschied sich in ihrer Sequenz auf 27 Positionen von den entsprechenden DNS-Abschnitten des modernen Menschen der Gegenwart. Beim modernen Menschen dagegen variiert die gleiche Mitochondrien-DNS weltweit bei allen menschlichen Bevölkerungsgruppen in höchstens acht Positionen. Somit muss angenommen werden, dass die Aufspaltung der Evolution in den modernen Menschen und in den Neandertaler vor einem etwa viermal so langen Zeitraum erfolgte wie die Aufspaltung der einzelnen Entwicklungslinien des modernen Menschen. Auf die Entwicklung der Mitochondrien-DNS des modernen Menschen hatte der Neandertaler keinen Einfluss, denn es fehlen alle verbindenden Übergänge.

Zur Herkunft des modernen Menschen gibt es verschiedene und sich teilweise widersprechende Vorstellungen. Nach der »Out-of-Africa-Hypothese«, die an dieser Stelle herausgegriffen werden soll, entwickelte sich der moderne Mensch, Homo sapiens, ausschließlich in Afrika und wanderte dann wie einst Homo erectus aus. In Europa und Asien stieß er allerdings auf dessen Nachkommen. Er verdrängte mit der Zeit alle diese frühen Menschenformen aus ihren Lebensräumen, sodass sie schließlich ausstarben. Alle heutigen Menschen hätten demnach letztlich einen direkten afrikanischen Ursprung. Für diese Vorstellungen sprechen insbesondere Untersuchungen der molekularen Archäologie. Bei einem weltweiten Vergleich der menschlichen Mitochondrien-DNS wurde belegt, dass die Streubreite der untersuchten DNS-Sequenzen in Afrika größer ist als in allen restlichen Kontinenten. Bei Afrikanern ist der Verwandtschaftsgrad der Mitochondrien-DNS weniger ausgeprägt als bei den übrigen Bevölkerungsgruppen in anderen Erdteilen. Im Umkehrschluss hat sich der moderne Mensch deshalb zuerst in Afrika entwickelt und besiedelte dann zeitlich verzögert nach und nach die Erde. In keiner Weltgegend lebte der moderne Mensch bisher so lange wie in Afrika.

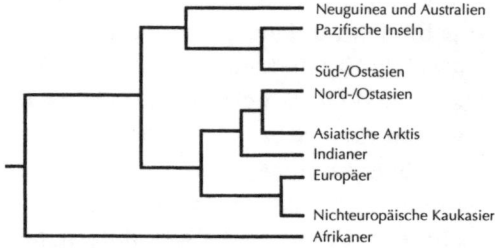

Verwandtschaftsgrad der Erdbevölkerung aufgrund der vergleichenden Analyse der DNS-Sequenz von 110 Genen des Zellkerns bei weltweit 42 Eingeborenenpopulationen. Die Urbevölkerung Afrikas ist isoliert und bildet gleichzeitig den ältesten Teil der Menschheit. Teile der ersten afrikanischen Bevölkerungsgruppen wanderten aus dem Kontinent aus und es entwickelten sich zwei weitere Menschheitszweige, die sich später immer stärker aufspalteten und zur Ausbildung von Rassen führten. Die Zeitskala verläuft von links nach rechts.
(Schema nach L. Cavalli-Sforza, Stanford University, USA)

Analysen der Mitochondrien-DNS zufolge begann der moderne Mensch sich vor etwa 130 000 Jahren zunächst im großen Rahmen in Afrika auszubreiten. Eine erste Wanderungswelle nach Asien setzte vor etwa 75 000 Jahren ein, und der moderne Mensch besiedelte nach und nach große Teile des Kontinents. Vom Nahen Osten aus startete vor rund 50 000 Jahren eine Wanderungswelle nach Europa. Von Asien aus gelangte der moderne Mensch schließlich vor etwa 34 000 Jahren in Siedlungswellen über Sibirien und Alaska nach Amerika. Asien war dann noch einmal vor rund 15 000 und 9 500 Jahren Startpunkt für weitere Siedlungswellen nach Amerika, sodass die indianische Urbevölkerung Amerikas genetisch sehr vielfältig ist. Der pazifisch-australische Raum wurde vor weniger als 50 000 Jahren durch den modernen Menschen besiedelt. Auch hier gab es Wanderungswellen, die sich überlagerten, sodass dort heute bei den Menschen vielfältige Merkmale gleichzeitig in Erscheinung treten. Insbesondere das Siedlungsgebiet Neuguinea erweist sich als Flickenteppich von Merkmalen. Die Vielfältigkeit der Entwicklung von Neuguinea drückt sich auch in den Sprachen aus. Es gibt dort allein mehr als 750 so genannte Papua-Sprachen und davon unabhängig noch einmal etwa 300 so genannte Neuguinea- und Südsee-Sprachen. Würde man die Sprachensituation von Neuguinea auf die Größe von Deutschland übertragen, müssten bei uns etwa 200 verschiedene Sprachen gesprochen werden.

Nach Schätzungen setzte sich bisher etwa alle 2000 bis 3000 Jahre in der menschlichen Mitochondrien-DNS ein genetisches Merkmal dauerhaft fest, das zelluläre Funktionen nicht beeinträchtigte und deshalb vererbt werden konnte. Die Suche nach einer ursprünglichen menschlichen Mitochondrien-DNS erklärt nicht nur Wanderungsbewegungen, sondern führt auch zur Wurzel der Entwicklung des modernen Menschen. Die »Eva-Theorie« formuliert, dass vor weniger als 200 000 Jahren der moderne Mensch in einer zunächst noch kleinen Zahl in Südostafrika auftauchte und sich rasch ausbreitete. Er verdrängte andere und ältere Menschenformen, deren Mitochondrien-DNS heute nur noch in Fossilien belegt werden kann. In der Gegenwart gibt es deshalb nur noch eine einzige Menschenart mit ihren unterschiedlichen Rassen. Nach den Analysen der molekularen Archäologie hat sich der moderne Mensch nicht mit seinen Vorläuferformen vermischt, sondern diese bis zum Aussterben von der Erde verdrängt. Vielleicht waren auch in Europa der moderne Mensch und der Neandertaler genetisch so verschieden, dass sie keine fruchtbaren Nachkommen zeugen konnten und sich keine Mischpopulationen entwickelten.

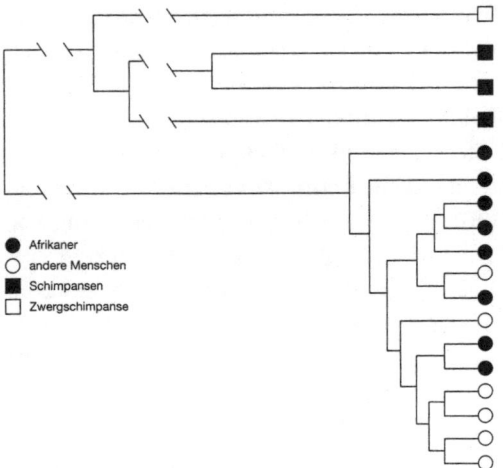

Verwandtschaftsgrad von 14 Menschen aus unterschiedlichen Teilen der Erde, drei Schimpansen und
einem Zwergschimpansen. Es wurde die DNS der
Mitochondrien (Zellorganellen) analysiert. Bei Menschen
aus Afrika ist die Streuung der DNS-Sequenzen am
größten, was als ein Beleg zu werten ist, dass die
Urbevölkerung Afrikas den ältesten Teil der Menschheit
darstellt. Genetisch sind Menschen und Schimpansen
besonders eng verwandt. Die Zeitskala verläuft von
links nach rechts.
(Schema nach T.D. Kocher, Berkeley University, USA)

Manchmal können DNS-Analysen in Skeletten auch eine Stamm-
baumkorrektur notwendig machen, die bei politisch wichtigen Familien bisher verschwiegen und von der Geschichtsschreibung
nicht berücksichtigt wurde. Das für das männliche Geschlecht spezifische Y-Chromosom stammt bei Söhnen stets vom Vater, während die Mitochondrien sowohl bei Söhnen als auch bei Töchtern
immer von der Mutter kommen. Weicht nun bei einem angeblichen
Sohn die DNS des Y-Chromosoms von der vergleichbaren DNS des
Vaters ab, dann konnte der genannte Vater nicht der biologische
Vater gewesen sein, und der Sohn wurde ihm von der Mutter nur
untergeschoben. Unterscheidet sich die Mitochondrien-DNS eines
Kindes klar von der Mitochondrien-DNS der Ehefrau, dann wurde
das untersuchte Kind unehelich geboren, und die Ehefrau war nicht
die Mutter. Bei einer bedeutenden deutschen Adelsfamilie wurde

zum Beispiel nach mehr als 250 Jahren durch die DNS-Analyse bewiesen, dass die Erbfolge damals auf einen Sohn überging, dessen
in historischen Dokumenten genannter Vater nicht der biologische
Vater gewesen war.

Rekonstruierte Musik

Musik ist eine vergängliche Kunst. Vor der Erfindung der Tonträger waren ein Orchesterkonzert oder eine Einzeldarbietung nach ihrem Ende nur noch Geschichte. Begeisterte Konzertbesucher konnten anschließend lediglich über ihre Erlebnisse berichten und den Künstler loben. Mit dem Tod des Künstlers und der letzten Konzertbesucher waren unmittelbare Erinnerungen an Musikdarbietungen vergessen und es wurde schwierig, eine individuelle musikalische Interpretation zu rekonstruieren. Die vielgelobten und auch vielgeschmähten Auftritte der Kastratensänger aus den vergangenen Jahrhunderten sind in ihrer ganzen Fülle heute nur noch eine beschriebene Erinnerung, die sich ein Musikfreund zwar vorstellen, die er aber nicht mehr nacherleben kann. Nach halsbrecherischen Arien und einer Tonfülle, die zu singen in unserer Zeit kein Sänger mehr in der Lage ist, raste einst das Publikum. Ein heute unverständlicher Jubelruf war: »Es lebe das Messerchen!« Nur eine Kastration des Sängers vor der Pubertät machte diesen Stimmumfang möglich. Der Wundergeiger Niccolo Paganini (1782–1840) stand für seine Zeitgenossen mit dem Teufel im Bunde, denn er beherrschte Spieltechniken, die kein anderer Geiger nachvollziehen konnte. Nach medizinischen Analysen von Zeichnungen, die ihn bei Darbietungen zeigten, litt der »Teufelsgeiger« wahrscheinlich am Marfan-Syndrom, einem Erbdefekt, der aufgrund von Störungen im Kollagen der Bindegewebe eine Überdehnung der Gelenke zulässt. Die Techniken von Paganini konnte somit kein gesunder Mensch kopieren und in Kombination mit seinem außergewöhnlichen Talent wurde er dadurch einmalig. Leider gab es zu seinen Lebzeiten noch keine konservierenden Tonträger, und mit Paganinis Tod verklang sein Spiel endgültig.

Zur Rekonstruktion der Musik der vergangenen Jahrhunderte und Jahrtausende sind zuerst Informationen über die Musikinstrumente notwendig. Wie diese Instrumente in ihrer Epoche gespielt wurden, bleibt unweigerlich offen. Musiker unserer Zeit spielen immer wieder auf nachgebauten oder originalen alten Instrumenten, deren einstige Besitzer lange nicht mehr leben. Der Klang der alten Instrumente erfreut zwar den Menschen der Gegenwart, ob die moderne Interpretation allerdings tatsächlich den ursprünglichen Darbietungen entspricht, wird nicht zu klären sein. Vielleicht würden die kunstliebenden Mäzene der Barockzeit einen modernen Konzertsaal mit Grausen verlassen, wenn sie die Interpretation ihrer Lieblingskomponisten von heutigen Musikern auf alten Instrumenten hören müssten.

Vermutlich ist die Flöte eines der ältesten Musikinstrumente der Menschheit. Bereits während der Steinzeit wurden, wie etwa 25 000 Jahre alte Funde belegen, aus hohlen Röhrenknochen von Vögeln flötenartige Musikinstrumente hergestellt. Experimentierfreudige Menschen hatten vor vielen zehntausend Jahren in die hohlen Knochen Löcher gebohrt und dann spielerisch geblasen, bis Töne und Tonfolgen entstanden, die ihnen Freude bereiteten. In einem steinzeitlichen Grab in Georgien (Kaukasus) wurde ein 11 Zentimeter langer Schienbeinknochen eines Schwans entdeckt, der mit präzisen Bohrungen sorgfältig zu einer Flöte umgearbeitet worden war. Ein Musikwissenschaftler konnte dem Instrument sogar eine einfache Melodie entlocken. Ein ähnliches Alter wie der Knochenflöte muss auch dem Schwirrholz zugestanden werden. Bei diesem sehr einfachen und heute noch bei Naturvölkern gebräuchlichen Instrument wird eine kleine Scheibe an einer Schnur befestigt und dann wie ein Lasso durch die Luft geschwungen. Dabei entstehen durch die Reibung mit der Luft eigenartige Tonfolgen, die wahrscheinlich eher als Signal denn als Musik anzusehen waren. Steinzeitliche Schwirrhölzer wurden in Dänemark und in Deutschland gefunden, heute sind sie in beiden Ländern ein Kinderspielzeug. In der Regel hatten nomadisch lebende Menschen einfache Musikinstrumente, die erst nachdem die Völker sesshaft geworden waren, größere Weiterentwicklungen erlebten. Schon früh wurden Musikinstrumente bei religiösen Kulten eingesetzt.

Bei der steinzeitliche Knochenflöte waren die Entwicklungswege besonders vielfältig, denn in den ersten Hochkulturen stand eine breite Palette von unterschiedlichen Blasinstrumenten zur Verfügung. Aus Mesopotamien und dem Reich der Pharaonen sind auf

Gefäßen und Wandmalereien zahlreiche Modelle abgebildet, die von oboenähnlichen Flöten über Querflöten bis hin zu Panflöten reichen. Leider geben die Abbildungen keine Aufschlüsse über das jeweilige Mundstück, sodass auch auf einem perfekt rekonstruierten Instrument nicht im alten Stil gespielt werden kann. Der Klang der altägyptischen Musik ist demnach für immer verhallt.

Nach der Sage geht die Panflöte auf den griechischen Gott Pan zurück. Bekannt war sie jedoch schon lange vor der griechischen Hochkultur und wurde sogar in China sowie später in Südamerika gespielt. Eine besonders alte, in der Ukraine gefundene Panflöte stammt aus der Zeit um 2000 v. Chr. Im Grab der chinesischen Fürstin Tai aus dem Jahr 168 v. Chr. tauchte eine Panflöte auf, die 75 Zentimeter lang war und aus 22 Röhren sowie 12 Pfeifen für insgesamt 12 Töne bestand. Die Rohrblattflöte in Mesopotamien geht ebenfalls auf die Zeit um 2000 v. Chr. zurück. Sie wurde rasch populär, fortentwickelt und später als »aulos« von den Griechen übernommen. Auf Vasenbildern sieht man, wie ein Musikant zwei Flöten gleichzeitig mit je einer Hand spielt. Aus der Rohrblattflöte entstand später die Klarinette. Die Geschichte der Trompete beginnt mit ausgehöhlten Tierhörnern sowie mit Muscheln und Schneckengehäusen. Aus dem Grab des Pharao Tut-anch-Amun sind zwei stangenförmige Metalltrompeten bekannt, wie sie insbesondere von der ägyptischen Militärmusik verwendet wurden. Bei den Römern hatte die Trompete die Form eines großen »G« und gab den Legionen das Signal für den Angriff. Aus der vorrömischen Zeit sind auch von den Germanen und Kelten Trompeten erhalten. Bei Grabungen in Skandinavien wurden Bronzehörner aus der Zeit um 1000 v. Chr. gefunden. In griechischen Aufzeichnungen galten Signalhörner als eine keltische Spezialität. Zu einem echten Symbol der keltischen Musik wurde der Dudelsack, der noch heute in Schottland, Irland und der Bretagne gespielt wird. Keltische Dudelsäcke gelangten bis nach Rom, und Kaiser Nero soll sogar auf ihnen gespielt haben.

Trommeln, Pauken und Schlagzeuge waren und sind bis heute in allen Kulturen verbreitet und ihr Gebrauch reicht vermutlich ebenfalls bis in die Steinzeit zurück. Aufgrund von Grabungen können die ältesten erhaltenen Modelle auf die Zeit um 3000 v. Chr. datiert werden. Im alten China waren Trommeln mit Krokodilhäuten bespannt und im alten Peru mit Leder. Ein besonders eigenartiges Schlaginstrument war das Sistrum der alten Ägypter. Es bestand aus einem U-förmigen Metallbügel mit Löchern, durch die Metalldrähte gezogen waren. Wurde das Sistrum auf den Boden aufgestoßen, entstand ein raschelnder Ton, der an das Wiegen des Papyrus im Wind erinnern sollte. Das Sistrum war ein wichtiges Instrument für religiöse Handlungen und gehörte in jeden Tempel. Während der christlichen Zeit wurde es von der koptischen Kirche und später von der äthiopischen Kirche übernommen; es ist ununterbrochen bis heute in Gebrauch. Glocken gab es schon früh sowohl im Mittelmeerraum als auch in China. Während auf Kreta die ersten Glocken aus Ton waren, gossen die Chinesen ihre Glocken schon früh aus Metall. Dank ihrer guten und reproduzierbaren Qualitäten dienten in China Glocken auch zur Definition von Maßeinheiten. Eine bestimmte Staatsglocke erzeugte zum Beispiel einen festgelegten Ton, der zum Eichen einer Saite diente. Die Saite wurde gezupft und dann in ihrer Länge solange verändert, bis ihr Eigenton exakt mit dem Ton der Glocke übereinstimmte. Dann galt die Länge der Saite als Maßeinheit.

Aus Mesopotamien und dem alten Ägypten stammen als älteste Saiteninstrumente die Harfe und die Lyra, die bei keiner Festlichkeit fehlen durften. Ein Text aus der sumerischen Stadt Ur verweist bereits um 3200 v. Chr. auf eine noch einfache Harfe. Im Laufe der Zeit wurde diese erste Harfe mit wenigen Saiten zu einer vielsaitigen Harfe weiterentwickelt. Zur Konstruktion der Lyra diente die Harfe als Vorbild. In einem Königsgrab in Ur wurden drei Lyren mit unterschiedlichen Funktionen entdeckt: Eine Lyra mit Stierkopf hatte die Aufgabe einer Bass-Stimme, eine andere mit dem Kopf einer Jungkuh die Aufgabe einer Tenorstimme und eine letzte mit dem Kopf eines Hirsches die Aufgabe einer Altstimme. Aus der Lyra wurde schließlich die Laute entwickelt, die insbesondere während des Neuen Reiches im alten Ägypten sehr beliebt war.

Im 3. Jahrhundert v. Chr. konstruierte der griechische Ingenieur Ktesibios in Alexandria als erstes Tasteninstrument der Welt eine Orgel, die mit einer Luftpumpe betrieben wurde und einer riesigen Panflöte glich. Etwa 200 Jahre später fertigte ebenfalls in Alexandria der Erfinder Heron auf der Grundlage des Modells von Ktesibios eine hochkomplizierte Wasserorgel, die durch eine Windmühle angetrieben wurde. Die Technik war recht aufwendig und wurde nach dem Ende des Römischen Reiches bald wieder vergessen. Überlebt hatte eine vereinfachte Version mit Blasebalg, die später zur Grund-

Altägyptische Priester spielen Harfe. Die Instrumente
sind sorgfältig gearbeitet und aufwendig geschmückt.
Skizze nach einer Malerei im Grab von Pharao
Ramses III.

lage der modernen Orgeln wurde. Die ersten Orgeln des Mittelalters
dienten noch der weltlichen Musik, sie übernahmen erst später
kirchliche Aufgaben.

Aus dem babylonischen Kulturkreis konnten musiktheoretische
Schriften entziffert werden, die den Nachbau einer Lyra ermöglichten. Die Lyra der Babylonier bestand aus 9 Saiten, wobei die 8. Saite
genau um eine Oktave höher gestimmt war als die 1. Saite, die 9.
Saite eine Oktave höher als die 2. Saite. Mithilfe dieser Lyra gelang
es eine ebenfalls erhaltene Hymne an die Gemahlin des Mondgottes
nach einer Pause von einigen tausend Jahren wieder zu spielen. Die
Hymne folgte einer Harmonielehre, von der bisher angenommen
wurde, dass sie erst von dem Griechen Pythagoras entwickelt worden war.

Im alten Ägypten gab es eine hoch entwickelte Musikkultur. Bereits in der 4. Dynastie erfolgte eine Trennung zwischen der kulti-

schen Musik im Tempel und der Hofmusik zur Unterhaltung der Großen des Reiches. Der erste bekannte Berufsmusiker der Weltgeschichte war Chufu-anch, der während der 5. Dynastie am Hof von Pharao Userkaf auftrat und dessen Grab erhalten ist. Musikgruppen hatten einen Dirigenten, der mit Handzeichen die Darbietungen leitete. Sänger und Sängerinnen gaben durch Händeklatschen den Takt an. Das Wort »singen« wurde in der Schrift durch einen Arm dargestellt. Sänger und Musiker wurden in eigenen Schulen ausgebildet und fanden später am Hof des Pharao sowie bei der Oberschicht eine Anstellung. Blinde Menschen wählten häufig die Musik zum Beruf, und der blinde Harfenspieler wurde zu einem Thema in der ägyptischen Kunst. Der Klang von Frauen- und Männerstimmen wurde bei Konzerten gern mit Musikinstrumenten unterlegt. Eine große Harfe, zwei Lauten und eine Doppelflöte bildeten oft die Begleitung für Gesangsgruppen. Vermögende Männer beschäftigten manchmal für ihre Festlichkeiten eigene »Damenkapellen« mit Showcharakter. Die Harfe war das beliebteste aller ägyptischen Musikinstrumente. Im Alten und Mittleren Reich bestand sie aus 6 bis 7 Saiten und wurde im Sitzen gespielt, im Neuen Reich dagegen wurde sie deutlich größer, konnte bis zu 20 Saiten besitzen und wurde im Stehen gespielt. Manche Flöten waren so groß, dass sich die Musiker beim Spielen im Sitzen schräg nach hinten lehnen mussten. Mit Musikinstrumenten aus Grabbeigaben wurden zwar schon Spielversuche unternommen, die gleichen Spieltechniken wie in der Antike zu verwenden, ist dagegen kaum möglich.

Spieltechniken lassen sich sogar schon bei Musikinstrumenten nicht mehr sicher rekonstruieren, die noch vor wenigen hundert Jahren in Gebrauch waren, heute aber so gut wie nicht mehr gespielt werden. Zu diesen Musikinstrumenten gehört die Barock-Trompete. An diesem Instrument gibt es weder mechanisch bewegliche Teile, etwa Ventile noch Klappen wie bei der modernen Trompete, noch Grifflöcher wie bei der Flöte oder einen Zug wie bei der Posaune. Die Barock-Trompete besteht aus einer etwa 2,4 Meter langen Metallröhre, die entweder gefaltet oder wie ein Schneckenhaus aufgerollt ist. Die unterschiedlichen Töne werden allein durch die Spieltechnik erzeugt. Eine in heutiger Zeit nachgebaute Barock-Trompete bringt die verschiedenen Töne nicht besonders rein hervor. Der Trompeter der Barockzeit muss deshalb über besondere Techniken verfügt haben, oder die damaligen Instrumente zeigten Eigenarten, die eine

Korrektur zuließen. Bedeutende Komponisten wie Johann Sebastian Bach oder Georg Friedrich Händel schrieben einst Werke für die Barock-Trompete. Es ist sicher, dass sie an Musikinstrumente höchste Ansprüche stellten, und die originale Barock-Trompete deshalb besser war als ihr moderner Nachbau. Heutige Trompeten mit Ventilen verfälschen die Interpretation von Kompositionen der Barockzeit, denn sie klingen schriller als die originalen Instrumente.

Die Klangfülle einer Barock-Trompete ergibt sich erst aus der Kombination von Mund und Rachen des Trompeters, Mundstück und Trompete selbst. Die Mundstücke der originalen Barock-Trompeten waren größer als die moderner Trompeten und individuell für den Trompeter angefertigt worden. Kein Stück glich dem anderen. Der Trompeter konnte die Schwingungen seiner Lippen optimal auf das Instrument übertragen und erreichte dadurch bei den hohen Tönen bessere Qualitäten als mit einer modernen Trompete. Die Schwierigkeiten eines Musikers unserer Zeit mit einer nachgebauten Barock-Trompete ergeben sich aber auch aus den modernen Herstellungstechniken. Heutige Kopien sind maschinell gefertigt oder bestehen aus maschinell gefertigten Materialien. Die Qualität dieser Materialien ist paradoxerweise zu gut, um die Tonqualität einer originalen Barock-Trompete zu erreichen: Die moderne Kopie der Barock-Trompete verfügt über eine zu glatte innere Oberfläche. Bei der ursprünglichen Barock-Trompete war das Blech gehämmert und dadurch letztlich uneben. Bei der modernen Barock-Trompete ist das Blech dagegen gezogen und absolut glatt. Störende Resonanzen werden nicht mehr durch eine raue innere Oberfläche kompensiert, sondern treten sofort in Erscheinung, und die Töne werden unsauber. Die originale Barock-Trompete ist so viel besser als ihre moderne Kopie, dass Hersteller wie bei einer Flöte zu Grifflöchern greifen müssen, um ein gutes Klangergebnis zu erreichen.

Die Aufführung einer angeblich unbekannten Sinfonie von Schubert geriet mehr als 140 Jahre nach dem Tod des Komponisten zu einem Fiasko. Das Werk war nach seiner Entdeckung rekonstruiert worden und wurde erstmals 1982 der Musikwelt präsentiert. Musikfachleuten kam die Komposition allerdings bald recht seltsam vor, denn sie hinterließ den Eindruck, als seien Teile von lange bekannten Schubertwerken einfach neu zusammengesetzt worden. Eine Tintenanalyse verriet schließlich die Fälschung: Auf dem Notenpapier gelang es, unter einem Tintenstrich den hitzefixierten

Toner eines modernen Xerografie-Gerätes nachzuweisen. Der oder die Fälscher hatten Teile aus Schuberts Kompositionen einfach fotokopiert, neu zusammengesetzt und dann die Noten und Linien mit Tinte nachgezeichnet, um sie abzudecken. Dabei wurden sie zusätzlich noch an manchen Stellen leichtsinnig und verwendeten eine weiße Korrekturmasse mit Bindemitteln, die erst nach 1930 industriell hergestellt wurden. Die weiße Korrekturmasse selbst kam etwa ab 1970 in den Handel. Das angeblich unbekannte Werk von Schubert war nichts anderes als ein Potpourri aus bekannten Kompositionen.

Literatur

M. J. Aitken
Physics and archaeology. Oxford 1974

M. Amberger-Lahrmann, D. Schmähl
(Hrsg.)
Gifte, Geschichte der Toxikologie.
Wiesbaden 1993

J. Andree
Bergbau in der Vorzeit. Leipzig 1960

J. D. Bernal
Die Wissenschaft in der Geschichte.
Berlin 1967

R. Berger, H. E. Suess
Radiocarbon dating. Berkeley 1979

M. A. Bezborodow
Chemie und Technologie der antiken
und mittelalterlichen Gläser. Mainz
1975

L. Biek
Archaeology and the microscope.
New York 1963

J. Bordaz
Tools of the Old and New Stone Age.
New York 1970

S. Bowman
Science and the past. London 1991

D. Brothwell, E. Higgs
Science in archaeology. London 1968

E. R. Caley
Analysis of ancient metals. Oxford-
London 1964

C. W. Ceram
Götter, Gräber und Gelehrte. Hamburg
1950

C. W. Ceram
Die ersten Amerikaner. Hamburg 1972

A. Cockburn, E. Cockburn
Mummies, diseases and ancient
cultures. New York 1980

J. Coles
Erlebte Steinzeit, experimentelle
Archäologie. München 1973

P. Coll
Das gab es schon im Altertum.
Würzburg 1962

E. R. Cook, L. A. Kairiukstis
Methods of dendrochronology.
Dordrecht-Boston-London 1992

H. Czichos
Was ist falsch am falschen Rembrandt
und wie hart ist Damaszener Stahl?
Berlin 2002

M. Daumas
A history of technology and invention.
London 1969

M. David
Weltwunder der Antike. Innsbruck 1969

A. C. Drachmann
Große griechische Erfinder. Zürich 1967

W. Eichhorn
Kulturgeschichte Chinas. Stuttgart 1964

F. Feldhaus
Die Technik der Vorzeit, der
geschichtlichen Zeit und der
Naturvölker.
München 1965

R. L. Feller
Artists pigments. Washington 1985

R. J. Forbes
Studies in ancient technology, Vol. 1–7.
Leiden 1964/1966

Z. Goffer
Archaeological chemistry. New York
1980

J. Heller
Report on the shroud of Turin. Boston
1983

J. Henderson
Scientific analysis in archaeology.
Oxford 1989

J. Henderson
The science and archaeology of
materials. London 2000

B. Herrmann, S. Hummel (eds.)
Ancient DNA. Berlin 1994

B. Herrmann (Hrsg.)
Archäometrie. Naturwissenschaftliche
Analyse von Sachüberresten.
Berlin-Heidelberg 1994

H. Hodges
Technology in the ancient world.
London 1970

P. Honoré
Es begann mit der Technik. Stuttgart
1969

O. Johannsen
Geschichte des Eisens. Düsseldorf 1953

J. Jahn
Wörterbuch der Kunst. Stuttgart 1989

P. James, N. Thorpe
Keilschrift, Kompass, Kaugummi. Eine
Enzyklopädie der frühen
Erfindungen.
Zürich 1998

B. Keisch
Secrets of the past. Nuclear energy
applications in art and
archaeology.
Oak Ridge 1972

W. Keller
Denn sie entzündeten das Licht.
München-Zürich 1970

H. Kühn
Wenn Steine reden. Wiesbaden 1969

J. G. Landels
Die Technik in der antiken Welt.
München 1979

B. Landström
Das Schiff – Vom Einbaum zum
Atomboot. Gütersloh 1970

M. Levey (ed.)
Archaeological chemistry. Philadelphia
1967

I. Lissner
Das Rätsel der großen Kulturen. Olten
1973

A. Lucas, J. R. Harris
Ancient egyptian materials and
industries. London 1962

K. Mendelssohn
Das Rätsel der Pyramiden. Bergisch-
Gladbach 1974

H. Mommsen
Archäometrie. Stuttgart 1986

J. Needham
Science and civilization in China, Vol.
1–7. Cambridge 1965

P. L. Nervi
Architektur der frühen Hochkulturen.
Stuttgart 1972

F. Neuberg
Antikes Glas. Darmstadt 1962

K. Nicolaus
Gemälde, untersucht – entdeckt –
erforscht. Braunschweig 1979

P. A. Parkes
Current scientific techniques in
archaeology. London-Sydney 1986

R. Pörtner
Bevor die Römer kamen. Düsseldorf
1961

R. Pörtner
Mit dem Fahrstuhl in die Römerzeit.
Düsseldorf 1969

M. Reitz
Große Kunstfälschungen. Frankfurt-
Leipzig 1993

M. Reitz
Alltag im Alten Ägypten. Augsburg 1999

J. Riederer
Kunst und Chemie – das Unersetzliche
bewahren. Berlin 1977

J. Riederer
Kunstwerke chemisch betrachtet.
Berlin-Heidelberg 1981

J. Riederer
Archäologie und Chemie – Einblicke in
die Vergangenheit. Berlin 1987

J. Riederer
Echt und falsch. Berlin-Heidelberg 1994

B. Rothenberg
The ancient metallurgy of copper.
London 1990

R. Rottländer
Einführung in die naturwissenschaft-
lichen Methoden der Archäologie.
Tübingen 1983

H. W. F. Saggs
Civilization before Greece and Rome.
London 1989

W. Sandermann
Das erste Eisen fiel vom Himmel.
München 1981

W. Schneider
Überall ist Babylon. Düsseldorf 1960

H. E. Sigerist
Anfänge der Medizin. Zürich 1963

**C. Singer, E. J. Holmyard, A. R. Hall
(eds.)**
A history of technology, Vol. 1-7. Oxford
1954-1960

K. Spindler
Der Mann im Eis. Eine 5000-jährige
Mumie aus dem Gletscher vom
Hauslabjoch in den Ötztaler Alpen.
München 1993

E. Stemplinger
So modern war die Antike. München
1965

E. Tapp
The Manchester Mummy Project.
Manchester 1979

J. Thorwald
Macht und Geheimnis der frühen Ärzte.
München 1962

M. S. Tite
Methods in physical examination in archaeology. London 1972

R. F. Tylecote
A history of metallurgy. London 1976

G. Venzmer
5000 Jahre Medizin. Bremen 1968

H. Wendt
Es begann in Babel. Rastatt 1958

W. Wolf
Frühe Hochkulturen. Stuttgart 1969

W. J. Young (ed.)
Application of science in examination of works of art, Vol. 1–2.
Boston 1965/1971

Namensregister

Sachregister